Montmorillonite-based
Environmental Functional Materials and
Remediation of Heavy Metal Pollution

蒙脱石基环境功能材料与
重金属污染修复

裴鹏刚　焦海华　孙约兵　著

化学工业出版社

·北京·

内 容 简 介

本书介绍了蒙脱石的矿物学特性、结构特征及其环境应用，阐述了蒙脱石基环境功能材料的制备方法及其在重金属污染土壤、水体修复中的应用与作用机理，并展示了巯基功能化蒙脱石在汞污染水体吸附修复、汞污染土壤固定化/稳定化修复和土壤-水稻系统汞污染的钝化阻控三个方面的案例。本书可供环境功能材料开发和重金属污染技术研发等相关领域的研究人员使用，适合环境科学与工程、材料科学、农业科学等相关专业师生阅读和参考。

图书在版编目（CIP）数据

蒙脱石基环境功能材料与重金属污染修复 / 裴鹏刚，焦海华，孙约兵著. -- 北京：化学工业出版社，2025.10. -- ISBN 978-7-122-48658-5

Ⅰ. P578.967；X5

中国国家版本馆 CIP 数据核字第 2025EC7689 号

责任编辑：王 琰　　　　　　　　文字编辑：王文莉　温新龙
责任校对：张茜越　　　　　　　　装帧设计：韩 飞

出版发行：化学工业出版社
　　　　　（北京市东城区青年湖南街 13 号　邮政编码 100011）
印　　装：北京捷迅佳彩印刷有限公司
710mm×1000mm　1/16　印张 14½　彩插 6　字数 178 千字
2025 年 10 月北京第 1 版第 1 次印刷

购书咨询：010-64518888　　　　　售后服务：010-64518899
网　　址：http://www.cip.com.cn

凡购买本书，如有缺损质量问题，本社销售中心负责调换。

定　　价：128.00 元

序

在当今全球生态环境面临诸多挑战的时代，重金属污染已然成为制约可持续发展的重要问题之一。工业的迅猛发展、城市化进程的加快以及农业活动的扩张，使得大量重金属被释放到环境中，土壤、水体等生态系统遭受了巨大冲击。因难以降解、生物富集性强、毒性持久等特点，重金属污染不仅对生态系统造成了严重破坏，还通过食物链的传递威胁到人类的健康，引发了全社会对环境质量与生态安全的高度关注。

在国家推进"土十条""水十条"的大背景下，寻求高效、经济、环保的重金属污染修复材料与技术，成为环境科学研究领域的关键课题。蒙脱石作为一种天然的层状硅酸盐黏土矿物，以其独特的层间结构、巨大的比表面积、良好的吸附性能以及可调控的物理化学性质，逐渐在环境修复领域得到广泛应用，其能够与重金属离子发生离子交换、吸附、固定等作用而被用于土壤、水体重金属污染治理、控制。然而，天然蒙脱石的性能存在一定的局限性，因此需要通过各种调控措施提升其对重金属的吸附容量、选择性以及稳定性。功能化后的蒙脱石能更好地适应复杂多变的污染环境，从而为重金属污染修复提供更有效的技术手段。

《蒙脱石基环境功能材料与重金属污染修复》一书正是基于这一紧迫的现实需求与前沿的研究方向而撰写的，全书从蒙脱石的基本性质出发，深入剖析了蒙脱石的结构特性、改性方法以及其在重金属污染修复中的应用原理与实践成果，详细阐述了多种蒙脱石改性技术，包括无机改性、有机改性、复合改性等，揭示了蒙脱石基功能材料与重金属离子之间的相互作用机制及其环境应用，重点展示了巯基功能化蒙脱石在汞污染水体吸附修复、汞污染土壤固定化/稳定化修复和土壤-水稻系统汞污染的钝化阻控三个方面的应用案例，为重金属污染治理工程提供了具有参考价值的技术方案与思路。

本书的撰写汇聚了裴鹏刚、焦海华、孙约兵在蒙脱石基环境功能材料研究与重金属污染修复实践中积累的丰富经验与成果，特别是在蒙脱石巯基功能化材料的构建机理、与水土环境中汞的作用机理及其在汞污染稻田土壤修复中的应用方面的学术积累，为蒙脱石基环境功能材料的研发与重金属污染修复提供了理论基础与技术支撑。

该书能够为环境科学与工程领域的科研人员、工程技术人员、高校师生以及相关从业者提供全面、系统、实用的参考。一方面，该书能帮助读者深入理解蒙脱石基环境功能材料构建的科学原理与技术方法，激发更多科研人员投身于这一领域的研究与创新，推动蒙脱石基材料在重金属污染修复领域的技术突破与发展；另一方面，该书能为实际污染治理工程提供技术指导与借鉴，助力解决重金属污染治理难题，为保护生态环境、保障人类健康贡献一份力量。该书的出版对于推动我国环境修复功能材料的构建与应用具有一定的学术价值和现实意义。

中关村众信土壤修复产业技术创新联盟
（土盟）理事长、中国矿业大学（北京）研究员
2025 年 6 月于北京

前 言

在全球化工业化和城市化的进程中，因采矿、冶炼、电镀、施肥、灌溉等工农业活动和岩石风化、火山喷发等自然地质活动，重金属元素进入土壤和水体，造成的污染问题日益凸显，不仅严重破坏生态系统的平衡与稳定，而且造成经口摄入、吸入和皮肤接触重金属暴露风险，对人类健康构成威胁。土壤和水体环境作为经济与社会可持续发展的物质基础，其保护与修复工作对于推进生态文明建设和维护国家生态安全具有重要意义。固定化修复和吸附修复是当前土壤和水体重金属污染修复较为成熟和广泛的应用技术，具有成本低、可操作性强等优点，随着《土壤污染防治行动计划》《水污染防治行动计划》的实施推行，高效、经济、环保的重金属污染修复功能材料与技术研发显得尤为急迫和重要。

蒙脱石作为自然界广泛存在的黏土矿物，相较于生物质炭、金属氧化物、纳米材料、金属有机框架等环境材料，具有显著的独特优势，如成本低廉、来源广泛，独特的层状结构、巨大的比表面积、可交换的层间阳离子、丰富的表面活性位点以及环境友好属性，因而在重金属污染修复领域展现出卓越的性能与潜力。以蒙脱石为基体材料，通过无机改性、有机改性和复合改性等手段构建蒙脱石基环境功能材料，能够大幅提升材料对重金属离子的高效吸附、稳定固化与选择性去除性能。

本书汇聚了国内外蒙脱石基环境功能材料在重金属污染修复领

域的前沿理论、技术方法与实践案例，系统梳理了蒙脱石的基础特性、改性策略、作用机制及工程应用，以及本书著者在蒙脱石基环境功能材料制备及其环境修复应用方面所作的探索，旨在为从事环境修复研究的科研工作者、致力于污染治理的工程技术人员，以及相关专业师生提供全面、权威的参考资料。希望本书的出版，能为推动蒙脱石基环境功能材料的创新发展、加速重金属污染修复技术的实际应用贡献力量，助力守护绿水青山，建设人与自然和谐共生的美丽中国。

本书共分为 8 章：第 1 章介绍了黏土矿物蒙脱石的基本性质、结构特征和环境应用；第 2 章介绍了重金属污染与危害，分别阐述了土壤和水体重金属污染现状、来源和修复技术；第 3 章介绍了蒙脱石基环境功能材料的常见制备方法；第 4 章介绍了蒙脱石基环境功能材料在场地、农田土壤重金属污染修复方面的应用；第 5 章介绍了蒙脱石基环境功能材料吸附修复水体重金属污染的性能与影响因素；第 6 章介绍了巯基功能化蒙脱石在水体汞和甲基汞吸附方面的性能与机理；第 7 章介绍了巯基功能化蒙脱石对土壤汞污染的固定化/稳定化修复潜力与机理；第 8 章介绍了巯基功能化蒙脱石对土壤-水稻系统汞污染的钝化修复效应与水稻籽粒汞积累的阻控效应。

全书由裴鹏刚、焦海华、孙约兵负责撰写，参与本书资料收集与整理工作的还有孙涛、贾铭杨、杨忠丽等博士和硕士研究生。本书的研究成果主要基于国家自然科学基金面上项目“聚合物/纳米粘土材料对重金属钝化修复机制及其生态环境效应研究（31971525）”、国家自然科学基金青年项目“绿色合成巯基化蒙脱石对稻田土壤总汞和甲基汞协同钝化机制研究（42307056）”，也包含了山西省应用基础研究计划青年项目“巯基煤矸石制备及其对设施土壤重金属污染修复与土壤碳库影响机制研究（202303021222270）”、山西省高等学校科技创新计划项目“改性煤矸石物化结构特征及重金属吸附性能研究（2023L329）”、长治学院“太行学者攀登人才”等项目的部分成果，特此感谢。

特别感谢中关村众信土壤修复产业技术创新联盟（土盟）理事长、中国矿业大学（北京）黄占斌研究员为本书作序。

限于著者编写时间和水平，书中难免有不足和疏漏之处，我们殷切希望广大读者和有关专家对本书提出批评指正。

著者

2025 年 6 月

目 录

第 1 章　黏土矿物蒙脱石 1

1.1　黏土矿物蒙脱石的基本性质 3

　　1.1.1　物理性质 3

　　1.1.2　化学性质 4

1.2　黏土矿物蒙脱石的结构特征 5

　　1.2.1　表面形貌与孔隙结构 5

　　1.2.2　晶体结构与红外特征 5

　　1.2.3　热重分析与 Zeta 电位 7

1.3　黏土矿物蒙脱石的环境应用 8

　　1.3.1　土壤改良与污染修复 8

　　1.3.2　水质净化与污染治理 11

　　1.3.3　环境催化 13

　　1.3.4　其他领域 14

参考文献 15

第 2 章　重金属污染概述 17

2.1　重金属污染与危害 17

　　2.1.1　重金属污染的特点 17

　　2.1.2　重金属的毒性 18

　　2.1.3　重金属污染的危害 20

2.2 土壤重金属污染与修复 ···················· 23

    2.2.1 土壤重金属污染现状 ···················· 23

    2.2.2 土壤重金属污染来源 ···················· 26

    2.2.3 土壤重金属修复技术 ···················· 28

2.3 水体重金属污染与修复 ···················· 37

    2.3.1 污染现状 ···················· 37

    2.3.2 污染来源 ···················· 38

    2.3.3 修复技术 ···················· 40

参考文献 ···················· 47

第3章 蒙脱石基环境功能材料的制备 ···················· 50

3.1 无机改性 ···················· 51

    3.1.1 煅烧 ···················· 51

    3.1.2 无机柱撑 ···················· 54

    3.1.3 酸活化 ···················· 56

    3.1.4 离子交换 ···················· 59

    3.1.5 多孔异构 ···················· 60

    3.1.6 负载型 ···················· 61

3.2 有机改性 ···················· 62

    3.2.1 阳离子表面修饰 ···················· 63

    3.2.2 有机硅烷改性 ···················· 66

3.3 复合改性 ···················· 70

    3.3.1 无机-有机复合改性 ···················· 70

    3.3.2 有机-无机复合改性 ···················· 74

    3.3.3 聚合物改性 ···················· 74

3.4 改性蒙脱石的应用优势 ···················· 75

参考文献 ···················· 77

第4章 蒙脱石基环境功能材料与土壤重金属污染修复 ···················· 79

4.1 场地土壤重金属的稳定化修复 ···················· 80

　　　4.1.1　矿区重金属污染土壤修复 ···················· 82

　　　4.1.2　工业区重金属污染土壤修复 ··················· 84

　　　4.1.3　模拟重金属污染土壤修复 ···················· 86

　　4.2　农田土壤重金属的钝化修复 ······················ 89

　　　4.2.1　稻田土壤重金属污染修复 ···················· 90

　　　4.2.2　菜地土壤重金属污染修复 ···················· 95

　　　4.2.3　盐渍化土壤重金属污染修复 ··················· 97

　　参考文献 ································· 98

第5章　蒙脱石基环境功能材料与水体重金属污染治理　　100

　　5.1　重金属吸附性能 ··························· 102

　　　5.1.1　活化蒙脱石 ························· 102

　　　5.1.2　无机改性蒙脱石 ······················ 105

　　　5.1.3　有机改性蒙脱石 ······················ 107

　　　5.1.4　复合改性蒙脱石 ······················ 111

　　5.2　吸附性能影响因素 ························· 113

　　　5.2.1　初始 pH 值 ························· 113

　　　5.2.2　材料添加量 ························· 113

　　　5.2.3　共存阳离子 ························· 115

　　　5.2.4　吸附温度 ·························· 116

　　参考文献 ································ 116

第6章　蒙脱石基环境功能材料吸附修复水体汞污染案例　　119

　　6.1　材料与方法 ···························· 122

　　　6.1.1　供试材料 ·························· 122

　　　6.1.2　材料制备与表征 ······················ 122

　　　6.1.3　批处理吸附实验 ······················ 124

　　　6.1.4　质量控制 ·························· 126

　　6.2　功能材料的吸附性能 ······················· 126

6.2.1　吸附动力学特征 ⋯⋯⋯⋯⋯⋯⋯⋯⋯⋯⋯⋯⋯⋯⋯⋯ 126

6.2.2　吸附等温线特征 ⋯⋯⋯⋯⋯⋯⋯⋯⋯⋯⋯⋯⋯⋯⋯⋯ 129

6.3　吸附影响因素 ⋯⋯⋯⋯⋯⋯⋯⋯⋯⋯⋯⋯⋯⋯⋯⋯⋯⋯⋯⋯⋯ 131

6.3.1　不同初始 pH 值 ⋯⋯⋯⋯⋯⋯⋯⋯⋯⋯⋯⋯⋯⋯⋯⋯ 131

6.3.2　共存离子 ⋯⋯⋯⋯⋯⋯⋯⋯⋯⋯⋯⋯⋯⋯⋯⋯⋯⋯⋯ 133

6.3.3　天然有机质 ⋯⋯⋯⋯⋯⋯⋯⋯⋯⋯⋯⋯⋯⋯⋯⋯⋯⋯ 134

6.4　吸附机理揭示 ⋯⋯⋯⋯⋯⋯⋯⋯⋯⋯⋯⋯⋯⋯⋯⋯⋯⋯⋯⋯⋯ 135

6.4.1　材料表征 ⋯⋯⋯⋯⋯⋯⋯⋯⋯⋯⋯⋯⋯⋯⋯⋯⋯⋯⋯ 135

6.4.2　吸附机理 ⋯⋯⋯⋯⋯⋯⋯⋯⋯⋯⋯⋯⋯⋯⋯⋯⋯⋯⋯ 142

6.4.3　DFT 计算 ⋯⋯⋯⋯⋯⋯⋯⋯⋯⋯⋯⋯⋯⋯⋯⋯⋯⋯⋯ 145

6.5　不同巯基功能化方法比较 ⋯⋯⋯⋯⋯⋯⋯⋯⋯⋯⋯⋯⋯⋯⋯ 147

6.6　主要结论 ⋯⋯⋯⋯⋯⋯⋯⋯⋯⋯⋯⋯⋯⋯⋯⋯⋯⋯⋯⋯⋯⋯⋯ 148

参考文献 ⋯⋯⋯⋯⋯⋯⋯⋯⋯⋯⋯⋯⋯⋯⋯⋯⋯⋯⋯⋯⋯⋯⋯⋯⋯ 149

第 7 章　蒙脱石基环境功能材料固定化/稳定化修复土壤汞污染案例 152

7.1　材料与方法 ⋯⋯⋯⋯⋯⋯⋯⋯⋯⋯⋯⋯⋯⋯⋯⋯⋯⋯⋯⋯⋯⋯ 152

7.1.1　材料制备 ⋯⋯⋯⋯⋯⋯⋯⋯⋯⋯⋯⋯⋯⋯⋯⋯⋯⋯⋯ 152

7.1.2　实验设计 ⋯⋯⋯⋯⋯⋯⋯⋯⋯⋯⋯⋯⋯⋯⋯⋯⋯⋯⋯ 153

7.1.3　分析方法 ⋯⋯⋯⋯⋯⋯⋯⋯⋯⋯⋯⋯⋯⋯⋯⋯⋯⋯⋯ 155

7.2　模拟汞污染土壤的固定化修复潜力 ⋯⋯⋯⋯⋯⋯⋯⋯⋯⋯⋯ 157

7.2.1　修复材料的表面形貌与结构特征 ⋯⋯⋯⋯⋯⋯⋯⋯ 157

7.2.2　修复材料对 Hg^{2+} 的吸附固定性能 ⋯⋯⋯⋯⋯⋯⋯⋯ 164

7.2.3　修复材料对 Hg 污染土壤的固定化修复性能 ⋯⋯⋯ 165

7.2.4　修复材料对 Hg 污染土壤的固定化修复机理 ⋯⋯⋯ 168

7.2.5　小结 ⋯⋯⋯⋯⋯⋯⋯⋯⋯⋯⋯⋯⋯⋯⋯⋯⋯⋯⋯⋯⋯ 170

7.3　汞污染水稻土壤的稳定化修复潜力 ⋯⋯⋯⋯⋯⋯⋯⋯⋯⋯⋯ 170

7.3.1　土壤中有效态 Hg 含量 ⋯⋯⋯⋯⋯⋯⋯⋯⋯⋯⋯⋯⋯ 171

7.3.2　土壤中 Hg 赋存形态 ⋯⋯⋯⋯⋯⋯⋯⋯⋯⋯⋯⋯⋯⋯ 173

7.3.3　土壤理化性质 ⋯⋯⋯⋯⋯⋯⋯⋯⋯⋯⋯⋯⋯⋯⋯⋯⋯ 174

7.3.4　土壤细菌群落 ⋯⋯⋯⋯⋯⋯⋯⋯⋯⋯⋯⋯⋯⋯⋯⋯⋯ 176

7. 3. 5　小结 ………………………………………………………… 185

参考文献 …………………………………………………………… 185

第8章　蒙脱石基环境功能材料钝化修复土壤-水稻系统汞污染案例　187

8.1　材料与方法 …………………………………………………… 189

 8.1.1　土壤改良剂的制备与表征 …………………………… 189

 8.1.2　盆栽实验设计 ………………………………………… 190

 8.1.3　样品分析测定 ………………………………………… 191

 8.1.4　质量控制和统计分析 ………………………………… 193

8.2　土壤改良剂表征 ……………………………………………… 193

8.3　土壤汞的钝化效应 …………………………………………… 195

 8.3.1　土壤中有效态汞含量 ………………………………… 195

 8.3.2　土壤中甲基汞含量 …………………………………… 197

8.4　水稻籽粒中总汞和甲基汞的阻控效应 ……………………… 198

 8.4.1　稻米中总汞与甲基汞含量 …………………………… 198

 8.4.2　植物生长和生物量 …………………………………… 199

8.5　稻米健康风险评估 …………………………………………… 202

8.6　钝化修复机理 ………………………………………………… 204

 8.6.1　土壤中的汞组分 ……………………………………… 204

 8.6.2　土壤汞循环功能基因 ………………………………… 205

 8.6.3　土壤微生物 …………………………………………… 207

8.7　土壤改良效应 ………………………………………………… 213

 8.7.1　土壤理化性质 ………………………………………… 213

 8.7.2　土壤酶活性 …………………………………………… 216

 8.7.3　Pearson 相关分析 …………………………………… 217

8.8　主要结论 ……………………………………………………… 218

参考文献 …………………………………………………………… 219

≡ 第 **1** 章 ≡

黏土矿物蒙脱石

黏土矿物（clay mineral）是具有层状构造的含水铝硅酸盐矿物的总称，是黏土岩和土壤的主要矿物组成。黏土矿物是地壳表面天然存在的矿物，颗粒极细，一般小于 $2\mu m$，主要由二氧化硅、氧化铝、水等组成，其储量丰富、比表面积大、离子交换能力强，在不同的含水量范围内表现出可塑性，可以模塑成所需的形状并干燥形成相对坚硬的固体。因具有以上独特性质，黏土矿物在污染物吸附、土壤改良与修复、环境催化、功能材料制备等领域被广泛应用。常见的黏土矿物主要有四类（表 1-1）：①1∶1 型层状黏土矿物，如蛇纹石和高岭石；②2∶1 型层状黏土矿物，如蒙脱石和蛭石；③2∶1∶1 型层状黏土矿物，如绿泥石等；④2∶1 型链状黏土矿物。此外，土壤黏土组分中还存在硅、铝（Al）和铁（Fe）的氧化物、氢氧化物，以及少量赤铁矿、针铁矿和三水铝石等物质。其中，蒙脱石（montmorillonite，Mt 或 MMT）为 2∶1 型（TOT 型）层状结构硅酸盐矿物，属蒙皂石族，二八面体亚族，是无机非金属矿膨润土的主要成分，也称为胶岭石、微晶高岭石。我国膨润土矿储量丰富，蒙脱石廉价易得，作为土壤主要成分的硅酸盐矿物，其具备环境友好属性，且具有比表面积大、阳离子交换性能好、结构和功能易调控等优点，被广泛应用于环境污染控制领域。

表 1-1　黏土矿物相关硅酸盐矿物分类[1]

层型	层间物	族（x 为层间电荷）	亚族	矿物
1:1型层状	无或有水分子	高岭石、蛇纹石（$x=0$）	二八面体	高岭石、迪开石、珍珠陶土、埃洛石
			二八面体或三八面体	镁绿泥石、绿锥石、凯利石
			三八面体	（斜）纤络石、叶蛇纹石、镍蛇纹石、斜叶蛇纹石
2:1型层状	无	滑石、叶蜡石（$x=0$）	二八面体	叶蜡石、铁叶蜡石
			三八面体	滑石、镍滑石、杂蛇纹镁皂石
	阳离子或水化阳离子	蒙皂石（$0.2<x<0.6$）	二八面体	蒙脱石、贝得石、绿脱石、铬绿脱石
			二八面体或三八面体	斯温福石
			三八面体	皂石、锂皂石、锌皂石、锂蒙脱石
		蛭石（$0.6<x<0.9$）	二八面体	二八面体蛭石
			三八面体	三八面体蛭石
		伊利石（$0.6<x<1$）	二八面体	伊利石、海绿石、水白云母、绿鳞石
		云母（$x\approx1$）	二八面体	白云母、钠云母、钒云母、多硅白云母、铬云母
			二八面体或三八面体	锂云母、铁锂云母、锂铍云母
			三八面体	金云母、黑云母、铁云母、镁黑云母
		脆云母（$x\approx2$）	二八面体	珍珠云母
			三八面体	绿脆云母、黄绿脆云母
	可变	规则层间（x 不定）	二八面体	累托石、托苏石
			三八面体	柯绿泥石、滑间皂石、绿泥间滑石、水黑云母
2:1:1型层状	氢氧化物层	绿泥石（x 易变）	二八面体	顿绿泥石、硼锂绿泥石
			二八面体或三八面体	须藤绿泥石、锂绿泥石
			三八面体	叶绿泥石、斜绿泥石
2:1型链状	水化阳离子	纤维棒石（$x\approx0.1$）	二八面体或三八面体	坡缕石、约沸贴石、锰坡缕石
			三八面体	海泡石、镍海泡石

1.1　黏土矿物蒙脱石的基本性质

1.1.1　物理性质

黏土矿物蒙脱石一般为块状或土状，具有暗淡的光泽，通常呈类白色、浅灰白色、浅粉白色、砖红色、浅绿色等，主要取决于晶格结构中铁离子、钙离子、锰离子、钠离子等的含量，密度为 $2\sim2.7g/cm^3$，硬度为 $2\sim2.5$。蒙脱石是由两层共顶连接的硅氧四面体夹一层铝氧八面体组成的高度有序准二维晶片堆垛而成（图 1-1，书后另见彩插），其单位片层厚约为 0.96nm、层间距约为 15.4Å（1.54nm），宽厚比为 $200\sim2000$，属于单斜晶系，理论比表面积高达 $800m^2/g$，因纳微米级粒径和特殊的二维纳米片层结构以及较大的比表面积，常作为一种天然的纳米矿物材料被广泛用于工农业生产[2]。蒙脱石结构片层带负电荷，片层八面体中的 Al^{3+} 常被二价阳离子 Mg^{2+}、Fe^{2+} 等替代，四面体中 Si^{4+} 常被 Al^{3+} 替代发生同晶置换，使得每个单位晶胞有 $0.2\sim0.6$ 个永久负电荷。为了平衡四面体和八面体所带负电荷，层间存在一价或二价水合阳离子，如 Ca^{2+}、Na^+、K^+、Li^+ 等，使其具有较大的阳离子交换容量（CEC），通常达 $70\sim140mmol^+/100g$。层间大量阳离子（Ca^{2+}、Na^+、Mg^{2+} 等）的水合作用使蒙脱石具有吸水膨胀性，其水含量因不同环境湿度而变化极大，吸水后其体积膨胀几倍至十几倍。当温度达到 $100\sim200$℃时，蒙脱石会逐渐失水，失水后还可重新吸收水分子或其他极性分子。蒙脱石结构片层之间具有膨胀性的纳米层间域，是众多物理、化学反应的适宜场所，被称为"纳米反应器"。纳米层间域以及蒙脱石的结构和表面性质的可调控性，使得蒙脱石成为重要的环境功能材料制备基体。

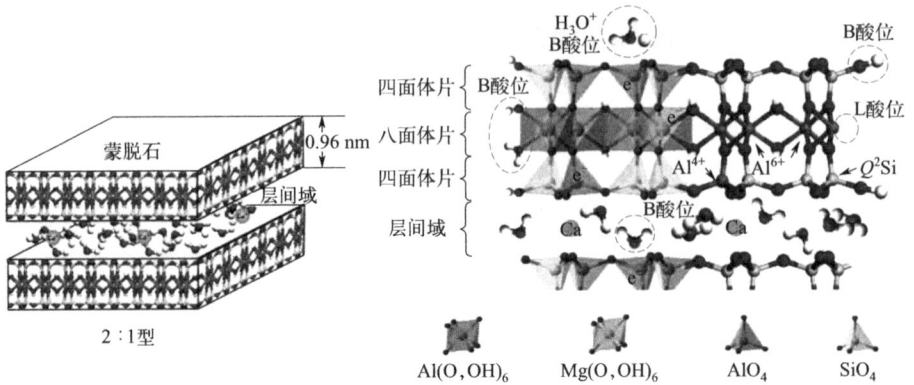

图 1-1 黏土矿物蒙脱石的结构示意图[2]

1.1.2 化学性质

黏土矿物蒙脱石的理论结构式为 $(Na,Ca)_{0.33}(Al,Mg)_2[Si_4O_{10}]$ $(OH)_2 \cdot H_2O$，蒙脱石的片层表面存在较强极性基团，结构片层端面含有大量羟基（如硅醇基、铝羟基、镁羟基、铁羟基），表现出较强的亲水疏油性，可作为重金属阳离子和有机污染物等的天然吸附剂和混凝剂使用。此外，如图 1-1 所示，蒙脱石具有固体酸布朗斯特酸（B 酸）和路易斯酸（L 酸）反应位点，为催化/氧化反应提供了场所。按层间阳离子的不同，可将其分为 Ca 基和 Na 基蒙脱石，二者性质与主要用途不同：Ca 基蒙脱石吸水速率快、吸水量少；而 Na 基蒙脱石吸水量大、吸水速率慢。据统计，我国探明的膨润土矿中约 70% 为 Ca 基蒙脱石矿，简单提纯后即可使用。随着人们对蒙脱石吸水性、溶胀性、黏结性、吸附性、催化活性、触变性、悬浮性、可塑性、润滑性和阳离子交换性等理化性质的深入研究和开发，蒙脱石被广泛用于环境、食品、医药、农业、渔业等行业。

1.2　黏土矿物蒙脱石的结构特征

1.2.1　表面形貌与孔隙结构

在扫描电镜下，黏土矿物蒙脱石表面呈不规则片层状或细小鳞片状结构（图 1-2），为典型 2∶1 型黏土矿物特有的结构，能量色散 X 射线谱（EDS）显示其主要元素组成为碳（C）、氧（O）、硅（Si）、Al、Ca、Mg、Na 等。蒙脱石的 N_2 吸附/脱附曲线为国际纯粹与应用化学联合会（IUPAC）分类中的 IV 型等温线，脱附迟滞环对应 H3/H4 型，对应于典型的黏土矿物类片状介孔材料，其孔径主要分布于 0～20nm。使用 BET（Brunauer-Emmett-Teller）模型计算得到的蒙脱石比表面积为 73.6m^2/g，总孔体积为 0.125cm^3/g，以介孔为主，平均孔径为 6.81nm。

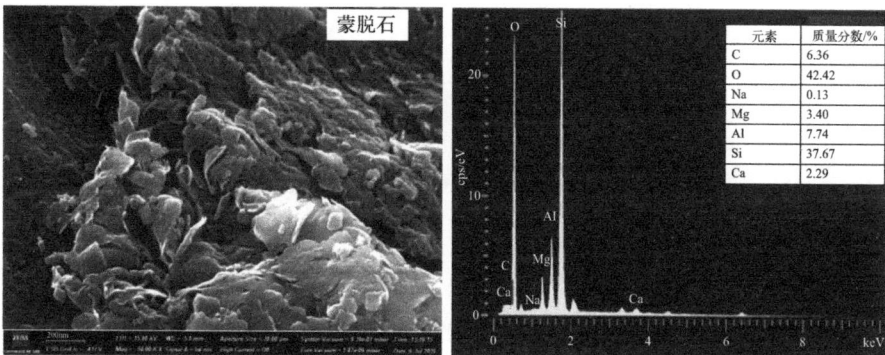

元素	质量分数/%
C	6.36
O	42.42
Na	0.13
Mg	3.40
Al	7.74
Si	37.67
Ca	2.29

图 1-2　黏土矿物蒙脱石的扫描电镜及能谱图

1.2.2　晶体结构与红外特征

黏土矿物蒙脱石属单斜晶系[3]，晶体为片状或絮状、毛毡状，薄片中为负凸起，硅氧四面体与铝氧八面体由羟基或氧原子连接，为

TOT 型，其中二氧化硅-氧化铝-二氧化硅结构单元在结晶轴 a 和 b 方向连续，在 c 轴方向有序层层堆叠，$a_0 = 0.523\text{nm}$，$b_0 = 0.906\text{nm}$，c_0 在 $0.96 \sim 2.05\text{nm}$ 之间，β 近于 $90°$。粉末 X 射线衍射（XRD）结果显示（图 1-3），蒙脱石的主要矿物相为 Ca 基或 Na 基蒙脱石，包括少量石英等杂质[4]，特征峰衍射角 2θ 在 $5.94°$、$19.8°$ 和 $61.8°$ 处，$d_{001} = 1.54\text{nm}$。蒙脱石的红外吸收峰主要有：3625cm^{-1} 处对应于 Si/Al—OH 基团的 —OH 伸缩振动；3425cm^{-1} 和 1639cm^{-1} 处分别为四面体片中结合水 —OH 的伸缩振动和弯曲振动；1036cm^{-1} 和 795cm^{-1} 处分别是 Si—O—Si 的不对称伸缩振动和对称伸缩振动；518cm^{-1} 和 466cm^{-1} 分别对应 Si—O—Al—Si 和 Si—O 的振动。^{29}Si 核磁共振谱显示，蒙脱石主要有两个特征峰，分别位于 -92.45×10^{-6} 和 -106.43×10^{-6}，对应于无机 Si 原子 Q^3[Si(OSi)$_3$O—] 和 Q^4[Si(OSi)$_4$] 共振信号，Q^3 共振代表 (Si—O—)$_2$Si(—O—Al)—OH 中的中心 Si 原子结构，而 Q^4 共振指的是 (Si—O—)$_3$Si(—O—Al) 中的中心 Si 原子结构。

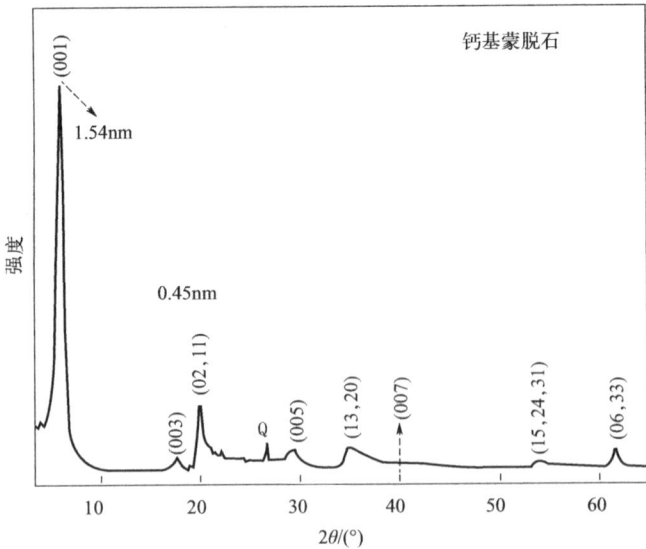

图 1-3　黏土矿物蒙脱石的 X 射线衍射图谱[4]

1.2.3　热重分析与 Zeta 电位

在蒙脱石矿物结构 $[AlO_6]$ 八面体中，Al^{3+} 被 Mg^{2+} 等二价阳离子同晶置换为畸变八面体。为维持晶体结构的稳定性，$[SiO_4]$ 四面体通过旋转、伸长、扭曲直至断键的方式进行调整，使得中心阳离子裸露，进而使蒙脱石表面带有永久性结构负电荷，在 pH 值为 2～9 时蒙脱石矿物均带负电荷（-25.27～-13.70mV），但随着 pH 值的增加，体系由酸性变为碱性，Zeta 电位值逐步降低 [图 1-4（a）]，这是矿物结构边缘的可变电荷引起的。随着环境温度的升高，黏土矿物蒙脱石在 30～200℃之间发生第一阶段显著失重 [图 1-4（b）]，失重率约为 10.73%，归因于层间吸附水的失重；而在 500～700℃时的第二阶段失重（约 2.15%）则与层状硅酸盐矿物的—OH 脱水有关；在 >800℃时的第三阶段失重，晶格被完全破坏。相比之下，Ca 基蒙脱石失去水化能力的温度为 300～390℃，而 Na 基蒙脱石失去水化能力的温度为 390～490℃。

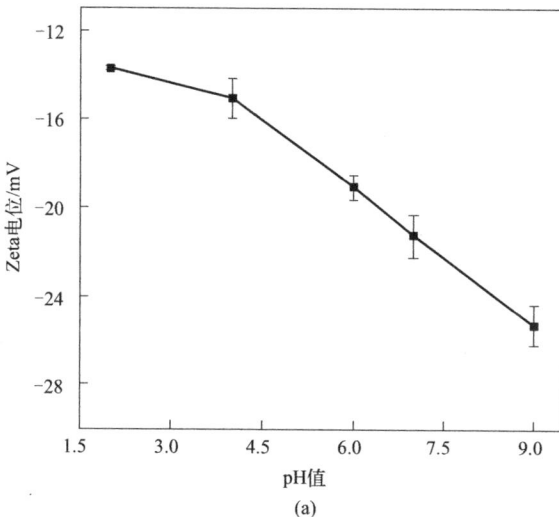

(a)

图 1-4

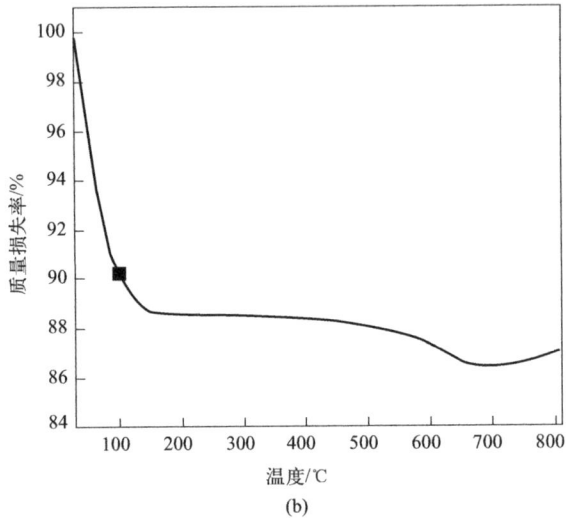

图 1-4　蒙脱石的 Zeta 电位（a）和热重分析（b）

1.3　黏土矿物蒙脱石的环境应用

1.3.1　土壤改良与污染修复

土壤退化与污染已经成为制约人类社会发展的重要因素，已受到国内外的广泛关注。天然多孔矿物是地球生态环境的重要组成部分，其物理、化学和生物性质与生态环境具有良好的协调性，被广泛应用于土壤改良和土壤环境修复过程。黏土矿物蒙脱石作为一种具有二维层状孔隙结构的天然矿物，含有如钾（K）、钠（Na）、钙（Ca）、镁（Mg）等多种水合阳离子，具有较大的胀缩性，且与土壤相容性好，在农业领域作为土壤改良剂（也称修复剂、修复材料、钝化材料）被广泛应用[5]。

一方面，蒙脱石所含水合阳离子的溶出和交换，可以改善土壤养分供应状况，蒙脱石的孔隙结构、离子交换性能和表面荷电能力等特性增强其对养分离子的吸附与控释，提高化学肥料的利用率，起到调节土壤肥力的作用，对如氮肥、钾肥（硝酸钾、硫酸钾、磷酸二氢钾）中的钾元素和磷（P）元素具有吸附与控释性能。一般认为，土壤酸化不利于农作物的生长，而酸化土壤往往存在土壤质地黏重和通透性差的特点，蒙脱石因自身 pH 值为碱性或弱碱性，施入土壤可以有效地调节土壤中的代换性酸和水解性酸浓度，实现土壤性质改良。

另一方面，蒙脱石通过吸水膨胀，对土壤团聚体结构、含水量进行调节，提高土壤耐干旱、通气保水等方面的性能，增强土壤中气体扩散，促进土壤呼吸作用等。研究表明，黏土矿物蒙脱石可有效改善沙质土壤，促进水稳定性团聚体中大团聚体的形成，增加土壤中水稳定性团聚体数量，降低土壤容重。

此外，蒙脱石为土壤微生物的附着和生存提供场所，促进和催化土壤有机质的分解，加速土壤养分循环。蒙脱石具有促进土壤中微生物呼吸、提高土壤抗病性微生物活性和增加土壤中养分释放细菌的数量等多个方面的特性，进而对土壤的改良和植物生长中抵御疾病的能力产生一定的影响。

黏土矿物蒙脱石具有良好的阳离子交换能力、较大的比表面积和发达的孔隙结构，组成的微生物-矿物-污染物环境微系统，在土壤污染防治和环境修复方面具有重要的作用。一般认为，蒙脱石在土壤修复中的应用主要体现在其与重金属、有机污染物和致病性微生物三个方面的相互作用，且三者在蒙脱石界面可同时存在。

在重金属污染土壤环境修复方面，蒙脱石因其良好的表面性能、丰富的层间阳离子和极性羟基基团，及其所带的结构负电荷和多孔孔隙结构，可与重金属形成物理吸附、化学吸附和配位作用、沉淀作用，从而实现重金属污染土壤的生态修复。大量研究表明[6-7]，蒙脱石可以通过物理吸附、化学吸附、离子交换和静电吸引等机理，改变土壤中如铅（Pb）、镉（Cd）、铬（Cr）、汞（Hg）等重金属元素的赋存形态，减弱重金属污染物在土壤中的迁移能力和重金属对植物生长的毒害作用。然而，由于天然的黏土矿物在应用上仍然存在一些缺陷，如低的负荷能力、相对较小的金属配位平衡常数、对金属离子低的选择性等，因此在使用之前一般要经过改性，以提高其对重金属污染土壤的修复性能。研究表明，Ca 基和 Na 基蒙脱石的施加显著降低了土壤中重金属的迁移率，与对照组相比，锌（Zn）分别降低 24% 和 31%，Cd 分别降低 37% 和 36%，铜（Cu）分别降低 41% 和 43%，镍（Ni）分别降低 54% 和 61%，Pb 分别降低 48% 和 41%。在被污染的洪泛平原土壤中，使用蒙脱石使水溶性 Ni（58.7%）和 Zn（83%）显著降低，这主要归因于使用蒙脱石后土壤的 pH 值升高形成沉淀，以及蒙脱石更大的表面积和更强的吸附能力。

在有机污染物污染土壤环境修复方面，蒙脱石主要通过表面改性修饰基团、孔隙微观作用力、静电力、阳离子桥等作用对土壤中有机污染物进行吸附或催化降解。一方面，蒙脱石通过层间阳离子的有机取代生成有机黏土矿物，对土壤中的有机污染物吸附能力提高 1～2 个数量级，有效地阻控了土壤环境中有机污染物的迁移。另一方面，蒙脱石特殊的层间域，可以促进有机物的直接、间接或光催化降解，进而降低土壤中有机污染物的含量。研究表明，有机蒙脱石负载纳米零价铁（nZVI@OMt）材料活化过的硫酸盐体系，通过异丙基和苯环的断裂及分步脱溴反应，实现了对土壤中四溴双酚 A（TBBPA）的降解，降解率达 91.18%。铁蒙脱石（Fe^{3+}-Mt）产生的活性氧可促进莠去津（ATRA）的光降解，起主要作用的活性氧（ROS）是羟基自由基；零价金属铜-蒙脱石复合材料（ZVCMMT）可以在小于 2min 的时间内去除 95% 以上的 ATRA。

在生物病毒污染土壤环境修复方面，具有较大比表面积的黏土矿物或改性矿物材料可以有效对生物病毒进行吸附，限制其在土壤中的迁移行为，已经报道的可被有效吸附的有大肠杆菌、霍乱弧菌、空肠弯曲菌、金黄色葡萄球菌、轮状病毒、感染性造血坏死病毒（IHNV）、

T_2 噬菌体、烟草花叶病毒（TMV）、囊状病毒 $\phi6$ 等致病微生物[8]。

1.3.2 水质净化与污染治理

吸附法具有效率高、操作简单、成本低、选择性好等优点，被认为是水体无机和有机污染物去除最方便、最有效的方法。吸附法应用的关键是制备环保、廉价、高效的吸附材料。近年来，黏土矿物蒙脱石及其改性材料被广泛用于去除水溶液中的重金属离子、有机污染物和放射性污染物。

① 重金属吸附去除方面。蒙脱石通过离子交换、表面配位、表面沉淀、静电吸引、氢键作用等机制与重金属离子进行吸附，可有效去除污水中的重金属离子[9-10]。批处理吸附实验结果表明，蒙脱石作为吸附剂可有效去除水溶液中 Pb^{2+}、Cd^{2+}、Cu^{2+} 和 Zn^{2+}，最大吸附量在 $6.78 \sim 131.58mg/g$ 之间，去除率超过 95%。研究表明，2:1 型层状黏土矿物蒙脱石对 Pb^{2+} 的吸附量（$53.7mg/g$）显著高于 1:1 型高岭石的吸附量（$7.11mg/g$），可变的层间结构是一个重要因素，添加聚丙烯酰胺絮凝剂后两种矿物的吸附量均有显著提高[11]。Pb^{2+} 在黏土矿物表面的吸附是由带正电的离子和带负电的矿物表面之间的静电吸引和/或与存在于二氧化硅片和氧化铝片之间的层间阳离子的离子交换引起的（图 1-5）。此外，蒙脱石对水溶液中砷酸盐、亚砷酸盐和汞离子具有较好的吸附效果，去除率分别达到 99.5%、68.2% 和 74%。通过物理、化学或有机修饰可以显著提高蒙脱石对重金属离子的吸附性能，如研究发现酸活化蒙脱石对 Cd^{2+} 的吸附量显著增强，主要归因于酸活化蒙脱石比表面积和孔隙体积的增加，且吸附受体系 pH 值的影响，吸附量随酸度的逐渐降低而增加。

② 有机污染物吸附方面。蒙脱石因自身较大的比表面积及较多的结构负电荷，对阳离子型和非离子型有机污染物进行吸附和配位，

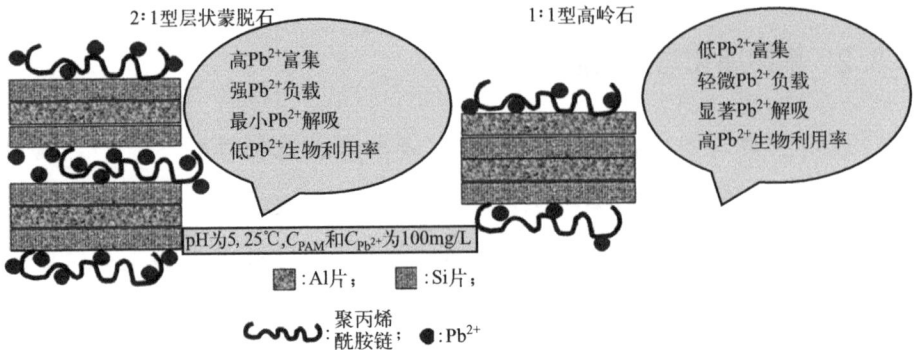

图1-5 聚丙烯酰胺改性2:1型层状蒙脱石和1:1型高岭石对Pb^{2+}的吸附示意图[11]

如蒙脱石对水中2种喹诺酮类抗生素（环丙沙星和诺氟沙星）具有较强的吸附性能[12]，吸附过程符合拟二级动力学模型和Freundlich模型，且$\lg K_F$值较大；在pH值小于pK_a时，吸附量较大，以静电吸引为主要机制；当pH大于pK_a时，吸附量急剧下降，对环丙沙星和诺氟沙星阴离子以表面配位为主要机制。此外，通过有机改性，蒙脱石由亲水性改为亲油性，吸附位点发生变化，对有机污染物的吸附能力增强，如以十六烷基三甲基铵离子（$CTMA^+$）、十烷基三甲基铵离子（$DTMA^+$）改性的蒙脱石可吸附去除水中的苯酚、2-萘酚。在低改性剂负载量时，有机物主要吸附于改性蒙脱石表面，以表面吸附为主；而在改性剂高负载量下，吸附机理主要为分配作用，有机污染物吸附于疏水有机相之中[13]。

③ 放射性元素吸附方面。蒙脱石具有很强的自密封性和高吸胀性，以及较大的阳离子交换容量，对放射性核素起到机械屏障和化学屏障的双重作用，在放射性核素处置中有巨大的应用潜力，因此其常作为高放射性废物填埋处置的缓冲防渗材料，可以阻止地下水渗漏、核素迁移，支撑废物容器和均匀岩体压力等[14]。Ca基蒙脱石对放射性核素锶-90（^{90}Sr）具有较好的吸附性能，等温吸附方程符合Langmuir模型，Sr^{2+}单分子层均匀吸附于蒙脱石表面，吸附过程符合Elovich

模型，为非均相扩散过程。也有研究表明，蒙脱石在合适的条件下，对水体中的铯离子（Cs^+）、镱离子（Yb^{3+}）、铕离子（Eu^{3+}）、铀离子（U^{5+}）、铯-137（^{137}Cs）、碘-125（^{125}I）等具有较好的吸附固定作用。采用 NaOH 处理蒙脱石制备的改性材料，其比表面积显著增大至 $117.1m^2/g$，表面出现（—Si—O—Na）官能团，对 Cs^+ 和 Sr^{2+} 的吸附量达 290.7mg/g 和 184.8mg/g，可以作为放射性废水的廉价吸附剂[15]。

④ 其他污染物吸附方面。蒙脱石对水体中的氮（N）、磷具有较好的吸附去除性能。研究表明，与改性伊利石、高岭石相比，羟基铁-腐殖酸钾改性钠基蒙脱石（Na-Mt-Fe-HA）的比表面积达 $298.91m^2/g$，对氨氮的吸附量达到 21.64mg/g，对磷的吸附量为 24.04mg/g，对磷和氨氮的去除率最大分别可达到 91.55％ 和 51.10％，可实现氨氮和磷的同步脱除。此外，零价铁负载蒙脱石可通过化学沉淀、共沉淀与吸附作用去除废水中的磷，通过还原和吸附作用去除废水中的硝态氮，但二者存在竞争吸附关系。

1.3.3　环境催化

蒙脱石具有较大的比表面积和孔隙率，具有独特的层间域结构，可以作为催化剂的载体，蒙脱石基复合光催化材料在印染、制药和化工有机废水处理领域被广泛应用。如以蒙脱石为基体，将石墨相氮化碳（$g-C_3N_4$）负载于蒙脱石表面制备非金属半导体光催化材料，有效促进光生载流子的迁移。材料对亚甲基蓝（MB）和甲基橙（MO）有机废水具有较好的催化降解效果，催化过程中超氧自由基（$O_2\cdot$）为主要活性物质，且材料在 2h 可见光照射下对大肠杆菌的抑菌率高达 100％。此外，蒙脱石作为载体制备的催化剂在选择性催化还原（SCR）脱硝领域亦有较好的工业化应用潜力[16]。与高岭石和膨胀石墨相比，蒙脱石可用于制备锰（Mn）基柱撑负载脱硝催化剂，原位生长法制备的催化剂具有较好的分散性、丰富的活性位点和相对稳定的结构，在100℃时NO转化率可达90％，在125～250℃温度区间内NO转化率接近100％。采用水热法将MoS_2纳米片垂直生长在蒙脱石纳米片空心微球表面，得到的复合材料的光催化活性是MoS_2的2倍，且有效防止了MoS_2的氧化，改善了材料的循环性能。

1.3.4 其他领域

基于蒙脱石的可膨胀性，采用剪切剥离、超声剥离、水化剥离（图1-6）和循环冷冻-解冻剥离等方法可控制备纳米片[17]。纳米片具有强负电性、优异的流变性能和胶体稳定性，用于凝胶吸附剂、相变储能材料、阻燃材料、环境催化材料和抑菌材料等先进功能材料的设计和组装。以蒙脱石纳米片包裹有机相变材料硬脂酸制备纳米矿物基微胶囊复合相变材料（MMTNS/SA），在多次吸热/放热测试中的循环稳定性能好，其熔化与凝固相变潜热值最高分别可达181.04J/g及184.88J/g[18]。此外，蒙脱石在医药健康、饲料添加剂、脱色剂、增稠剂、黏结剂、防水材料等领域具有广泛应用，有"万能土"之称。蒙脱石可以与消化道黏液中的蛋白质静电结合，有效改善黏液质量，提高黏液的内聚力和弹性，从而对消化道黏膜起到修复作用，对于治疗因各种原因导致的腹泻，以及食管炎、胃炎、消化性溃疡均有明显疗效。在饲料中添加0.2％的蒙脱石即可解决饲料滋生霉菌、毒素的问题。蒙脱石在石油工业中用于制备焦油-水的乳化液，在纺织印染工业中用作填充剂、漂白剂、抗静电涂层，在建材领域中用作防火或防水材料等。如通过自组装法将二维蒙脱石纳米片在易燃材料表面沉积形成致密的阻燃保护层，不仅克服了传统黏土阻燃剂相容性差的缺陷，更发挥了蒙脱石的二维结构特性，充分利用了剥离暴露的丰富位点，通过纳米级厚度的阻燃涂层即实现了高效阻燃。

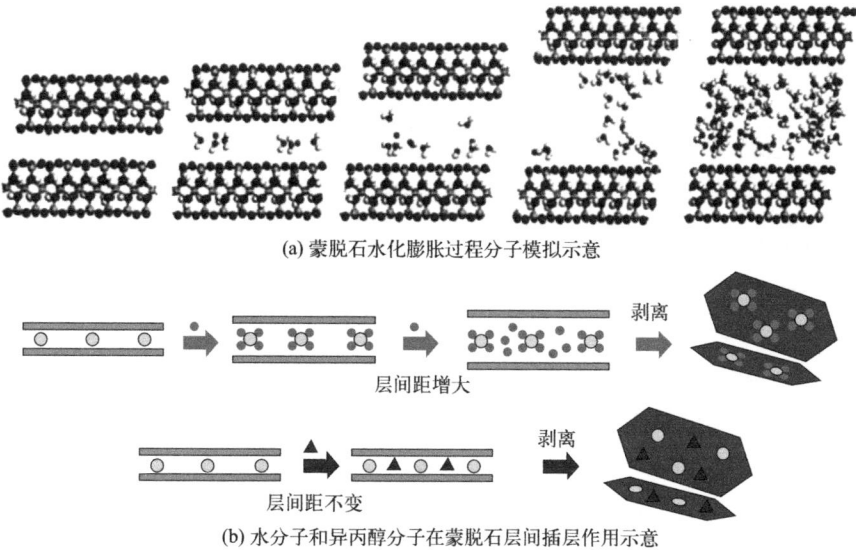

(a) 蒙脱石水化膨胀过程分子模拟示意

剥离

层间距增大

剥离

层间距不变

(b) 水分子和异丙醇分子在蒙脱石层间插层作用示意

图 1-6　基于水化基溶剂化作用的水化剥离[17]

参考文献

[1]　吴平霄. 功能化黏土矿物与环境污染控制 [M]. 北京：科学出版社，2018.

[2]　卿艳红，苏小丽，王钺博，等. 蒙脱石黏土矿物环境材料构建的研究进展 [J]. 材料导报，2022，34 (19)：19018-19026.

[3]　吴平霄. 蒙脱石活化及其与微结构变化关系研究 [D]. 广州：中国科学院研究生院（广州地球化学研究所），1998.

[4]　Zhu J，Wen K，Zhang P，et al. Keggin-Al$_{30}$ pillared montmorillonite [J]. Microporous and Mesoporous Materials，2017，242：256-263.

[5]　张旭，章国权，杨炳飞. 天然多孔矿物材料在土壤改良和土壤环境修复中的应用及研究进展 [J]. 中国土壤与肥料，2020 (4)：223-230.

[6]　Xu D，Fu R，Wang J，et al. Chemical stabilization remediation for heavy metals in contaminated soils on the latest decade：Available stabilizing materials and associated evaluation methods-A critical review [J]. Journal of Cleaner Production，2021，321：128730.

[7]　Palansooriya K，Shaheen S，Chen S，et al. Soil amendments for immobilization of potentially toxic elements in contaminated soils：A critical review [J]. Environment International，2020，134：105046.

[8] 孙剑锋，张红，梁金生，等 . 生态环境功能材料领域的研究进展及学科发展展望 [J]. 材料导报，2021，35（13）：13075-13084.

[9] Kónya J，Nagy N. Sorption of dissolved mercury（Ⅱ）species on calcium-montmorillonite：An unusual pH dependence of sorption process [J]. Journal of Radioanalytical and Nuclear Chemistry，2011，288：447-454.

[10] Otunola B，Ololade O. A review on the application of clay minerals as heavy metal adsorbents for remediation purposes [J]. Environmental Technology & Innovation，2020，18：100692.

[11] Fijałkowska G，Wiśniewska M，Szewczuk-Karpisz K，et al. Comparison of lead（Ⅱ）ions accumulation and bioavailability on the montmorillonite and kaolinite surfaces in the presence of polyacrylamide soil flocculant [J]. Chemosphere，2021，276：130088.

[12] 莫测辉，黄显东，吴小莲，等 . 蒙脱石对喹诺酮类抗生素的吸附平衡及动力学特征 [J]. 湖南大学学报（自然科学版），2011，38（6）：64-68.

[13] 谢潇琪，范鹏凯，刘超 . 蒙脱石基复合光催化材料处理有机废水研究进展 [J]. 复旦学报（自然科学版），2022，61（2）：238-248.

[14] 聂发辉，吴钦，吴道，等 . 改性蒙脱石在污水处理中的应用现状及进展 [J]. 应用化工，2021，50（03）：805-811.

[15] Kim Y，Kim Y，Kim J，et al. Synthesis of functionalized porous montmorillonite *via* solid-state NaOH treatment for efficient removal of cesium and strontium ions [J]. Applied Surface Science，2018，450：404-412.

[16] 方城 . 锰基蒙脱石低温 SCR 催化剂制备方法及脱硝性能研究 [D]. 合肥：合肥工业大学，2020.

[17] 赵云良，白皓宇，易浩，等 . 二维蒙脱石的制备及环境功能应用 [J]. 金属矿山，2020（10）：70-81.

[18] Lan Y，Liu Y，Li J，et al. Natural clay-based materials for energy storage and conversion applications [J]. Advanced Science，2021，8（11）：2004036.

第 **2** 章

重金属污染概述

重金属污染，作为一类严重的环境污染问题，已经引起全球范围内的广泛关注。重金属是指密度大于 $4.5g/cm^3$ 的金属元素，在环境污染领域对重金属的定义并不十分严格，主要包括镉（Cd）、汞（Hg）、砷（As）、铜（Cu）、铅（Pb）、铬（Cr）、锌（Zn）、镍（Ni）。随着工业化和城市化的快速发展，重金属的开采、冶炼、加工及商业制造活动日益增多，导致大量重金属元素进入大气、水体和土壤，对人类健康和生态环境构成了严重威胁。本章将对重金属污染危害、土壤重金属污染与修复、水体重金属污染与修复等方面进行详细介绍。

2.1 重金属污染与危害

2.1.1 重金属污染的特点

重金属污染因其高毒性、隐蔽性、持久性和生物积累性而受到广泛关注，在土壤中长期滞留超出了土壤的自净能力，影响土壤的理化性质、微生物群落的分布和肥力，影响农作物的生长状态。重金属进入植物体内后不仅会抑制植物生长和正常代谢功能，造成作物减产甚至绝收，还会通过食物链的级联放大和累积作用进入人体，危害人体健康。重金属污染的特点如下：

① 难以降解。重金属在环境中难以被生物降解，一旦进入环境，便会在食物链中逐级积累，对生态系统造成长期危害。

② 生物累积性。重金属具有生物累积性，能够在生物体内富集，当生物体内重金属含量超过一定限度时，会对生物体造成毒害。

③ 隐蔽性。重金属污染往往具有隐蔽性，不易被察觉。例如，重金属在水体中可能以低浓度的形式存在，但可通过食物链在生物体内富集，达到对生物体产生毒害的水平。

④ 持久性。重金属在环境中的持久性较强，不易被自然净化过程去除，因此会对环境造成长期污染。

重金属类型不同，其污染特点有所不同。如 Hg 元素污染具有如下特点：

① 毒性。小鼠口服实验证明 Hg 的毒性远高于 Cr、As、硒（Se）、Cd、锡（Sn）、Pb 等六种重金属，且在人体中的半衰期长达几年到几十年，具有极强的神经毒性。

② 持久性。它在自然环境中不会分解，只能发生形态转化，尤其是甲基汞（MeHg）的毒性可能持续影响几代人。

③ 长距离迁移性。Hg 易挥发，扩散进入大气后可被长距离传输至距排放源非常远的区域发生沉降。

④ 生物富集和放大特性。鱼类和稻米中的 MeHg 随着食物链上升并富集，最终危害处于食物链顶端的人类。

2.1.2 重金属的毒性

重金属在人体内能和蛋白质及各种酶发生强烈的相互作用，使它们失去活性，也能在人体的某些器官中积累，如果超过人体所能耐受的限度，会造成人体急性中毒、亚急性中毒、慢性中毒等危害[1]。以下是几种常见重金属的毒性及其对人体健康的影响：

① 镉（Cd）。镉污染主要来源于电镀、冶炼和化石燃料的燃烧。镉对肾脏和骨骼的危害极大，可导致肾脏功能衰竭和骨质疏松。镉中毒的症状包括关节疼痛、骨骼变形、肾功能障碍等，长期摄入镉还可能增加患癌症的风险。镉通过皮肤接触、呼吸和消化途径进入人体，对免疫系统产生不良影响。与吸入和皮肤接触等其他途径相比，口服污染食物已被确定为人体接触重金属的主要途径，超过 90% 的重金属通过口服食物进入人体，过量的镉积累可引起骨质疏松、非增生性肺气肿、肾小管损伤等多种人类疾病。首次报道于 20 世纪 70 年代日本的 itai-itai 病，是典型的镉污染事件。患者食用了受污染的谷物和水，吸入污染颗粒物而中毒。

② 汞（Hg）。汞污染主要来自汞矿开采、工业废水和废气排放。汞的毒性很强，尤其是甲基汞，对神经系统的损害极大，可导致严重的中枢神经系统疾病。汞中毒的症状包括手足麻痹、全身瘫痪、精神失常等，对胎儿的影响尤为严重，可导致先天性畸形和智力低下。历史上曾发生过多次严重汞中毒事件，如 20 世纪中期日本的水俣病（患病 2955 人，超过 1700 人死亡）、伊拉克的 MeHg 中毒事件（超 6000 人中毒，其中 452 人死亡）等，数以千计的人受到不同程度的伤害甚至死亡，造成了不可挽回的损失。

③ 铅（Pb）。铅污染主要来源于工业排放废气和汽车尾气。铅对儿童的影响尤为严重，可影响智力和身体发育，对成人则主要影响神经系统和血液系统。铅中毒的症状包括头痛、头晕、乏力、贫血等，严重时可导致昏迷和死亡。我国历史上曾多次暴发铅中毒事件，如 2009 年 8 月至 9 月，陕西凤翔、湖南武冈、福建龙岩三地相继发生了千名儿童铅中毒的事件。2006 年 8 月末甘肃省徽县发生铅中毒事件，近千人前往西安进行血铅检测，其中 373 人为儿童，且超过 90% 的儿童血铅超标，最高者血铅含量达到 619μg/L，被诊断为重度铅中毒。2009 年 8 月河南省济源市发生铅中毒事件，造成 1000 余名

14 岁以下儿童血铅超标，血铅值在 $250\mu g/L$ 以上。

④ 铬（Cr）。铬的污染主要来自冶金、电镀和制革等行业。铬具有致癌性，长期接触可导致肺癌、鼻咽癌等。铬对皮肤的危害也很大，可引起皮肤溃疡和过敏。铬中毒的症状包括呼吸困难、咳嗽、胸痛等，严重时可导致死亡。

⑤ 砷（As）。砷污染主要来源于采矿、冶炼和农药的使用。砷是一种剧毒物质，与多种疾病有关，包括皮肤癌、肺癌和膀胱癌。砷中毒的症状包括皮肤病变、消化系统紊乱、神经系统损伤等，长期摄入砷还可能导致心血管疾病和糖尿病。

2.1.3 重金属污染的危害

重金属污染的环境风险主要体现在其对生态系统和人类健康的长期影响。重金属污染具有不可降解性，可以通过食物链放大，传递到人体中威胁人类健康。重金属污染的危害还体现在其对土壤和水体的长期污染，这些污染很难被自然净化，因此对环境和生态系统构成了长期的风险。

（1）重金属污染对人体健康的危害

重金属对人体健康的危害表现在多个方面，包括影响神经系统、肾脏功能、血液系统等（图 2-1）。例如，铅中毒可引起儿童智力低下和行为障碍，汞中毒可损害神经系统，镉中毒则可能导致肾脏损害和骨质疏松。重金属的毒性不仅表现在急性中毒上，更多的是慢性积累性中毒，长期低剂量接触同样会对人体健康产生严重影响[2]。由于 Hg 的高毒性、生物富集和放大特性，以及长距离迁移性和持久性，环境中的 Hg 暴露对人类及生态系统造成了严重的危害，已被世界卫生组织和联合国环境规划署等机构列为优先控制污染物[3]。

人体 Hg 暴露途径主要有以下几种：

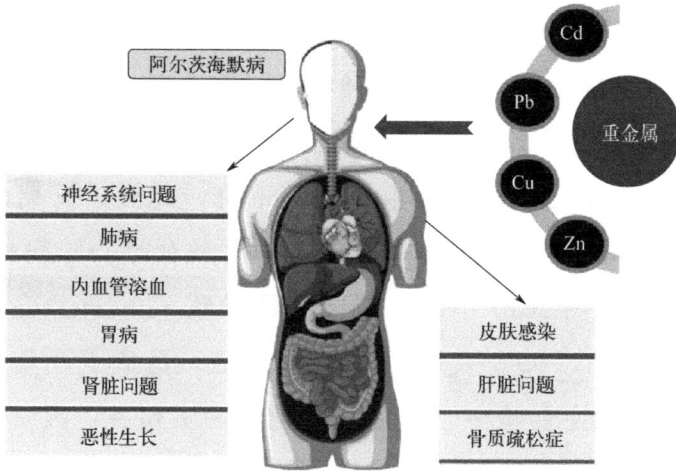

图 2-1　重金属毒性对人类健康的影响[2]

① 元素 Hg。日光灯、温度计、仪表制造、贵重金属提炼及私人炼金小作坊等工作人员的职业暴露，补牙填料摄入、燃煤造成污染空气的吸入等。

② 无机 Hg。主要经口摄入或者吸入，如食用 Hg 污染的农产品、蔬菜或饮用 Hg 污染的水源，含 Hg 化妆品的使用也可能导致 Hg 中毒。

③ 有机 Hg。主要是通过饮食途径暴露，如长期食用处于食物链顶端的鱼类。但研究表明，稻米摄入是我国 Hg 污染地区人体 MeHg 暴露的主要途径（占比＞85％），而鱼产品摄入是沿海城市人体 MeHg 的主要暴露源（占比＞85％）。

Hg 的生物毒性往往取决于其化学形态和暴露途径，一般而言有机态 Hg 的毒性远高于无机态 Hg 和元素态 Hg，但特定条件下通过非生物和生物转化，无机态 Hg 可转变为毒性更高的有机态 Hg。Hg^0 进入血液之后会转化为 Hg^+ 和 Hg^{2+}，但通过转化而来或直接摄入的 Hg^+ 和 Hg^{2+} 具有低亲脂性，不能直接穿透细胞膜，主要作用于神经系统、肾脏、肺部和脑组织，表现为神经毒性、肾脏毒性、免疫毒性和生殖毒性等，造成手脚麻木和轻度的肌肉无力，急性肾小管坏死、肾功能衰竭，精神错乱、情绪不稳定，甚至致癌和死亡。而有机 Hg 特别是 MeHg，具有极强的神经毒性和生殖毒性以及高度脂溶性，靶器官为脑组织，可通过胎盘传递至新生儿脑组织，严重损害中枢神经系统的发育，导致新生儿智商下降，此外，长期的低剂量 MeHg 暴露还导致视听障碍、心血管疾病、致死性心脏病和癌症等。据研究统计，我国 2010 年因 MeHg 暴露导致 7360 例致命性心脏病死亡和胎儿智商（IQ）人均损失 0.14 个点，造成了严重的健康风险。风险发生地主要集中于东南沿海地区和贵州省，摄食含高浓度 MeHg 的海鱼和大米是 MeHg 最为主要的暴露途径。

（2）重金属污染对生态环境的危害

① 对土壤的影响。重金属污染会导致土壤结构破坏，影响微生物活动，从而降低土壤肥力。在被污染的土壤中种植的作物可能会吸收重金属，进而影响食品安全。重金属在土壤中积累，不仅影响作物的生长发育，还可能通过食物链进入人体，对人类健康构成威胁。此外，重金属污染物还会影响土壤中的微生物群落结构，降低土壤的生物活性，从而影响土壤生态系统的健康和稳定。

② 对水体的影响。水体中的重金属不仅影响水生生物的生存，还可能通过饮水和食物链危害人体健康。例如，Hg 和 Pb 在水体中可以转化为更具毒性的形态，长期摄入可导致神经系统疾病和其他健康问题。水体污染还会影响水资源的利用，对经济发展和社会稳定产生负面影响。

③ 对大气的影响。大气中的重金属污染物主要来源于工业排放、汽车尾气、扬尘等。这些污染物可以通过大气传输和沉降进入土壤和水体，对环境造成广泛的影响。大气中的重金属污染物还会对人体健康造成直接危害。例如，吸入含有 Pb、Hg、Cd 等重金属污染物的空气会导致呼吸道疾病、神经系统受损、心血管系统疾病等。

④ 对生物多样性造成威胁。重金属污染物会破坏生态系统的结构和功能，导致物种数量减少和生态系统稳定性下降。例如，重金属污染物会影响水生生物的生存和繁殖，导致水生生物多样性降低。

2.2　土壤重金属污染与修复

土壤是万物之本，是植物生长的基础，也是生态环境的重要组成部分。土壤环境的好坏，关系着人类身心健康以及社会发展。我国有着广袤的国土资源，但是人口基数大，人均资源不足，受污染土壤面积日益增加，也加剧了人类需求和土壤资源紧张的矛盾。土壤重金属污染是指具有毒性的重金属进入土壤后，被土壤胶体吸附，并与土壤中的无机物、有机物等发生反应，进而危害土壤生态系统。这些重金属无法与土壤中其他物质再发生任何反应，也无法被土壤微生物分解，成为难溶盐而被动累积在土壤中，最终量变引发质变，使土壤性质发生改变。而这些重金属往往会被植物吸收，进而通过食物链进入人体，最终威胁着人们的生命健康。土壤中部分重金属还可能转变为烷基化合物，具有更强烈的毒性，最终对人们的身体健康造成严重威胁。由于土壤的吸附性，重金属在进入土壤后无法被排出，只能被动地吸附在土壤中，重金属本身的性质与土壤环境特性是影响吸附过程的重要因素。因此，为了保证人与自然的可持续发展，应加强土壤污染的治理，相关人员应该重视土壤重金属污染的研究，改善人类赖以生存的环境。

2.2.1　土壤重金属污染现状

（1）污染范围较广

《全国土壤污染状况调查公报》显示，全国土壤总的点位超标率为 16.1％，其中以重金属污染为主，镉的点位超标率尤为突出，达7.0％[4]。耕地土壤污染问题突出，在近五分之一受污染的耕地面积中，重金属污染占比达 80％。土壤重金属污染遍布全国各地，尤其在一些工业密集区和矿业活动频繁的地区，污染问题更为严重。我国土壤重金属污染分布具有明显的地域性，中部、东部、西部三大地区的土壤重金属污染情况具有明显差异。其中，中部地区的土壤重金属污染最为严重，东部和西部地区土壤重金属污染程度较轻，原因是中部地区是我国主要的金属矿和煤矿分布地区，矿藏开采造成了大量重金属污染物排放。中部地区的河南、山西和湖南，东部地区的广东和江苏，西部地区的云南、贵州、重庆和陕西，必须对这些地区的土壤重金属污染予以高度重视。我国东北部黑龙江、吉林和辽宁等老工业地区，城区、郊区和一些农耕区遭受到严重的镉、砷、汞、铅和铬等重金属元素的污染。我国西部土壤重金属污染较为严重的是四川、云南、贵州等地区，遭受严重的汞、镉、砷等重金属污染，华南地区有将近一半的农业用地遭受到严重的砷、汞、镉等重金属污染。我国土壤汞污染 Meta 分析结果表明，全国约 73％的土壤汞含量超过国家背景值，总体上呈现由东南向西北逐渐降低的趋势，与大气汞排放量变化趋势一致。其中矿山和工业用地周边土壤汞污染最为严重，以贵州省铜仁市的汞矿和温度计工厂周边的土壤汞含量最高。全国 31 个大中城市表层土壤汞含量调查显示，总体呈中度汞污染，其中 8 个城市土壤汞含量高于 0.30mg/kg，17 个城市土壤汞含量位于 0.1～0.3mg/kg 之间，6 个城市土壤汞含量低于 0.10mg/kg，低汞含量城市主要分布于我国华北和西北地区，中高汞含量城市主要分布于东部和东南部，这表明土壤汞污染与工业活动和城市化等人为因素密切相关。

（2）污染种类繁多

随着人口的增长和经济的发展，我国土壤环境问题日益严重，其中镉、汞、砷、铜、铅、铬、锌、镍这 8 种重金属元素均有不同程度的超标，以镉污染程度最重，超标率为 7%。污染物的来源多样化：镉主要来自电镀、冶炼和化工行业；铅则主要来自冶炼、电池制造和汽车尾气排放；汞主要来自化工、造纸和电子设备制造行业；砷主要来自农药、化肥和采矿活动；铜则主要来自农业施肥和工业排放。污染物的形态各异，重金属在土壤中有的呈溶解态，有的是以离子形态存在，有的和有机质和无机矿物结合，形成稳定的复合物而难以降解[5]。我国土壤重金属污染存在土壤点位超标的现象，具体土壤点位超标率显示，污染源以无机元素为主，土壤点位超标率排列在前 8 位的无机元素包括铅、铬、镉、锌、砷、镍、铜和汞，尤其是镉元素的超标点位最多，汞元素和镍元素超标点位次之，铬和锌的超标点位最少。

(3) 污染程度严重

首先，从污染物的浓度看，部分地区土壤重金属含量远超国家安全标准。根据农业农村部环境监测系统的监测结果，我国 24 个省份的城郊、污水灌溉区、工矿区等区域的 320 个重点污染区中，污染超标的大田农作物种植面积占调查总面积的五分之一[6]。其中重金属含量超标的农作物种植面积约占污染物超标农作物种植面积的 80%，尤其是 Pb、Cd、Hg、Cu 及其复合污染最为突出。当前我国大多数城市近郊土壤都受到了不同程度的污染，其中 Cd 污染较普遍，污染面积近 1000 万公顷，其次是 Pb、Zn、Cu、Hg 等；有许多地方的粮食、蔬菜、水果等食物中 Cd、Cr、As、Pb 等重金属含量超标或接近临界值，其中多数是工业污水灌溉造成的。自 1979 年起至 2010 年，我国农田土壤 Hg 含量逐步增加（由 0.25mg/kg 增加至 0.47mg/kg），在采矿活动集中的西部省份（贵州）、南部省份（湖南）和东北省份（辽宁），农田土壤 Hg 含量普遍较高，造成了农产品质量安全风险并导致了较高的致癌风险。2011 年至 2016 年，我国农田土壤

Hg 含量由 0.04～0.69mg/kg（平均 0.14mg/kg）增加至 0.06～0.78mg/kg（平均 0.15mg/kg），显著高于我国土壤 Hg 含量背景值 0.01～0.11mg/kg（国家环境保护局，1990 年发布）。Hg 含量的增加与燃煤、发电和经济发展等人为活动有关，基于 2016 年土壤 Hg 含量估算，当年我国农田土壤 Hg 储量约为 41000t[3]。一项全国范围的调查指出，2019 年我国农田土壤 Hg 平均含量（范围是 0.02～0.88mg/kg）显著高于 1990 年调查的土壤背景值（0.01～0.11mg/kg），增幅达 129.23%，工业活动、农业生产、交通运输等人为活动为主要污染源。此外，污染后果的严重性体现在对生态系统功能的破坏上。重金属可通过土壤—植物—动物—人体的食物链传递，不仅威胁农产品的安全性，还可能引发人慢性中毒、遗传变异等健康问题。同时，土壤生态系统的微环境被破坏，生物多样性减少，生态服务功能下降，影响自然界的自我净化能力。总之，全国遭受不同程度污染的耕地面积已接近 2000 万公顷。我国每年因重金属污染导致的粮食减产超过 1000 万吨，被重金属污染的粮食多达 1200 万吨。虽然当前我国区域农业环境恶化形势严峻，但自《土壤污染防治行动计划》（"土十条"）出台以来，土壤重金属污染形势得到了有效遏制。

2.2.2 土壤重金属污染来源

① 自然源。土壤母质中含有重金属元素，受区域的土壤背景值和成土过程中周围环境的影响。成土母质风化是我国当前很多地区存在的土壤问题，导致重金属积累条件更加适宜，恶劣的天气和水源作用等方面也改变了重金属的结构，这些都导致重金属的含量产生了一定的变化。特殊的地质条件下，如火山喷发和地热活动等自然过程，导致土壤中某些元素异常富集。极端的天气如酸雨、沙尘暴等都加剧了土壤环境的恶化。据估算，每年自然源向大气中排放的 Hg 为 80～

600t，因时间和空间的不同而异，最终通过干湿沉降回到地球表面，其中 90% 以上的 Hg 进入表层土壤[7]。

② 工业污染源。主要指涉重金属行业如化工、毛革、采矿、冶金、电镀、燃煤等的"三废"排放，通过降尘、水土流失等方式造成土壤重金属污染。多数污染物通过土壤污染地下水的方式进入食物链中，对生物体造成严重危害。此外，燃煤废气排放是我国土壤重金属的重要来源之一。我国的煤炭资源储量不仅丰富，而且在能源结构中占据主导地位，燃煤废气排放的重金属经大气沉降进入土壤导致重金属污染。

③ 农业污染源。因为在化肥和农药中含有较多的重金属元素，而土壤自身的环境容纳量又相对较低，所以长期使用化肥和农药会积累含量超标的重金属，进而使农产品受到污染，一旦食用就会对人体造成伤害。另外，如果过量地施用化肥和农药，也会造成土壤重金属污染。规模化畜禽养殖模式下，饲料添加剂的使用，常常导致畜禽粪便中含有较高的 Cu、As 等重金属元素，未经无公害化处理的粪便作为有机肥被施用，会引起土壤重金属污染。污水灌溉：我国北方地区干旱、严重缺水，污水中虽然经过一定的处理，却含有许多重金属离子，随着污水灌溉进入土壤中。

④ 生活污染源。生活垃圾的填埋和堆放，渗滤液中的重金属进入土壤中，导致区域土壤的重金属含量大量增加；汽车尾气和轮胎磨损产生的含有重金属成分的粉尘，沉降到道路附近的土壤中，造成土壤重金属污染。其污染程度在公路两侧的一定距离内呈带状分布，并以公路或铁路为轴向，其污染强度向两侧逐渐减弱，且随着时间的延长，公路、铁路两侧的土壤重金属污染具有很强的叠加性。

⑤ 大气沉降源。大气中重金属的沉降已成为世界范围内一个重要的健康和环境问题，大气沉降的重金属主要集中在表层土壤中。在

全球 Hg 循环的大背景下，水体挥发、植物蒸腾和森林火灾等使沉积在地球表面（土壤、岩石、树木、冰雪和地表水）的 Hg 再次活化，重新排放到大气中，最终大部分 Hg 可能再沉降到地表土壤，该部分 Hg 的年排放量较大，为 4000～6300t（图 2-2）。

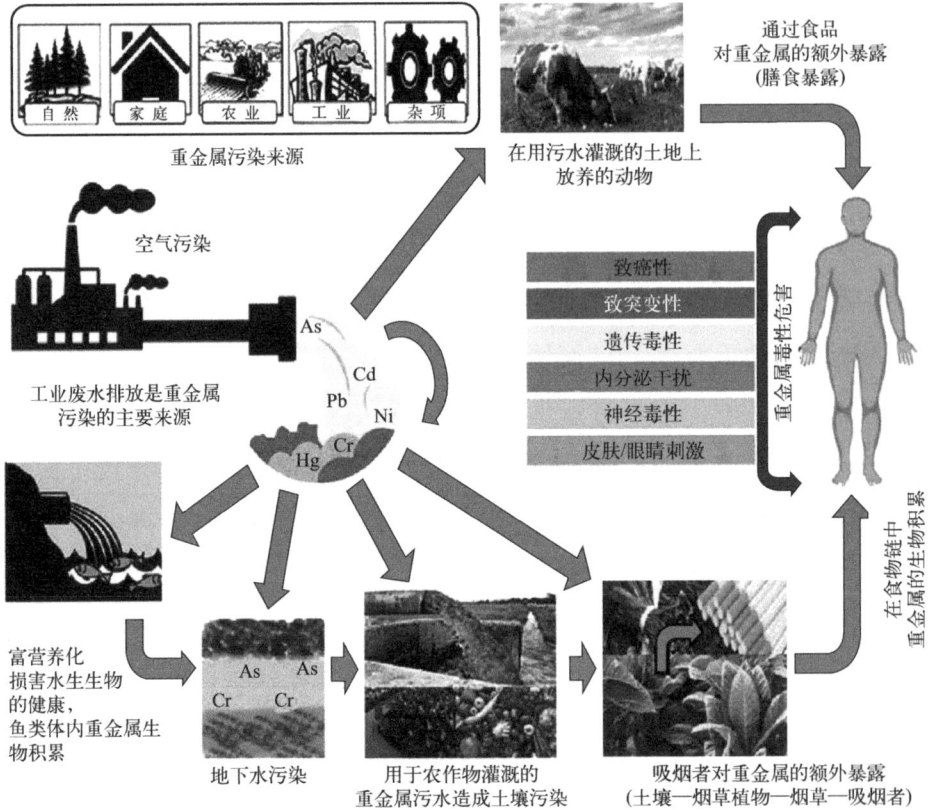

图 2-2　重金属污染源及其在环境中的归趋示意图[8]

2.2.3　土壤重金属修复技术

污染土壤修复是指使土壤中的重金属被吸收、转换和转化的过程，使其浓度降低至土壤自净能力范围内，实现污染物无害化和稳定化，以达到人们期望的解毒效果的技术措施。主要的修复技术包括物理修复、化学修复、微生物修复、植物修复、综合修复[9]。土壤重金属污染修复难度大、治理周期长，需要根据不同的情况选择合适的修复技术[10]。土壤中重金属污染物因不能被化学或生物降解，人们主要通过固化和活化两种方式对土壤进行修复。固化作用是使土壤中重金属由活化态转变为稳定态，将重金属固定于土壤中，限制其释放以降低风险的方式；活化作用则主要通过活化土壤中重金属，增加其迁移性，从而增大其在植物体内的富集，进而达到从土壤中去除重金属的目的。根据这两项原理，修复技术具体又分为物理修复技术、化学修复技术和生物修复技术，其优缺点如表 2-1 所示。

表 2-1　重金属污染土壤的修复技术[10]

修复措施	修复方式	修复机理	优点	缺点
物理修复	电动修复	施加电压形成电场梯度，使污染物向电场两极迁移	原位修复，能耗低且经济效益高	改变土壤理化性质，对沙性土壤治理效果不显著
	改土法	利用客土、换土、去表土、深耕翻土等措施降低表层土壤的重金属浓度	效果显著、稳定且不受土壤条件限制	仅适用于小面积污染土壤的治理，只降低表层土壤重金属浓度，只针对移动性较差的污染物，破坏土壤结构
	冲洗法	将污染土壤用水冲洗，使水溶性重金属移至土壤深层以降低植物根区重金属浓度	简便廉价，不破坏土壤结构	处理效率不高，需回收重金属并循环利用提取液，易引起二次污染
化学修复	化学固定	向土壤中投加改良剂或抑制剂，使重金属从土壤中移除或稳定化	成本低、易实施，且改良剂来源广泛	重金属仍滞留于土壤中，对土壤破坏较严重，不宜进一步利用，且对其长期有效性和对生态系统的影响了解不多
	化学淋洗	利用淋洗液将重金属从土壤中解吸并置换出来	适用性强、快速高效，不破坏土壤结构	价格昂贵，易造成二次污染，对地质黏重、渗透性差的土壤修复效果不佳
	黏土矿物	利用土壤矿物质对重金属的吸附与解吸、固定与释放作用来固定重金属污染物	资源丰富且廉价，成本较低，适合大规模应用，不会产生二次污染	吸附量有限，改性处理复杂

修复措施	修复方式	修复机理	优点	缺点
生物修复	植物修复	利用植物吸收重金属,将其转移到地上部分,通过收割地上部分使其从土壤中去除	费用低,易于管理与操作,不产生二次污染且能稳定土壤结构	修复效率低,植物对重金属耐受性差,修复周期长
	微生物修复	微生物将重金属吸收、沉淀、氧化还原,使土壤中重金属无害化或降低其毒性	干扰因素较少,结果较为理想	微生物个体小,难以将其从土壤中分离,与修复现场土著菌群存在竞争;实验室与现场应用有一定差距
	生物联合修复	通过微生物-植物联合修复,动物-微生物-植物联合修复,以及生物修复联合物理、化学修复方法去除土壤污染物	能增加地上部分的生物量和促进对重金属的富集,修复效果良好	还处于试验阶段和小规模修复

(1) 物理修复技术

物理修复技术指的是通过物理的方法,将土壤重金属污染区的土壤替换为没有受到重金属污染的土壤,利用换土法、客土法、隔离包埋法、深耕翻土法以及热力恢复法对土壤进行修复。

① 电动修复法。它是指对重金属污染土壤施加直流电场,土壤中的重金属以电渗透的方式转移到土壤的表层,之后对聚集的重金属进行集中处理。这种方法耗能比较大、费用比较高,破坏土壤的结构,但修复效果好。

② 客土法。它指的是在被污染的土壤上面再覆盖一层清洁的土壤,从而降低土壤中重金属物质的含量,减少重金属物质与植物根系之间的接触概率,从而避免重金属物质对植物生长造成的危害。使用客土法时需要考虑客土的特性,因为需要将客土添加到原有受污染土壤中,所以需要保证客土的性质与被污染土壤的性质大致相似,保证原有的植物也能在客土中正常生长。该技术在实际应用过程中能够起到一定的效果,但是只适用于污染面积小的土壤。

③ 换土法。它指的是将原有的被污染土壤移除，然后添加无污染的清洁土壤，从而防止植物受到重金属的危害。

④ 深耕翻土法。它采用深耕土壤的方式，将下层的污染物含量低或没有受到污染的土壤翻至上层。该方法只适用于土层比较厚且污染物的含量比较低的区域。对于翻出来的底层土壤，还要进行简单的施肥，增加土壤的养分。

（2）化学修复技术

化学修复技术主要指向被污染的土壤中加入化学药剂，通过吸附、氧化还原、配位共沉淀的作用调节、改变重金属在土壤中赋存的形态，减弱其在土壤环境中的生物有效性，主要包括化学固定（钝化修复）、化学淋洗和氧化还原修复等。

① 化学固定技术。通过添加固化/稳定化材料改变污染物的形态，降低迁移性和生物可利用性。固化/稳定化材料通常是有机或无机的材料，通过吸附和化学反应将重金属固定在土壤中，从而减少其对环境的危害。例如，向土壤中添加的磷酸盐和石灰石等，可以与重金属反应生成不溶于水的沉淀。化学固定技术的优点是易于操作、成本较低，并且适用于大面积污染土壤的修复。但化学固定技术也存在一定的局限性，如固定效果可能随时间变化而减弱，化学剂的使用需要谨慎，避免产生新的环境问题。常见的固化/稳定化材料及其修复机理如表 2-2 所示。固化/稳定化材料是一类具有最低环境负荷和最大使用功能的生态材料，其研发需要考虑的重要理念是环境功能材料思想，即功能性、环境协调性和经济性。功能性是指材料本身所具有的最优异性能。在使用过程中，材料的功能性往往并非单一的，材料的功能性越多，其适用范围就越大。固化/稳定化材料的首要功能性是将土壤中的重金属固定起来或将重金属形态由活泼转化为不活泼，降低土壤重金属溶解性、迁移能力和生物有效性。环境协调性是指材料在生产、加工、使用等环节中，不会产生二次污染或

可再生利用。固化/稳定化材料一般为非金属矿产，材料来源广泛，与土壤环境的协调性较好，修复过程不会引入新的污染物。经济性是指材料在使用过程中舒适、美观，同时有较高的性价比，人们乐于接受与使用。

表 2-2 常见固化/稳定化材料及其修复机理[11-12]

修复材料	材料类型	修复机理
无机类材料	硅钙物质（硅酸钠、石灰、碳酸钙镁）	增加土壤 pH 值，发生吸附作用；生成不溶性沉淀
	含磷物质（羟基磷灰石、磷矿粉、钙镁磷肥、磷酸盐、骨粉）	发生吸附作用或与重金属形成沉淀
	金属及金属氧化物（零价铁、二氧化钛）	通过表面吸附、共沉淀固定重金属
	黏土矿物（海泡石、蒙脱石、凹凸棒黏土）	通过矿物表面吸附、离子交换固定重金属
	工业废弃物（粉煤灰、钢渣、赤泥、电石渣、白云石残渣）	通过化学专性吸附将有效态的重金属固定到氧化物晶格内
有机类材料	有机酸（柠檬酸、腐殖酸、草酸、酒石酸、乳酸）	配位重金属，抑制植物对重金属的吸收
	有机肥（猪粪肥、牛粪肥、羊粪肥、鸡粪肥）	改变其存在形态，产生吸附、配位作用
	生物炭（秸秆炭、骨炭、果壳炭、黑炭）	表面基团的配位、吸附作用和离子交换
	农业废弃物（秸秆、稻草、落叶、树皮）	配位、吸附重金属，降低重金属迁移能力
复合材料	无机-无机复合材料（工业复合钝化材料、天然黏土联合磷肥、复配钝化材料）	通过吸附作用、沉淀作用、离子交换钝化重金属
	有机-无机复合材料（污泥、泥炭、有机-无机多孔杂化材料、堆肥）	调节 pH 值形成沉淀，吸附、配位重金属
	有机-有机复合材料（巯基胡敏素、生物炭有机肥）	吸附、配位重金属，表面基团配位固定重金属

② 化学淋洗技术。利用化学试剂如酸、碱、螯合剂等淋洗土壤，

去除土壤中的污染物。化学反应会改变污染物的化学性质，使其容易从土壤中分离出来。淋洗剂的选择最为关键，既要确保能有效去除污染物，又不能造成土壤结构的破坏。例如，用乙二胺四乙酸（EDTA）螯合剂可以有效地结合土壤中的重金属，形成稳定的配合物，易于通过淋洗过程去除，但是此过程易于产生二次污染，需要对淋洗液进一步处理[13]。化学淋洗技术也可以对土壤的理化性质产生一定的影响，如改变土壤的 pH 值和结构。

③ 氧化还原技术。利用氧化剂或者还原剂将有害物质转变为无害物质[14]。例如零价铁可以还原六价铬，将其转化为毒性较低的三价铬，降低土壤风险。

（3）生物修复技术

生物修复技术是指利用植物、动物或微生物等生物体的自然作用来修复被污染的土壤，降低土壤中重金属的污染程度。这种方法具有环保、节能的优点，但修复周期长，对环境的要求比较高，主要包括植物修复、动物修复和微生物修复等技术。

① 植物修复（图 2-3）。这种方法是利用植物及其根系微生物系统，对土壤中重金属污染物进行吸收、转化与降解。某些植物有能力在其组织中积累重金属，而不会受到严重影响。例如，可以在受污染的土壤上种植超积累植物，以吸收和储存重金属。收获后，植物会被移出现场，从而有效清除土壤中的重金属。植物修复主要包括植物富集、植物固定、植物挥发、植物降解等技术。植物富集是指利用重金属超富集植物吸收土壤中的重金属，然后将这些重金属运输到植物的地上部分，通过收割和处理这些地上部分来减少土壤中的重金属含量。植物固定是指通过植物根系分泌物将土壤中的污染物固定，降低其生物有效性和迁移性，从而减少其对环境和生物的危害。植物挥发是指某些植物能够将土壤中的重金属转化为气态释放到大气中，如将

汞、砷等有害物质挥发掉[15]。

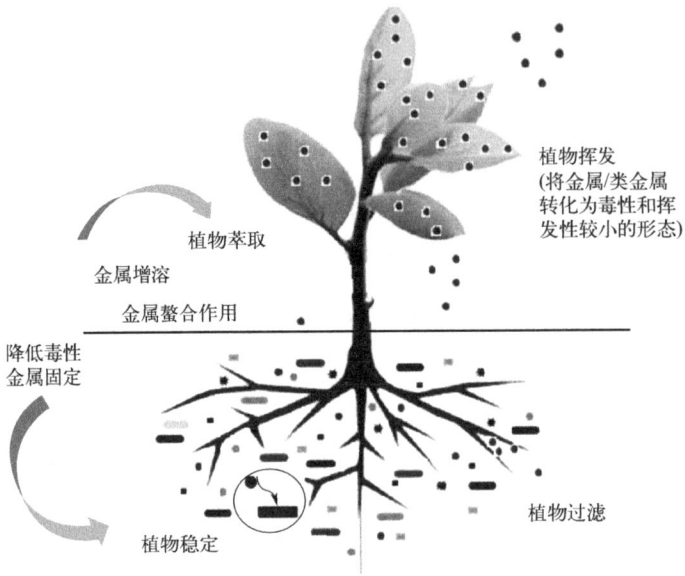

图 2-3　植物修复土壤重金属污染示意图[16]

② 动物修复。利用蚯蚓和田鼠等动物对重金属污染物进行，改善土壤环境质量。动物对土壤重金属富集有两种途径：一是通过皮肤吸收土壤中的有效态重金属；二是通过摄食、消化等一系列生理活动，将重金属连同食物一起摄入体内。已有研究表明蚯蚓对镉等重金属有很强的富集能力，蚯蚓修复土壤后，土壤的一些基本理化性质发生了改变，土壤酶活性、细菌丰富度增大，土壤环境得到了较大的改善（图 2-4）。动物对重金属的修复有一定的局限性：动物对重金属富集后，部分通过粪便等排泄物又将重金属返还给土壤，可能产生二次污染。

③ 微生物修复。利用微生物的生命代谢活动来削减土壤中的重金属含量或改变重金属在土壤中的化学形态，从而降低重金属的毒性和移动性。微生物修复技术主要包括生物富集和生物转化两种方式。

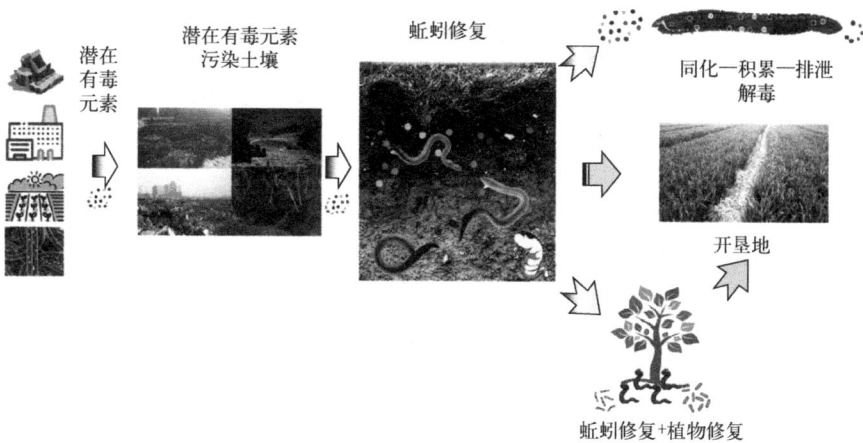

图 2-4　蚯蚓修复土壤重金属污染示意图[17]

生物富集是指微生物通过积累、吸附或配位重金属，减少重金属在土壤中的移动性和生物可利用性。例如，某些微生物能够通过细胞壁上的官能团与重金属离子结合，形成沉淀或配合物，从而降低重金属的毒性[18]。生物转化是指微生物通过代谢活动改变重金属的化学形态，使重金属固定或解毒。例如，某些微生物能够产生有机酸或还原性物质，将重金属离子转化为难溶的化合物，从而减少其生物可利用性。微生物可以通过多种直接或间接的作用影响环境中重金属的活性，还可以通过电性吸附和专性吸附直接将重金属离子富集于细胞表面，降低重金属在环境中的生物有效性。细菌的氧化还原作用可以改变重金属的价态，降低重金属在环境中的毒性。细菌的这些作用，可以有效进行环境重金属污染的生物修复[19]。

（4）农业调控修复技术

本技术主要围绕田间肥水科学管理、叶面喷施阻控、农作物秸秆离田等问题开展相关研究，以期构建轻（中）度污染耕地农业安全利用的农艺综合调控技术。其优点是操作简单、费用较低、技术较成熟，缺点是修复效果有限，仅适用于农田重金属轻微和轻度污染的修复，需要长期的跟踪检测，不断优化调整农艺措施；同时，种植结构的调整有可能导致农民难以接受及影响粮食数量安全[20]。

① 合理使用化学肥料与农药。在农业生产中使用化肥与农药可以提高农作物的产量，降低病虫害的发生频率。但是化肥和农药的使用是造成土壤中重金属污染的主要原因。由于不合理施肥，农作物在生长的前期容易徒长，后期易倒伏。没有被作物吸收的农药使土壤理化性质变差、重金属超标、耕作层变浅，耕地的生产能力变弱。

② 秸秆还田，推广使用有机肥[21]。很多农民随意丢弃或任意焚烧秸秆资源，造成生态环境的严重破坏。有机肥中大量的官能团和其较大的比表面积，可促进土壤中重金属离子与其形成重金属有机配合物，增加土壤对重金属的吸附能力，从而减少植物对重金属离子的吸收。

③ 种植不同的作物。不同的作物生理特性存在很大的差异，对重金属的吸收效果也不同。应根据重金属的污染程度种植不同的农作物，尽量避免和减轻重金属对作物生长发育造成的不良影响。此外，种植低积累品种并研发与之相配套的高产、高效栽培技术供应急性推广应用，为重金属污染地区的耕地实现农业安全利用提供最基本、最可靠的源头控制技术保障。因基因型差异，低积累品种能够在一定程度上减少对重金属的吸收，从而降低农作物中重金属的含量。例如，水稻中的低镉积累品种能够在镉污染的土壤中生长，但稻米中的镉含量较低。

④ 深耕。通常深层土壤中重金属含量较少，重金属具有浅层堆积的特点，应转变传统浅翻耕的生产模式，积极推广土壤深松技术，将蓄积在表层土壤中的重金属分散到深的土壤层中，降低表层土壤中重金属浓度。

2.3　水体重金属污染与修复

　　水是生命之源，是所有生物体的基本组成部分，对维持生命过程至关重要。它不仅是生态环境的重要组成部分，也是重要的生物地球化学循环库[22]。随着城市的快速发展和工业化的不断推进，我们的水资源系统正面临着前所未有的威胁，其中水体重金属污染由于其具有分布广、持久、毒害作用强等特点，严重限制了社会和经济的可持续发展。重金属在水体中的稳定性非常高，极难降解，它们的积累不仅加剧了水生生态系统的污染，还直接影响到我们的饮用水安全、食品生产和农作物安全，对生态系统和人类健康构成了严重威胁。

2.3.1　污染现状

　　中国水体重金属污染问题已经引起社会各界的广泛关注。重金属污染物主要包括汞、镉、铬、铅、镍和铜等元素，这些污染物广泛分布于河流、湖泊、水库等地表水体中。首先，在地表河流方面，长江三峡库区、乌江下游、长江河口等重要水域均受到不同程度的重金属污染。例如，长江三峡库区江段主要受上游泥沙及沿江城市和工厂"三废"排放的影响，沉积物重金属污染情况较为突出。乌江下游的重金属污染主要来自贵州、四川的汞矿开发。黄河、珠江、海河等重要河流也未能幸免，受到了不同重金属不同程度的污染。其次，在湖泊方面，以太湖为例，其沉积物中重金属砷、铬、汞的污染程度高于其他重金属。吉林市、长春市饮用水源地松花湖的入湖河流沉积物的汞污染较四五十年前有加重趋势。此外，大连湾和渤海锦州湾底泥中重金属锌、铅、镉和汞等均存在超标现象，对底栖生物造成严重威胁。再者，在水库方面，据有关部门监测，重金属污染物主要是汞，其次是镉、铬和铅。这些重金属污染物在水库水体中普遍存在，对水库水质造成严重影响。此外，重金属污染物具有富集性，易在藻类、底泥中积累，进而被鱼类和贝类摄入，产生食物链浓缩，最终进入高等动物乃至人体中，引发慢性中毒。1980年到2016年的数据显示，中国35条河流和64个湖泊水体中的溶解态重金属如镉、锌和砷的浓度呈现出升高趋势，而铅和铜的浓度则有所下降。这一变化趋势表明，尽管部分重金属污染得到了一定程度的控制，但整体形势依然严峻。在地域分布上，东北地区和中部地区的河、湖水体溶解态重金属浓度最高，西部地区次之，东部地区最低，这可能与各地区的工业布局和农业活动强度有关。例如，东北地区水体重金属污染以农业和生活废弃物排放为主，中部地区以工业和生活废弃物排放为主。据世界卫生组织报告，全球每年有数百万人死于与水污染有关的疾病，其中重金属超标是主要原因之一。当前水体重金属污染严重，涉及范围广泛，污染物种类繁多，对生态环境和人类健康构成严重威胁。加强水体重金属污染的防控、监测和治理工作，已成为当务之急[23]。

2.3.2 污染来源

水体重金属污染的成因复杂多样，涉及自然和人为活动的综合作用。强降雨等自然事件无疑加剧了水污染问题，但人为因素才是导致重金属污染的主要因素。特别是未经处理的污水直接排入河流和湖泊，使得重金属污染问题愈发严重。重金属污染的源头多种多样，包括工业废物的排放、污水处理不当、煤炭燃烧、电力生产和采矿活动等。除此之外，农业堆肥的不当使用、建筑用地的开发以及植被的破坏等非点源污染也是造成水体重金属污染的重要原因。

① 自然因素。地球表面岩石、土壤中本身就含有一定量的重金属。在自然风化、雨水侵蚀等作用下，重金属容易进入水体；水动力

作用会导致重金属在河流、湖泊等水体中迁移、扩散，从而影响水质；水生生物在生长过程中，会吸收、富集重金属，当这些生物死亡、分解时，重金属会重新进入水体；大气中的重金属污染物可通过干湿沉降作用进入水体。例如，燃煤、工业排放等产生的重金属污染物在大气中悬浮，最终沉降到水体中。

②工业污染。矿山开采：我国矿产资源丰富，矿山开采过程中会产生大量含有重金属的废水和废渣，这些废水和废渣在未经处理的情况下，容易进入水体，导致重金属污染。据统计，我国矿山废水排放量占全国工业废水排放总量的 20% 以上。金属冶炼：金属冶炼过程中，会产生大量含有重金属的烟尘、废气和废水。这些污染物在排放过程中，容易对周边水体造成污染。例如，铅锌冶炼、铜冶炼、铝冶炼等行业，都是重金属污染的重要来源。化工生产：化工企业在生产过程中，会产生大量含有重金属的废水。这些废水若未经处理或处理不达标，直接排放到水体中，会导致重金属污染。如电镀、冶炼、皮革、染料、制药等行业，均为重金属污染的重要来源。工业废弃物：工业固体废物中含有一定量的重金属，若处理不当，如露天堆放、填埋等，重金属会通过雨水淋溶、风化等途径进入水体。如开采煤炭过程中产生的大宗固体废物煤矸石，整体综合利用率不高，多以露天堆放为主，堆放产生的渗滤液中可能含有高浓度重金属元素，部分金属元素如 Fe、Cu、Cr、Pb、Zn、Mn、Cd 被释放到环境中。

③农业污染。农药和化肥使用：农业生产过程中，大量使用农药和化肥，导致土壤中重金属含量升高。在雨水冲刷和灌溉过程中，重金属容易进入水体，造成污染。畜禽养殖排放：畜禽养殖业快速发展，导致粪便产生量剧增。粪便中含有一定量的重金属，如 Cu、Zn 等；若粪便处理不当，容易导致重金属污染。农业废弃物不当处置：农业废弃物中含有重金属，如秸秆、农膜等，重金属在农业废弃物堆

放、焚烧过程中容易进入水体。

④ 城市生活污染。生活污水：城市生活污水中含有一定量的重金属，如 Pb、Hg、Cd 等。生活污水未经处理或处理不达标，直接排放到水体中，会导致重金属污染。垃圾填埋及渗滤液：城市生活垃圾中含有重金属，如废电池、废油漆、电子产品等，垃圾填埋过程中，渗滤液中的重金属容易通过渗透、淋溶等途径进入地下水体。城市基础设施建设：城市基础设施建设过程中，如道路施工、房屋拆迁等，会产生大量含有重金属的粉尘，这些粉尘在雨水冲刷下，容易进入地表水体。

2.3.3 修复技术

水体重金属污染治理分为外源控制和内源控制。外源控制减少工业废水排放，内源控制修复污染水体，包括物理修复、化学修复、电化学修复和生物修复，旨在降低重金属含量或去除水体中的重金属，保护水质。常规处理方法有物理修复、化学修复、电化学修复和生物修复。物理修复包括稀释法、吸附法和膜分离法，化学修复包括化学沉淀法、氧化还原法和离子交换法，电化学修复包括电吸附法、电化学氧化还原法、电沉积法，生物修复包括植物修复法、微生物修复法等。用于去除废水中重金属的常规方法如图 2-5 所示。微生物电池、芬顿反应、纳米技术等非常规方法见图 2-6。各种处理技术的优缺点比较见图 2-7 和表 2-3。

表 2-3　废水重金属处理技术优缺点比较[24]

修复技术类型	修复技术	优点	缺点
物理修复	稀释法	简捷快速	不能从根本上解决问题
	吸附法	简捷高效,材料易得	吸附剂成本较高,饱和容量受限制
	膜分离法	选择性强	存在膜污染,寿命有限

修复技术类型	修复技术	优点	缺点
化学修复	化学沉淀法	操作简单,适用范围广	产生废物和二次污染
	氧化还原法	无二次污染	处理效率不高
	离子交换法	适用性广,成本低	再生废液,管道腐蚀
电化学修复	电吸附法	可选择性吸附,节能环保	存在重金属离子残留
	电化学氧化还原法	能耗小,成本低	原位生成的活性物质不稳定
	电沉积法	可回收金、铜等金属元素	离子运输缓慢
生物修复	植物修复法	成本低,环境友好	周期长,受环境因素影响大
	微生物修复法	适应性强,有生态效益	吸附和富集能力有限,周期长

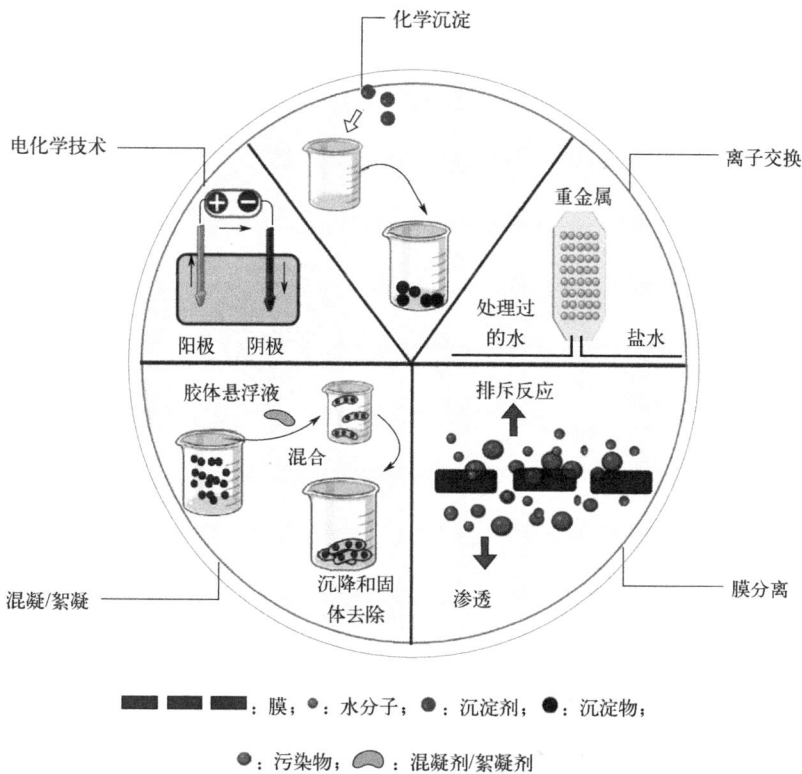

■■■■:膜;●:水分子;●:沉淀剂;●:沉淀物;

●:污染物;　:混凝剂/絮凝剂

图 2-5　用于去除废水中重金属的常规方法[25]

（1） 物理修复

① 稀释法。将受重金属污染水体与未受污染的水体混合,通过稀释作用降低污染水体中重金属的浓度,从而减轻重金属污染程度。

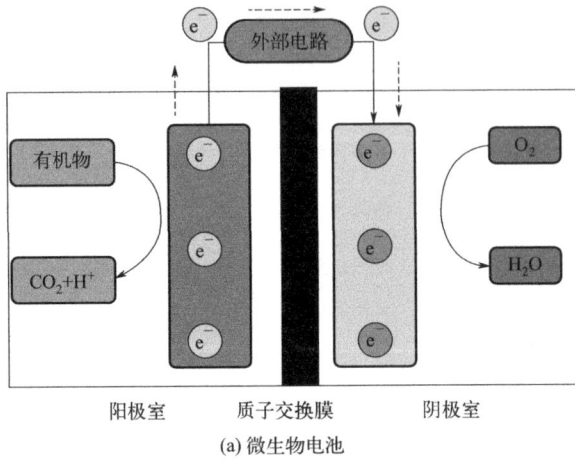

(a) 微生物电池

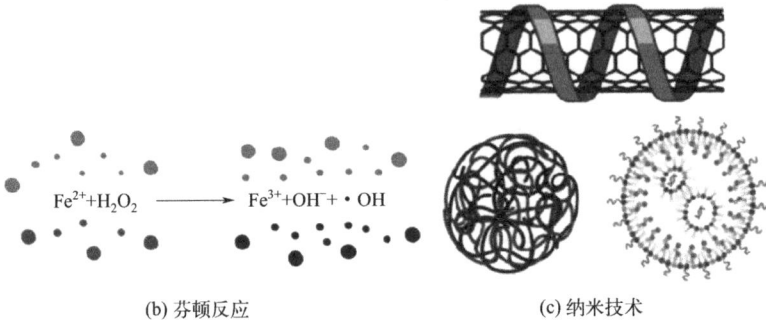

(b) 芬顿反应

(c) 纳米技术

图 2-6　用于去除废水中重金属的非常规方法[25]

废水处理方法

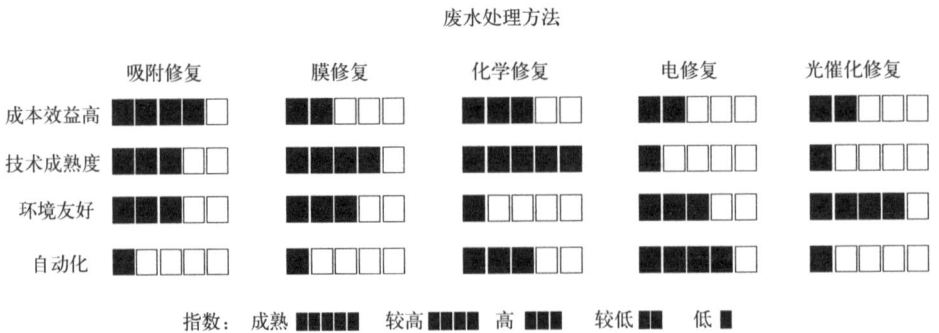

图 2-7　在废水中进行重金属去除方法之间的比较[26]

由于重金属的累积性，该方法只能被视为一种临时的治理手段。

② 吸附法。吸附剂（如生物炭、分子筛等）的表面积、孔径分布、官能团和极性等特性决定了其将水中重金属离子吸附至表面的效率。吸附法因具有操作简单、安全、材料容易获得等优点，在重金属污染废水处理中得到了广泛应用。活性炭、黏土、粉煤灰、泥炭、树皮、蘑菇收获渣、改性壳聚糖、苔藓、海藻、生物炭和稻壳等多种吸附剂也被开发出来用于去除重金属。而重金属吸附材料想要实现工业化应用，需在成本、吸附性能以及二次污染等方面进行优化，以促进吸附法在重金属修复领域中的广泛应用。

③ 膜分离法。此方法能够去除悬浮物、有机化合物和重金属等物质。其原理是通过半透膜的选择透过作用，在外界能量的推动下，根据可保留颗粒的大小，对溶液中溶质和溶剂进行分离。在重金属废水处理中可以采用超滤、纳滤和反渗透等不同类型的膜分离方法去除废水中的重金属。膜是由特定的多孔材料制成的，可分为陶瓷膜和聚合物膜。陶瓷膜由于其耐化学性和疏水性，在工业废水处理中比聚合物材料更受欢迎。与其他净化技术相比，膜分离法具有操作方便、占地面积小、效率高等优点。然而，膜污染和定期更换膜带来的高运行成本，使膜分离法在重金属去除中的实际应用受到限制。

（2）化学修复

① 化学沉淀法。该方法的机理是通过溶解在溶液中的金属与沉淀剂反应产生不溶性金属沉淀。在沉淀过程中会产生非常细的颗粒，通过添加化学沉淀剂、混凝剂，并借助絮凝过程来增加颗粒大小，使其成为污泥而被去除。最常用的化学沉淀法是氢氧化物处理法，因为它相对简单，沉淀剂（石灰）成本低，pH值在$8.0\sim11.0$范围内，各种金属氢氧化物的溶解度最小。硫化沉淀法的优点是具有选择性去除金属、反应速率快、沉降性能好以及在冶炼过程中形

成硫化沉淀物的潜力[27]。然而，硫化物沉淀也有一些明显的缺点，例如在酸性条件下的有效性有限，操作控制困难以及沉淀过程对毒性敏感。

② 氧化还原法。在含重金属的废水中加入氧化剂或还原剂，氧化还原反应将重金属离子价态转化为毒性较小的价态。使用氧化剂如臭氧、氯气或还原剂如硫酸亚铁、铁屑等，促使重金属离子沉淀或降低毒性。该方法能有效处理含配位态重金属的废水。先进的氧化技术使生物降解成为可能，不同的氧化剂和还原剂能够处理不同的重金属。

③ 离子交换法。它利用具有活性基团的离子交换树脂，通过螯合或离子交换反应吸附水中的重金属离子。在此过程中，使用含有特殊离子交换剂的阳离子或阴离子来去除溶液中的金属离子。阳离子树脂中带正电荷的离子，如氢离子和钠离子，在溶液中与带正电荷的离子，如镍离子、铜离子和锌离子，发生离子交换。在处理含有复杂成分的废水时，交换材料应有针对性地去除所需物质，提高交换材料的吸附能力、吸附速率、交换能力和再生性能。

(3) 电化学修复

① 电吸附法。它利用外加电压在电极之间形成静电场，使溶液中的重金属离子向电性相反的电极移动，从而被吸附到多孔电极表面形成双电层，并被存储在双电层中。在电吸附过程中，电容去离子技术（CDI）电极材料的电吸附量是决定性因素之一，选择比表面积大、孔径合适、导电性良好的材料制作电极，可显著提高重金属离子的去除效率[28]。

② 电化学氧化还原法。它是指废水中的低价金属离子失去电子被氧化为高价低毒金属离子，一般用于去除废水中的 As^{3+} 或 Sb^{3+}。其机理包括重金属离子在阴极表面被直接还原或被原位生成的高活性中间体还原为低毒形态。

③ 电沉积法。它是指在水溶液、非水溶液或熔融盐体系中，将电流引入电极时，阳极发生氧化反应和阴极发生还原反应的过程，即体系中重金属离子在阴极处被还原成单质形态，并沉积在阴极表面。电沉积系统的电极材料主要包括碳基材料和金属基材料两类，其中阴极通常由金属铜、铝、碳材料、不锈钢、金属氧化物和钛等导电材料制成，阳极通常选用不锈钢和石墨等材料。电沉积反应在阴极主要经历两个过程：目标金属离子在阴极被还原形成沉积物；氢离子放电形成氢气。过多副反应发生会使系统的电子利用效率下降，导致电流效率及金属回收率降低。

（4）生物修复

生物修复技术是一种利用生物体的代谢能力来减少或消除水体重金属污染的环境修复方法。这种技术通常涉及植物、微生物或它们的组合，通过直接或间接的作用来固定、转化或去除水中的重金属离子。

① 植物修复。它是利用特定的植物（如超积累植物）来吸收和积累水中重金属的方法。水生植物修复重金属污染水体具有成本低、针对性强、吸附量大、效果好以及环境友好等突出优点，且具有重金属回收潜能。常用的植物修复策略主要包括植物提取（或植物积累）、植物过滤、植物稳定、植物生长和植物降解。植物通过以下两种方式实现重金属的生物修复：a. 积累作用，超积累植物能够在其体内积累高浓度的重金属，通常在植物的地上部分；b. 根际过滤，植物根系释放出特定的分泌物，如有机酸、氨基酸等，这些分泌物可以改变根际环境的化学性质，促进重金属的溶解和植物的吸收[29]。

② 微生物修复。它利用微生物的代谢活动来转化或固定水中的重金属（图 2-8）。微生物修复重金属的方法主要有吸附法、絮凝法和生化法。然而，微生物修复的方法受到重金属毒性的显著影响，表现

为细胞膜紊乱、DNA 损伤、蛋白质变性、抑制细胞分裂、抑制蛋白质合成和抑制酶活性。

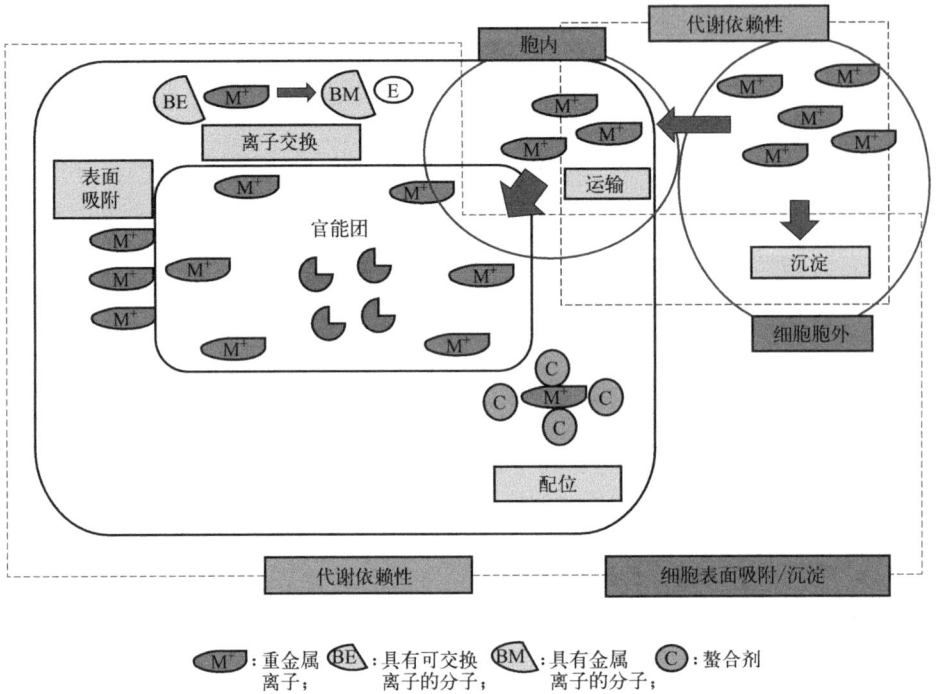

图 2-8　不同的微生物修复机制的示意图[30]

水中重金属污染处理技术多种多样，选择合适的处理技术需要综合考虑污染物的种类、浓度、水质条件、处理成本和环境影响等因素。虽然各种技术都能在一定程度上去除水中重金属，但处理效果和成本效益之间存在一定的平衡。高效的处理技术往往伴随着较高的成本，而低成本技术可能处理效果不理想。因此，开发经济、高效的处理技术是未来研究的重点。通过技术创新，提高现有技术的处理效率，降低运行成本，是实现水中重金属污染治理可持续性的关键。面对复杂的水体重金属污染问题，单一技术往往难以达到理想的治理效果。因此，技术集成与创新成为发展趋势。通过将不同技术有机结合，如将化学沉淀与生物修复结合，可以发挥各自优势，提高整体处理效果。

参考文献

［1］ Alengebawy A，Abdelkhalek S T，Qureshi S R，et al. Heavy metals and pesticides toxicity in agricultural soil and plants：Ecological risks and human health implications ［J］. Toxics，2021，9（3）：42.

［2］ Aziz K H H，Mustafa F S，Omer K M，et al. Heavy metal pollution in the aquatic environment：efficient and low-cost removal approaches to eliminate their toxicity：a review ［J］. RSC Advances，2023，13（26）：17595-17610.

［3］ Li X，Zhang J，Gong Y，et al. Status of mercury accumulation in agricultural soils across China（1976—2016）［J］. Ecotoxicology and Environmental Safety，2020，197：110564.

［4］ 国土资源部 . 环境保护部和国土资源部发布全国土壤污染状况调查公报 ［J］. 资源与人居环境，2014（4）：26-27.

［5］ 何磊 . 土壤重金属污染修复技术及环境风险评估 ［J］. 清洗世界，2024，40（11）：184-186.

［6］ 石正驰 . 植物修复受重金属污染土壤的研究进展 ［J］. 山东化工，2024，53（20）：105-107.

［7］ Zhou Y，Aamir M，Liu K，et al. Status of mercury accumulation in agricultural soil across China：spatial distribution，temporal trend，influencing factor and risk assessment ［J］. Environmental Pollution，2018，240：116-124.

［8］ Karri R R，Ravindran G，Dehghani M H. Wastewater—sources，toxicity，and their consequences to human health ［M］//Soft computing techniques in solid waste and wastewater management. Amsterdam：Elsevier，2021：3-33.

［9］ Liu L，Li W，Song W，et al. Remediation techniques for heavy metal-contaminated soils：Principles and applicability ［J］. Science of the Total Environment，2018，633：206-219.

［10］ 王泓博，苟文贤，吴玉清，等 . 重金属污染土壤修复研究进展：原理与技术 ［J］. 生态学杂志，2021，40（8）：2277-2288.

［11］ 冯敬云，聂新星，刘波，等 . 镉污染农田原位钝化修复效果及其机理研究进展 ［J］. 农业资源与环境学报，2021，38（5）：764-777.

［12］ 黄占斌，赵鹏，王颖南，等 . 土壤重金属固化稳定化材料研发及其应用基础研究进展 ［J］. 农业资源与环境学报，2022，39（3）：435-445.

［13］ 胡阳 . 有机污染土壤治理修复技术综述 ［J］. 广州化工，2024，52（19）：143-145.

[14] 李启云，谢琳，周益辉. 重金属—有机物复合污染土壤修复技术进展 [J]. 中国金属通报，2024
   (7)：234-236.

[15] Kumar M，Bolan N，Jasemizad T，et al. Mobilization of contaminants：Potential for soil remedi-
   ation and unintended consequences [J]. Science of the Total Environment，2022，839：156373.

[16] Gavrilescu M. Enhancing phytoremediation of soils polluted with heavy metals [J]. Current Opin-
   ion in biotechnology，2022，74：21-31.

[17] Xiao R，Ali A，Xu Y，et al. Earthworms as candidates for remediation of potentially toxic ele-
   ments contaminated soils and mitigating the environmental and human health risks：A review [J].
   Environmental International，2022，158：106924.

[18] Chen X，Zhao Y，Zhang C，et al. Speciation，toxicity mechanism and remediation ways of heavy
   metals during composting：A novel theoretical microbial remediation method is proposed [J].
   Journal of Environmental Management，2020，272：111109.

[19] 郭军康，赵隽隽，李怡凡，等. 矿区土壤重金属污染修复技术研究进展 [J]. 农业资源与环境学
   报，2023，40 (2)：249-260.

[20] 王先挺，曹伟锴，姚周洁. 重金属污染耕地安全利用技术研究概述 [J]. 辽宁农业科学，2024
   (5)：83-86.

[21] 张燕. 试论农业生态修复技术在农田土壤重金属污染中的应用 [J]. 环境与可持续发展，2015，
   40 (5)：136-137.

[22] Xu J，Cao Z，Zhang Y，et al. A review of functionalized carbon nanotubes and graphene for heavy
   metal adsorption from water：Preparation，application，and mechanism [J]. Chemosphere，
   2018，195：351-364.

[23] 周巧巧，任勃，李有志，等. 中国河湖水体重金属污染趋势及来源解析 [J]. 环境化学，2020，
   39 (8)：2044-2054.

[24] Wang Z，Luo P，Zha X，et al. Overview assessment of risk evaluation and treatment technologies
   for heavy metal pollution of water and soil [J]. Journal of Cleaner Production，2022，
   379：134043.

[25] Zamora-Ledezma C，Negrete-Bolagay D，Figueroa F，et al. Heavy metal water pollution：A
   fresh look about hazards，novel and conventional remediation methods [J]. Environmental Tech-
   nology & Innovation，2021，22：101504.

[26] Qasem N A A，Mohammed R H，Lawal D U. Removal of heavy metal ions from wastewater：A
   comprehensive and critical review [J]. Npj Clean Water，2021，4 (1)：1-15.

[27] Gunatilake S K. Methods of removing heavy metals from industrial wastewater [J]. Methods，
   2015，1 (1)：14.

［28］ 叶静宏，吴庆川，宗志强，等．电化学方法去除重金属的研究进展［J］．分析化学，2022，50（6）：830-838．

［29］ 王兴利，吴晓晨，王晨野，等．水生植物生态修复重金属污染水体研究进展［J］．环境污染与防治，2020，42（1）：107-112．

［30］ Dutta D，Arya S，Kumar S. Industrial wastewater treatment：Current trends，bottlenecks，and best practices［J］．Chemosphere，2021，285：131245．

≡ 第**3**章 ≡

蒙脱石基环境功能
材料的制备

　　层状硅酸盐矿物蒙脱石，因其卓越的物理化学特性，在环境修复中展现出巨大潜力。改性能够提升其对污染物的吸附位点，增强对有机污染物和重金属离子的吸附能力。同时，改性提高了蒙脱石的吸附选择性，使其能针对特定污染物实现高效吸附。此外，改性后的蒙脱石在稳定性和再生能力上也有所提升，降低了环境修复的长期成本。蒙脱石的改性还拓宽了其应用范围，使其不仅可用于水处理，还能应用于土壤修复和空气净化等领域。本章将探讨蒙脱石在制备环境功能材料方面的无机改性、有机改性和复合改性方法（图 3-1）。

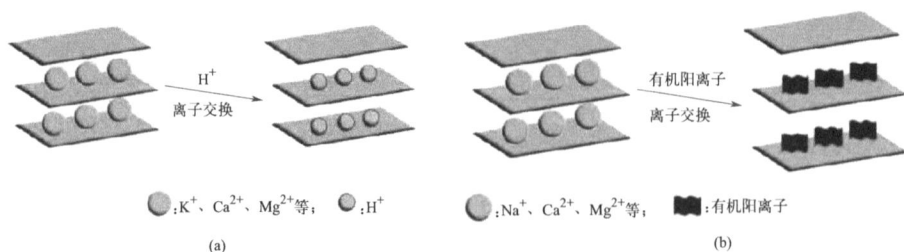

●:K⁺、Ca²⁺、Mg²⁺等；　○:H⁺

(a)

●:Na⁺、Ca²⁺、Mg²⁺等；　◼:有机阳离子

(b)

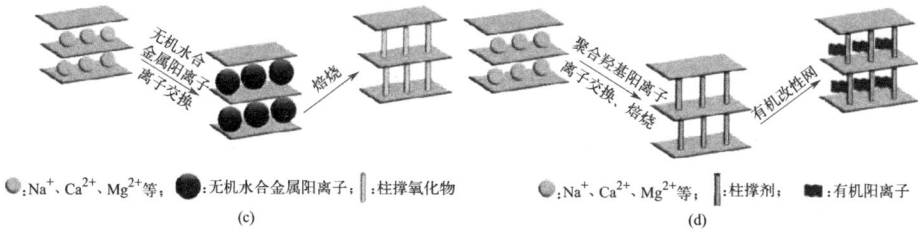

●:Na⁺、Ca²⁺、Mg²⁺等；●:无机水合金属阳离子；‖:柱撑氧化物　　　●:Na⁺、Ca²⁺、Mg²⁺等；‖:柱撑剂；▪:有机阳离子
（c）　　　　　　　　　　　　　　　　　　（d）

图 3-1　改性蒙脱石制备过程示意图[1]

（a）酸活化改性蒙脱石；（b）有机改性蒙脱石；（c）无机柱撑

改性蒙脱石；（d）无机-有机复合改性蒙脱石

3.1　无机改性

　　无机改性是指利用无机物质对蒙脱石进行改性处理。无机改性可以改变蒙脱石的物理化学性质，如耐热性、耐酸性、阳离子可交换性等，从而拓宽其应用范围[2]。

3.1.1　煅烧

　　蒙脱石的煅烧处理是一种重要的无机改性方法，通过高温处理改变蒙脱石的物理化学性质，主要是使蒙脱石脱水和脱羟基，从而改变黏土矿物的层结构，以增强其在环境修复中的应用效果。为研究蒙脱石加热过程中的物相变化，科研人员对蒙脱石进行了一系列温度下的热处理，恒温时间为 2h，热处理后蒙脱石层结构演变的关键点包括层状结构的稳定性、化学成分的改变、物理性质的改变，主要归因于蒙脱石的热分解的三个阶段[3]。

　　① 脱水。在低温阶段（126～148℃），蒙脱石中的物理吸附水和部分层间水开始蒸发。这些水分子的去除对蒙脱石的总体结构影响不

大，但可以增加其孔隙率和比表面积。这一脱水过程是可逆的。随着温度的升高，蒙脱石的结构开始发生不可逆的变化。

② 脱羟基。当温度升高到659℃时，蒙脱石层间的羟基开始脱离，尽管层状结构仍然保持，但这一过程对应着八面体片中铝的价态从 Al^{6+} 向 Al^{4+} 的转变，标志着结构的初步破坏。在450℃以上，蒙脱石的阳离子交换能力（CEC）迅速下降，几乎失去其功能。这是因为热处理导致层间阳离子迁移，补偿黏土层的负电荷不足，而大半径阳离子则嵌入四面体片中形成共价键，导致层电荷和CEC急剧下降。在700℃热处理后，由于脱水作用破坏了蒙脱石的层状结构，蒙脱石表面出现扭曲和微小的凸起，变得粗糙。此外，热处理后蒙脱石的孔隙结构也发生变化，微孔的比重增加，比表面积增大，主要是由于微孔比表面积的增加。

③ 结构重组。在高温作用下，进一步升温至900℃时，蒙脱石层状结构发生改变，硅氧四面体和铝氧八面体重新排列，最终导致形成新的矿物相 μ-堇青石。温度继续升高至1200℃时，蒙脱石中会出现方英石及莫来石相，而在1350℃时，方英石及莫来石的含量减少，含铁堇青石相增多。这些新矿物相的形成，反映了蒙脱石在高温下的结构重组和相变。

在热处理的三个阶段中最主要的是层间结构发生变化，未经热处理的蒙脱石的层间距（d_{001}）为1.556nm。当温度升高至900℃时，蒙脱石的特征衍射峰完全消失，取而代之的是0.343nm的 μ-堇青石衍射峰。随着热处理温度继续升高至1000℃，α-石英的衍射峰开始变弱，而 μ-堇青石的衍射峰则增强。当温度达到1200℃时，α-石英的衍射峰完全消失，μ-堇青石的衍射峰也减弱，此时蒙脱石转变为方英石，并伴有莫来石的衍射峰的出现。当热处理温度进一步升高至1350℃时，μ-堇青石的衍射峰完全消失，莫来石的衍射峰有所减弱，同时出现了较强的含铁矿物的衍射峰（图3-2）。

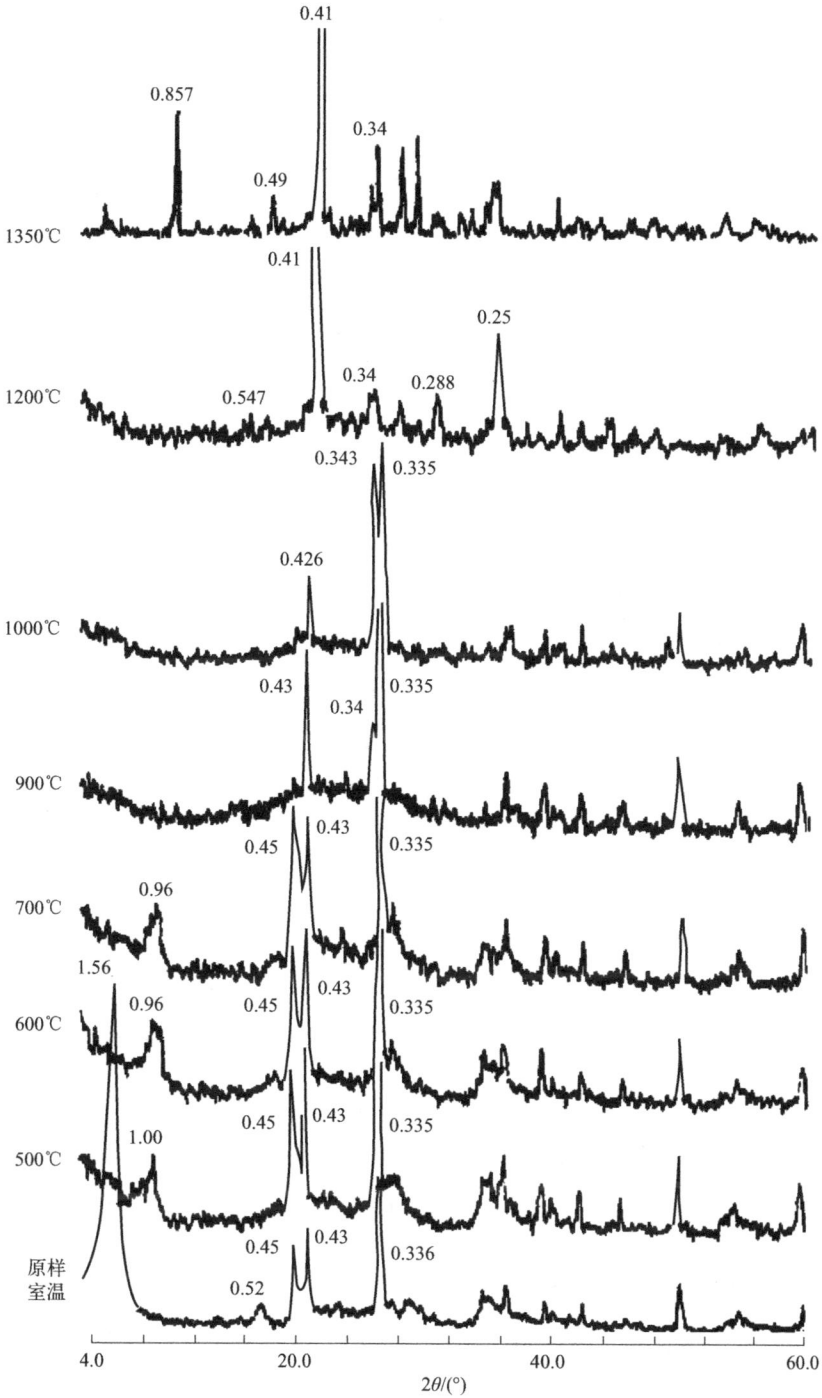

图 3-2 蒙脱石及其热产物的 X 射线衍射图[3]

这些变化反映了随着热处理温度的升高，蒙脱石的结构经历了从层状结构到非晶质相的转变，以及新矿物相的生成。这些变化对蒙脱石的应用性能有着重要影响。例如，在催化、吸附和作为填料等方面的应用中，蒙脱石的热稳定性、孔隙结构和表面性质是关键因素。热处理可以改变蒙脱石的孔隙结构，从而影响其吸附性能和催化活性。同时，蒙脱石的热处理产物在高温下可能形成新的矿物相，这些新相可能具有不同的物理化学性质，为蒙脱石的应用提供了新的可能性。

3.1.2　无机柱撑

无机柱撑改性蒙脱石是利用蒙脱石较强的离子交换性（可使水解的多聚金属羟基离子被交换），将聚合无机阳离子插入蒙脱石矿物层间，进一步经过加热脱氢或羟基后，在层间形成柱状金属氧化物，从而将蒙脱石层间撑开的具有二维孔洞结构的矿物材料。在制备过程中，柱化剂的选择是关键，柱化剂包括 Al、Fe、Cr、Ti 等金属的阳离子的水化离子，常用的有羟基铝、羟基铁和羟基铬等聚合羟基金属阳离子[4]。

（1）柱撑蒙脱石的制备

通过离子交换反应制备柱撑蒙脱石，主要有正向滴加法——将柱化剂滴入蒙脱石悬浊液；反向滴加法——将蒙脱石悬浊液滴入柱化剂中；用简单的金属盐溶液滴定蒙脱石悬浮液；在蒙脱石悬浮液中滴加金属盐溶液后，再用 NaOH 滴定，最后经过一定时间老化，过滤分离后水洗至上清液中不含氯，经过高温煅烧后形成柱撑蒙脱石。

（2）羟基金属阳离子溶液的制备

不同聚合羟基金属阳离子的制备条件对羟基金属阳离子溶液影响很大（金属盐的水解过程复杂），需按一定比例将金属盐溶液和碱的水溶液混合，并经过一定时间的老化才能合成。如 Keggin-Al$_{30}$ 的制备（图 3-3），将氢氧化钠溶液（0.6mol/L）以 1mL/min 的速率滴加入氯化铝（1.0mol/L）溶液中，在 95℃ 的油浴中不断搅拌，最终使 $[OH^-]:[Al^{3+}]$ 的物质的量比为 2.4:1。所得混合物中铝离子的最终浓度为 0.2mol/L。将所得溶液在 95℃ 下再搅拌 12h，在 95℃ 下老化 1d 后，得到了 Al_{30}-Int。

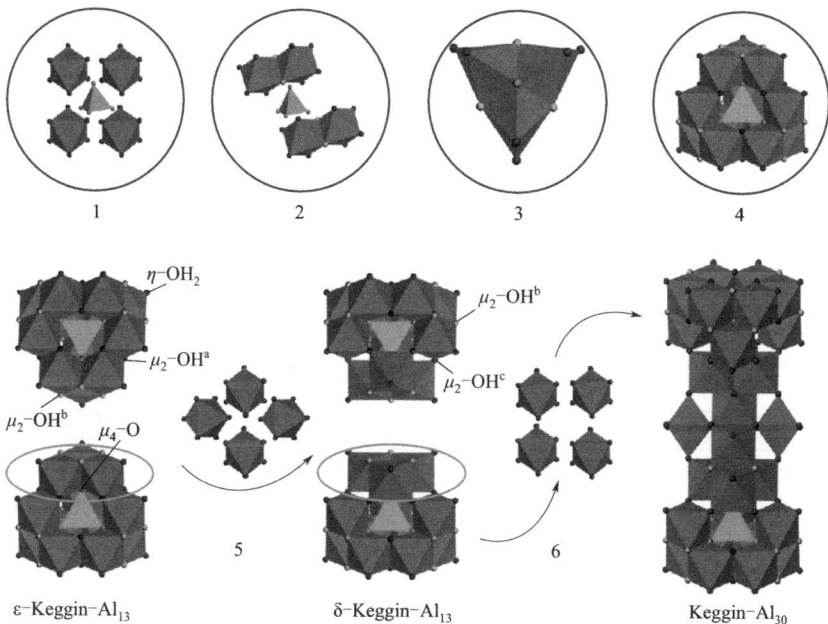

图 3-3　Keggin-Al_{30} 的形成过程示意图[5]

（3）柱撑对蒙脱石的影响

柱撑剂的引入可改变蒙脱石的层间距，从而影响其吸附性能和离子交换性能。柱撑蒙脱石通过引入柱撑剂，显著增加了其总比表面积和总孔体积（表 3-1）。金属氧化物含量、SiO_2 含量没有明显变化，这表明柱撑蒙脱石仍保持 Si—O 四面体和 Al—O 八面体的夹层状空间结构（表 3-2），而在高温焙烧过程中，虽然聚合阳离子转化为金属氧化物，提高其热稳定性，但温度的升高导致层状结构出现坍塌。

表 3-1 初始 Mt、柱撑 Mt 及其热处理产物的结构参数[6]

样品	总比表面积 (SSA)/(m²/g)	外比表面积 $[S_{ext}(S_{micro})]$/(m²/g)	总孔体积 (V_P)/(cm³/g)	孔体积$[V_{mirco}(V_{meso})]$/(cm³/g)
Mt	69.5	69.5(0)	0.119	0(0.119)
Mt-300	64.8	61.2(3.6)	0.105	0(0.105)
Mt-500	62.1	60.8(1.3)	0.102	0(0.102)
Mt-800	29.0	29.0(0)	0.087	0(0.087)
Al₁₃-PILM	258.8	135.6(123.2)	0.161	0.051(0.110)
Al₁₃-PILM-300	213.3	107.6(105.7)	0.143	0.045(0.098)
Al₁₃-PILM-500	174.2	98.8(75.4)	0.128	0.031(0.097)
Al₁₃-PILM-800	27.5	27.5(0)	0.055	0(0.055)
Al₃₀-PILM	311.2	176.8(134.4)	0.192	0.055(0.137)
Al₃₀-PILM-300	306.1	173.5(132.6)	0.180	0.056(0.124)
Al₃₀-PILM-500	293.2	160.7(132.5)	0.176	0.056(0.120)
Al₃₀-PILM-800	126.1	97.3(28.8)	0.093	0.010(0.083)

注：SSA 是总比表面积（200℃）；外比表面积（S_{ext}）采用 t-plot 法评估；微孔比表面积（S_{micro}）由总比表面积（SSA）减去 S_{ext} 得到；V_P 为总孔体积，由相对压力为 0.978 时的吸附量得到；V_{micro} 为微孔体积，采用 t-plot 法计算；介孔体积 $V_{meso}=V_P-V_{micro}$。

表 3-2 蒙脱石原矿和柱撑蒙脱石的金属氧化物含量[7]

单位:%（质量分数）

样品	SiO₂	Al₂O₃	Na₂O	Fe₂O₃	MgO	CaO	Cr₂O₃
蒙脱石原矿	55.8	18.4	3.48	3.37	3.19	2.68	1.06
Cr-Al 柱撑蒙脱石	55.2	25.6	2.06	3.04	2.35	1.34	1.42
Fe-Al 柱撑蒙脱石	55.9	26.2	2.08	3.69	2.36	1.29	0.98
La-Al 柱撑蒙脱石	55.4	25.9	2.07	3.06	2.34	1.41	0.95

3.1.3 酸活化

酸活化蒙脱石是一种提高蒙脱石性能的化学处理方法，主要通过使用酸性溶液（如盐酸、硫酸、硝酸等）改变蒙脱石的微观结构，进而影响其宏观性能，提高其吸附性能[8]。

（1）酸活化方法

将一定粒度（100～200 目）的蒙脱石与一定浓度的酸溶液混合后，在一定的水浴温度下加热搅拌一定时间，待反应结束后离心，水洗沉淀物的 pH 值为近中性，于一定温度下干燥至恒重，研磨至原粒度即可。

（2）酸活化的主要影响因素

在酸处理过程中，酸浓度、酸处理的时间、温度等是不可忽视的因素。材料的质量随着酸活化浓度的提高而提高，但超过一定浓度后开始下降，这是因为酸浓度过大，会使蒙脱石结构迅速被破坏，形成无序堆积的薄片和大量的非均匀孔隙。一般认为酸活化反应时间的增加会使得反应更加完全，但并非时间越长越好，酸浸时间过长会导致材料结构塌陷。而酸活化温度对材料的影响表现在：温度过低时，反应速率过慢，不利于反应完全；提高温度可使反应速率加快，温度过高耗能大且材料变化相对于完全反应并不明显。

（3）酸活化对蒙脱石结构的影响

酸活化处理对蒙脱石的结构和性能产生显著影响。蒙脱石层间的金属阳离子（K^+、Na^{2+}、Ca^{2+} 等）被体积较小的 H^+ 所取代，这一置换作用不仅增加了层间距，还去除了层间的杂质，赋予了蒙脱石更大的孔径和更高的比表面积（表 3-3），进而提升了其吸附性能。X 射线衍射（XRD）分析中 d_{001} 值的变化是衡量其活化效果的重要指标，反映蒙脱石层间的距离。酸活化会导致蒙脱石层间水分子的重新排列，增大层间距，d_{001} 峰的位置会向低角度方向移动，即 d 值增大。酸处理可能会破坏蒙脱石的部分晶格结构，导致结晶度的降低，使得 d_{001} 峰的强度降低或宽度增加（图 3-4）。

表 3-3　不同条件下酸处理后蒙脱石比表面积的变化[9-10]

材料名称	酸类型	酸浓度/(mol/L)	反应时间/h	反应温度/℃	比表面积/(m²/g)
Mt					45～65.9
1.5SA	硫酸	1	4	80	305.4
3.0SA		2	4	80	373.8
6.0SA		4	4	80	317.5
BtP-1	硝酸	1	6	90	75
BtP-2		2	6	90	77
BtP-4		4	6	90	78
Mt-3	盐酸	12	3	70	121
Mt-12		12	12	70	141
Mt-24		12	24	70	144
Mt-36		12	36	70	126

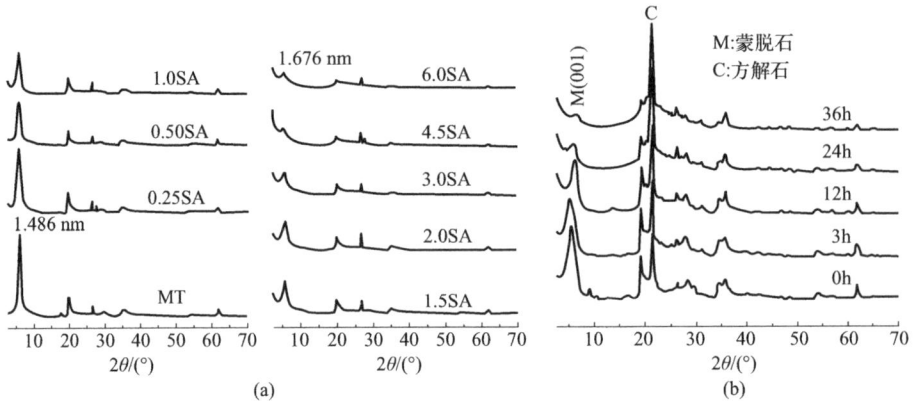

图 3-4　硫酸（a）和盐酸（b）在不同条件下活化蒙脱石 XRD 图谱[9-10]

在微观层面，酸活化后的蒙脱石发生明显的形态变化，如形成皱褶和非均匀孔隙，导致层间堆叠变得无序。此外，酸处理还促进了蒙脱石中金属氧化物的溶出，尤其是铝氧化物，其溶出量随酸度的增加而上升。这些转变使得酸活化蒙脱石在吸附、催化等多个领域具有更广阔的应用前景，特别是在污染物去除和油品质量提升方面展现出巨大的潜力。通过改变酸的浓度、处理时间、处理温度和酸与蒙脱石的比例，我们可以调控蒙脱石的结构和性能，以满足不同的工业应用需求。

3.1.4　离子交换

天然蒙脱石以钙基蒙脱石为主，还有少量的钠基蒙脱石、铝基蒙脱石。无机盐改性蒙脱石是一种通过无机金属盐阳离子与蒙脱石层间原有的可交换阳离子进行离子交换来实现改性的方法。例如，用铝盐（如硫酸铝）改性蒙脱石时，溶液中的 Al^{3+} 会置换蒙脱石层间的 Na^+ 或 Ca^{2+} 等阳离子[11]。无机盐改性蒙脱石在多个领域广泛应用，用于废水处理，其可吸附重金属与有机污染物；在废气处理中，其可净化有害气体。

按照一定的比例向蒙脱石悬浮液中缓慢加入选定的离子交换剂溶液，在适宜的温度（经常为常温到一定的加热温度范围，例如 20～80℃，具体依实验条件和物料特性而定）、搅拌速度（保持适当的搅拌速度，既能使反应物充分接触又不会因剧烈搅拌而破坏蒙脱石结构，一般每分钟几百转）等条件下进行反应可制得离子交换改性蒙脱石。反应时间根据不同的离子交换体系有所差异，可能从几十分钟到数小时不等，目的是让离子交换剂中的目标离子充分置换蒙脱石原有的可交换离子，进入蒙脱石的层间等结构位置。反应结束后，需要通过过滤、洗涤等操作将未反应的离子交换剂及反应生成的副产物等杂质去除。

离子交换对蒙脱石的影响：在晶体结构层面，无机盐阳离子的离子交换或插层作用常使蒙脱石的层间距发生改变；在颗粒结构方面，无机盐作用下蒙脱石颗粒聚集状态被改变，以钙盐为例，其促使 Mt 颗粒聚集，改变 Mt 的比表面积与孔隙率，形成的大孔结构利于大分子吸附质扩散；在化学结构上，阳离子型无机盐改性会改变 Mt 表面电荷性质[12]。原本带负电的蒙脱石表面因引入新阳离子而增加正电荷，这在处理阴离子污染物废水时极为有利，增强了 Mt 对磷酸根、氟离子等的吸附能力。此外，改性过程中会形成新的化学键，如金属离子与 Mt 表面氧原子形成的配位键。在催化剂制备时，这种化学键合有助于活性组分的负载与分散，提高催化效率，并且增强了催化剂在化学反应中的稳定性。

3.1.5　多孔异构

多孔异构蒙脱石（PHM）是一类较特殊的无机柱撑蒙脱石材料。其合成步骤包括有机插层、硅柱撑以及煅烧去除模板剂，并最终在层间形成无机多孔结构[13]。PHM 在结构上存在不同的形态或构型，这种异构性可能导致其物理和化学性质的差异。多孔异构蒙脱石的孔径大小不一，涵盖微孔（小于 2nm）、介孔（2～50nm）和大孔（大于 50nm）三种孔径范围。这种多样的孔径分布是通过特殊的制备工艺实现的。例如，在模板法的制备过程中，使用不同尺寸的模板剂可以控制孔径大小。微孔结构主要由蒙脱石晶体内部的原子排列和缺陷形成，介孔则可以通过添加有机模板剂或经过特殊的溶蚀过程产生，大孔通常由颗粒之间的堆积间隙或者经过物理造孔方法（如发泡法）形成。PHM 的孔隙形状不规则，有圆柱状、球状、狭缝状等多种形状。

硬模板法是利用具有固定形状和尺寸的固体模板来制备多孔异构蒙脱石。例如，使用纳米二氧化硅颗粒作为模板，将蒙脱石前驱体溶液与纳米二氧化硅混合，蒙脱石在生长过程中会围绕纳米二氧化硅颗粒生长，之后通过化学蚀刻等方法去除纳米二氧化硅模板，从而在蒙脱石中留下与模板尺寸和形状相近的孔隙。软模板法主要利用有机分子（如表面活性剂）作为模板。这些有机分子在溶液中可以自组装形成特定的胶束结构，蒙脱石前驱体在胶束周围沉淀或生长，之后通过煅烧等方法去除有机模板，形成多孔结构。同时，有机模板与蒙脱石前驱体之间的相互作用，可能会导致蒙脱石化学组成和晶体结构的异构。

在化学组成方面，除了蒙脱石的基本成分硅、铝外，还可能含有其他金属离子或官能团。这些金属离子或官能团在不同区域的分布是不均匀的，例如，在一些区域可能富含铁离子，而在另一些区域可能含有较多的有机官能团。这种化学组成异构是在制备过程中，不同的改性剂或添加剂在蒙脱石表面或内部的选择性沉积、反应导致的。晶体结构的异构体现在晶格参数的变化和晶相的差异，由于孔隙的形成和其他物质的引入，蒙脱石的晶格可能会发生畸变。同时，在同一材料中可能存在多种晶相，例如经过高温处理和掺杂改性后，可能同时存在蒙脱石的原始晶相和新生成的晶相（如金属氧化物相），这些晶相在空间上相互交织，形成异构结构。

3.1.6　负载型

利用蒙脱石纳微米颗粒的高分散性、纳米片层结构、纳米级层间域等结构性质，研究者通过在蒙脱石结构表面或内部负载功能性客体物质，如纳米金/银、纳米磁性粒子、纳米 TiO_2、纳米零价铁/镍等，增强负载后蒙脱石复合材料的吸附、光降解、催化等性能[14]。

纳米颗粒吸附剂如二氧化锰、四氧化三铁、二氧化钛、$MnFe_2O_4$、氧化铈等，由于其基本性质、体积极小、高表面积、高体积比和独特的形貌，常被用于水中重金属离子和有机污染物的去除。在使用 $CoFe_2O_4$ 覆盖后，蒙脱石的原有结构发生了改变，说明磁性纳米颗粒对蒙脱石黏土的片状结构有轻微的改变（图 3-5）。表面粗糙度的增加对蒙脱石的吸附和催化性能有重要影响。对于吸附性能而言，粗糙度增加意味着更多的物理吸附位点，使得蒙脱石能够吸附更多的物质。在催化性能方面，粗糙的表面可以提供更多的活性位点，有利于反应物的吸附和反应的进行。例如，在负载型蒙脱石作为催化剂载体时，粗糙的表面有利于催化剂颗粒（如金属纳米颗粒）的分散和固定，从而提高催化剂的活性。

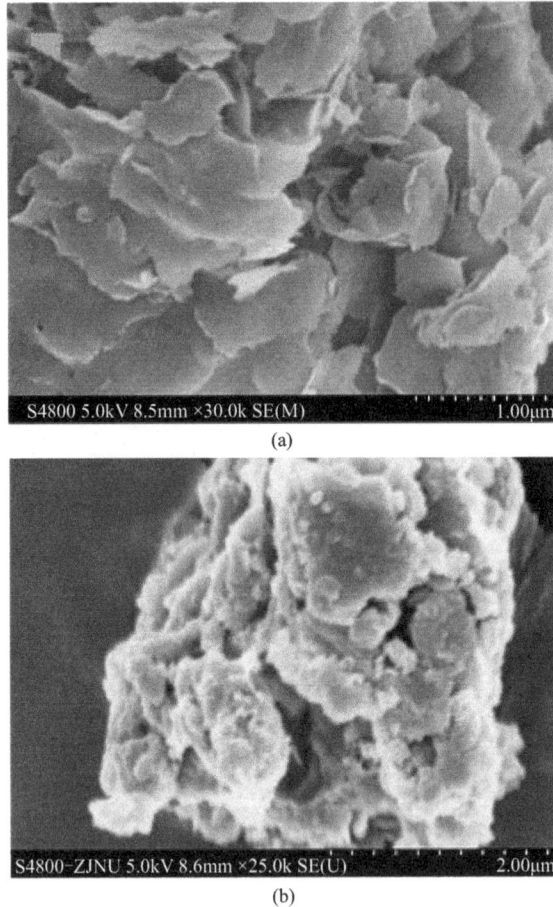

(a)

(b)

图 3-5 原始蒙脱石（a）和磁性纳米复合材料（b）的扫描电镜图[15]

3.2 有机改性

有机改性蒙脱石是通过有机阳离子或有机化合物与蒙脱石进行物

理或化学作用，将有机成分引入蒙脱石结构中而得到的改性材料。有机改性可改善蒙脱石的表面性质、层间结构和功能特性，使其更好地适用于工业、农业、医药等领域[16]。

3.2.1　阳离子表面修饰

阳离子表面修饰蒙脱石是利用阳离子表面活性剂与蒙脱石表面相互作用来改变蒙脱石表面性质的一种方法。阳离子表面活性剂带有正电荷的亲水基团，能够与蒙脱石表面的负电荷位点通过静电引力相互吸引。例如，十六烷基三甲基溴化铵（CTAB）是一种常见的阳离子表面活性剂，其铵根离子部分带有正电荷，可以和蒙脱石表面的负电荷发生吸附作用。

其制备方法主要有 3 种。①悬浮液法：在水相分散中，在室温下，在搅拌或超声的帮助下，有机阳离子也能迅速引入蒙脱石的中间层（图 3-6）。然而，通常情况下，在略高的温度下（50～80℃），或使用微波加热，蒙脱石表面覆盖更完整。②半固态反应法：在球磨机中加入蒙脱石、阳离子表面活性剂和少量水，按一定比例制备。③固态反应法：在球磨机中加入蒙脱石和阳离子表面活性剂制备。这 3 种

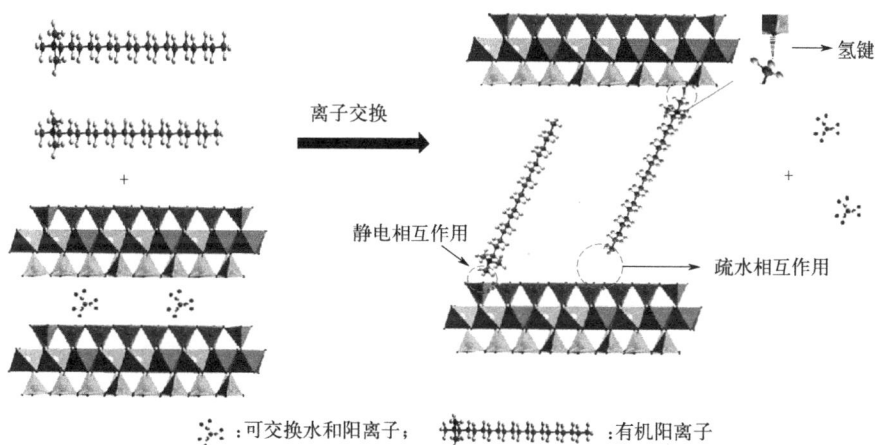

图 3-6　阳离子表面修饰蒙脱石机理示意图[16]

方法中，液相改性均可使改性剂均匀地覆盖在蒙脱石表面。

当进行阳离子表面修饰时，外来的阳离子会通过离子交换等作用进入蒙脱石的层间区域。这些阳离子具有不同的电荷、不同的半径等特性，它们进入层间后，首先会改变层间原有的阳离子分布情况，进而影响层间的静电作用。例如，一些多价阳离子的引入会增强层间的静电吸引力，使得蒙脱石的层间距出现一定程度的收缩；而某些半径较大的阳离子进入层间后，可能增大层间距，改变蒙脱石原有的结构维度[17]。同时，阳离子还可能与蒙脱石表面的活性位点相互作用，对蒙脱石表面的官能团状态产生影响，从微观层面开始逐步改变蒙脱石整体的晶体结构有序性，在一定程度上扰乱或者重新塑造原有的结构特征，为后续其在不同领域应用性能的改变奠定基础（表3-4）。

表 3-4 有机阳离子修饰蒙脱石的研究进展[16]

蒙脱石	阳离子交换量/(mmol/100g)	改性剂	改性剂浓度	d_{001}/nm	总孔体积/(cm^3/g)	BET 表面积/(cm^2/g)	平均孔隙直径/nm	水接触角度θ/(°)
Mt	106.4	CTAB	1.0CEC	1.93				49
			1.5CEC	1.96				52
			1.0CEC	1.94				47.5
			1.5CEC	1.98				46
			1.0CEC	1.98				43.5
			1.5CEC	1.97				43.5
Mt	120	LTAC	1.0CEC	1.81				67
		OTAC	1.0CEC	2.04				68
		氯化 N,N-二甲基-N-十八烷铵	1.0CEC	3.64				68
		DC18	1.0CEC	4.06				86
Ca^{2+}-Mt	65	（11-二茂铁基十一烷基）三甲基溴化铵	0.2CEC	1.56				
			0.4CEC	1.64				
			0.6CEC	1.78				
			0.8CEC	1.90				
			1.0CEC	2.11				

续表

蒙脱石	阳离子交换量/(mmol/100g)	改性剂	改性剂浓度	d_{001}/nm	总孔体积/(cm³/g)	BET 表面积/(cm²/g)	平均孔隙直径/nm	水接触角度 θ/(°)
Ca²⁺-Mt	138.6	HDTMA⁺	70mmol/L	2.01	0.014	4.2	15.6	
		DDTMA⁺		1.74	0.013	3	120	
		BTMA⁺		1.51	0.022	8.6	9.9	
Na⁺-Mt	88	HEMBP	1.04CEC	1.3627	0.03272	17.37	7.532	
Na⁺-Mt	97.1	TTAC	1.0	2.10				
		CTAC	1.0	2.23				
		STAC	1.0	2.31	0.04	3.3	24.5	
			0.5	1.43	0.051	7.84	8.78	
		HDTMA⁺	1.0	2.03	0.0154	1.98	15.81	
			2.0	2.038	0.0012	0.328	19.23	
			0.5	1.38	0.073	52.98	5.531	
		TMA⁺	1.0	1.38	0.11	101.68	4.32	
			2.0	1.38	0.13	120.26	4.36	
Na⁺-Mt	76	HDTBPh	0.6	1.90		30.42	14.69	65
			0.8	2.24		29.45	15.23	73
			1.0	2.31		32.89	15.39	79
			1.25	2.34		28.9	13.8	82
			1.5	2.32		24.11	14.43	93
Na⁺-Mt	85	烷基羟乙基咪唑啉	1.0	4.4		2.4		83
		OMDAB	1.0CEC	2.04	0.079385	16.6972	17.6186	
			0.5CEC	1.96	0.067917	13.6788	17.4353	
		DTDD	1.0CEC	4.09	0.041604	6.8778	22.0996	
			1.5CEC	4.09	0.018469	2.6192	26.2874	
Na⁺-Mt	112	OTAC	0.5	2.96				
			0.75	2.97				
			1.00	2.88				
			1.50	2.99				

注：CTAB—十六烷基三甲基溴化铵；LTAC—十二烷基三甲基氯化铵；OTAC—十八烷基三甲基氯化铵；DC18—二甲基双十八烷基氯化铵；HDTMA⁺—十六烷基三甲基铵阳离子；DDTMA—十二烷基三甲基氯化铵；BTMA—苄基三甲基溴化铵；HEMBP—己亚甲基双吡啶二溴化物；TTAC—三甲基十四烷基氯化铵；CTAC—十六烷基三甲基氯化铵；STAC—十八烷基三甲基氯化铵；TMA—四甲基氯化铵；HDTBPh—十六烷基三丁基溴化膦；OMDAB—十八烷基甲基二羟乙基溴化铵；DTDD—双十八烷基四羟乙基二溴丙二铵。

3.2.2 有机硅烷改性

在重金属污染水土修复中，为赋予蒙脱石对污染物的靶向修复能力并提高其修复效率，常采用负载有重金属螯合基团（含 N/S/O 官能团）的有机硅烷对蒙脱石进行改性或者功能化。有机硅烷改性蒙脱石可分为三种模式：层间接枝、外表面接枝、"破碎"边接枝。

有机硅烷分子一般含有可水解的基团（如烷氧基）以及其他有机官能团。在对蒙脱石进行改性时，首先，硅烷分子的可水解基团在一定条件（通常是在有水存在的环境下，调节合适的 pH 值等）下会发生水解反应，生成硅醇基团。然后，这些硅醇基团可以通过缩合反应等方式与蒙脱石表面的羟基等活性位点相结合，从而将有机官能团引入蒙脱石的表面或者层间结构中。例如，常见的 γ-氨丙基三乙氧基硅烷（γ-APS），其乙氧基水解后与蒙脱石发生作用，最终把氨基官能团成功接枝到蒙脱石上。硅羟基之间还可以发生缩合反应，一方面，水解后的硅羟基可以自身缩合形成 Si—O—Si 键，这有助于在蒙脱石表面形成有机硅烷的聚合层；另一方面，硅羟基还可以与蒙脱石表面的羟基（—OH）进行缩合反应。通过这种缩合反应，有机硅烷分子就牢固地接枝到蒙脱石的表面或插入层间，实现对蒙脱石的改性（图 3-7）。

（1）有机硅烷改性影响因素

有机硅烷分子中官能团的类型。如含有氨基的有机硅烷（如 γ-氨丙基三乙氧基硅烷）可以为蒙脱石提供碱性位点，增强其对酸性物质的吸附能力。而含有环氧基的有机硅烷则可以通过环氧基的开环反应与其他物质发生反应，有利于蒙脱石在某些聚合物体系中的交联。

有机硅烷分子中的烷基链长度和支化程度。较长的烷基链能够提

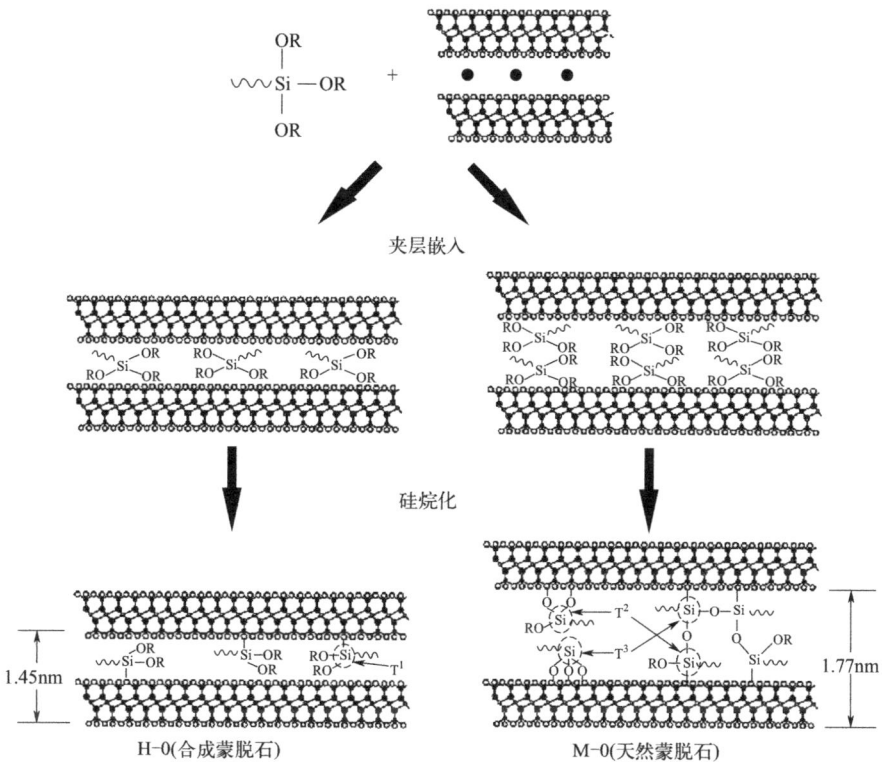

图 3-7　γ-APS 嵌入黏土夹层和硅烷化的概念图[18]

供更好的疏水性。例如，当烷基链从甲基变为十二烷基时，改性后的蒙脱石疏水性明显增强。支化的烷基链会影响有机硅烷在蒙脱石表面的排列方式和空间位阻，从而改变改性后蒙脱石的性能。

　　反应温度。一般来说，适当提高反应温度可以加快有机硅烷的水解和缩合反应速率，使改性过程更充分。但温度过高可能导致有机硅烷自身过度聚合，形成大的团聚体而不能很好地与蒙脱石结合。例如，在使用 γ-氨丙基三乙氧基硅烷改性蒙脱石时，反应温度在 70～90℃之间较为合适，这个温度范围可以保证硅烷分子有效地水解和接枝到蒙脱石表面（图 3-8）。

　　反应时间。足够的反应时间是确保有机硅烷充分与蒙脱石反应的

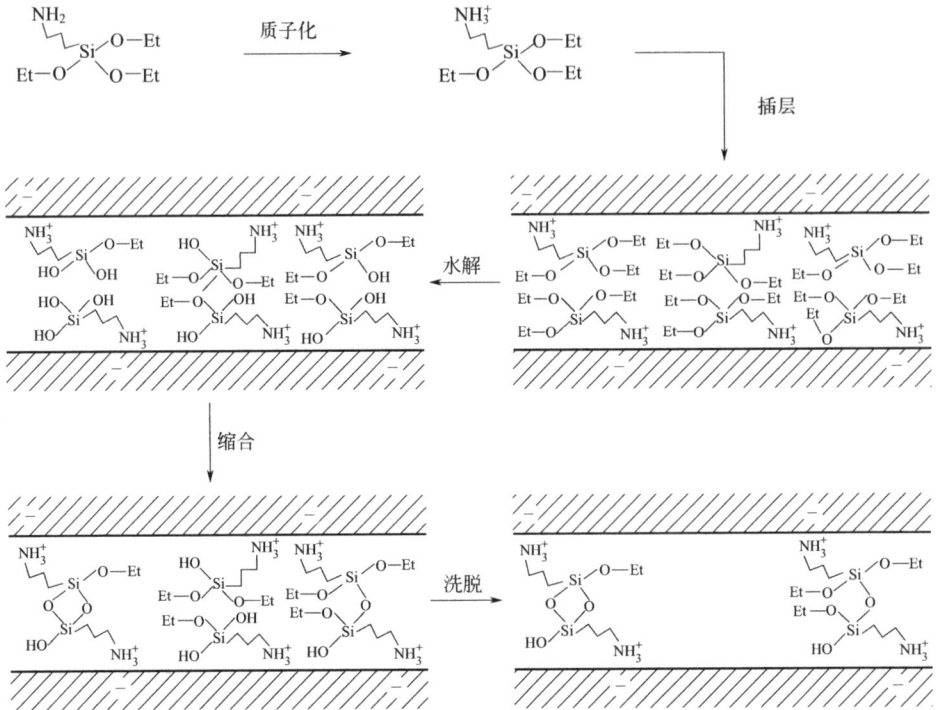

图 3-8　硅烷分子改性蒙脱石过程示意图[19]

关键。反应时间过短，有机硅烷可能来不及完全与蒙脱石表面或层间的活性位点反应，导致改性不充分。通常情况下，反应时间在数小时到数十小时不等，具体时间取决于硅烷种类、反应温度和蒙脱石的性质等因素。

溶剂类型和用量。溶剂在有机硅烷改性过程中起到分散和促进反应的作用。常用的溶剂有乙醇、甲苯等。乙醇是一种良好的溶剂，它可以促进有机硅烷的水解反应，并且能够使蒙脱石在溶液中较好地分散。溶剂的用量也会影响反应效果，如果溶剂用量过多，会降低有机硅烷和蒙脱石的浓度，使反应速率变慢；而溶剂用量过少，则可能导致体系黏度过高，影响有机硅烷与蒙脱石的均匀接触（图 3-9）。

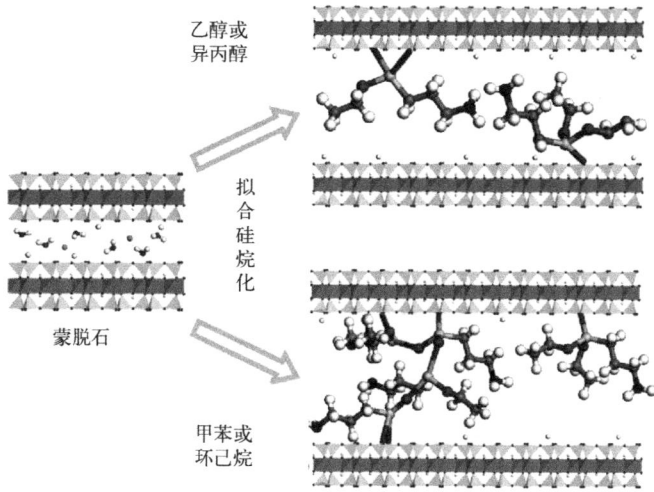

图 3-9　γ-氨丙基三乙氧基硅烷（APTES）在不同溶剂中硅烷基化蒙脱石的示意图[20]

（2）有机硅烷改性对蒙脱石结构的影响

层状结构的改变。蒙脱石的层状结构由硅氧四面体片和铝氧八面体片组成，这种结构在有机硅烷改性后会发生显著变化。有机硅烷分子中的烷氧基在水解后，产生的硅羟基能够与蒙脱石层间的可交换阳离子或表面羟基发生缩合反应，这一过程有效地撑开了蒙脱石的层间距。这种层间距的增大为大分子或有机物质进入层间提供了空间，从而拓展了蒙脱石在吸附、插层等方面的应用潜力。

表面性质的转变。蒙脱石由于其表面含有大量的羟基而具有亲水性。经过有机硅烷改性后，有机基团如烷基链会覆盖在蒙脱石表面，从而改变其表面极性。

晶体结构完整性的保持。在一般情况下，有机硅烷改性不会破坏蒙脱石的基本晶体骨架结构。通过红外光谱分析可知，蒙脱石原有的硅氧四面体和铝氧八面体的特征振动吸收峰依然存在，只是新增了有机硅烷的特征吸收峰，如 C—H 伸缩振动吸收峰、N—H 伸缩振动吸收峰（若硅烷含氨基等官能团）等。这表明在改性过程中主要是表面和层间的化学修饰，晶体结构主体得以保留，保证了蒙脱石自身结构稳定性与特性的延续，使其在后续应用中仍能发挥其特有的离子交换、吸附等性能优势。

3.3　复合改性

复合改性是一种综合的材料改性方法，涉及两种或多种改性手段同时或先后作用于材料，以获得比单一改性更为优异的性能。在蒙脱石的复合改性中，通常是将物理改性和化学改性相结合，或者是多种化学改性方法协同使用，来改变蒙脱石的结构、表面性质和化学组成等，从而满足特定的应用需求。

3.3.1　无机-有机复合改性

(1) 机械研磨-化学浸渍改性蒙脱石

机械研磨可以减小蒙脱石的颗粒尺寸，增加比表面积，并且破坏部分晶体结构，暴露出更多的活性位点。然后，通过化学浸渍法将活性物质负载到研磨后的蒙脱石上[21]。例如，研磨后的蒙脱石具有更多的层间通道和表面缺陷，在浸渍金属盐溶液时，金属离子更容易进入层间和吸附在表面，并且由于比表面积增大，负载量也会相应增加。

在材料改性的过程中，外界施加的机械力发挥着至关重要的作用，它促使改性剂分子与蒙脱石颗粒实现深度混合。改性剂分子的极性基团与蒙脱石表面及断键端的极性区域之间形成了强烈的相互作用，这种相互作用使得改性剂能够牢固地吸附在蒙脱石的表面和断键位置。机械力不仅促进了改性剂在材料中的均匀分散，还加强了其与蒙脱石的紧密结合（图 3-10）。

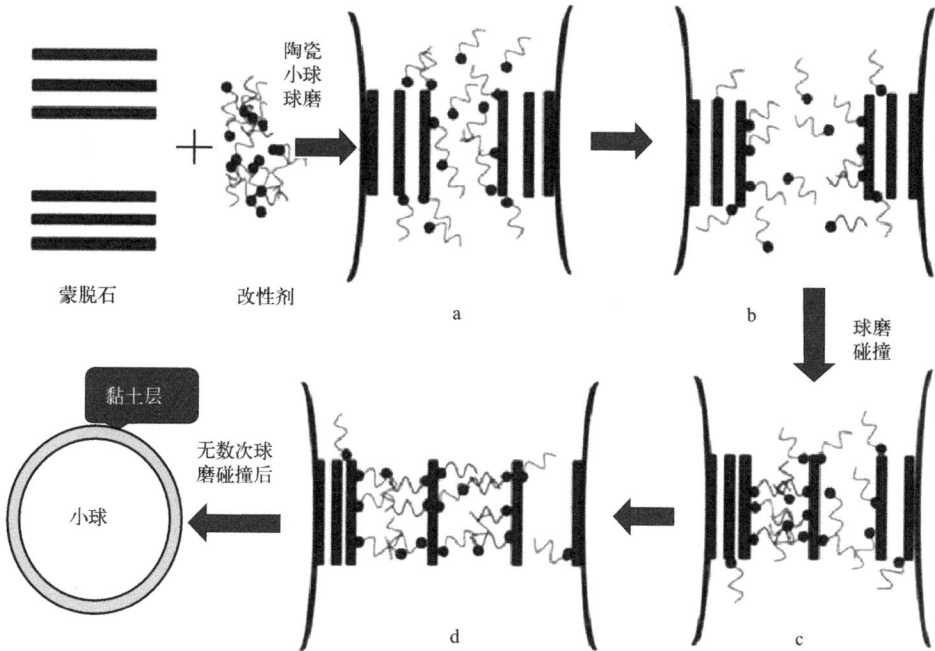

a—改性剂吸附于蒙脱石粉体表面；b—部分改性剂分子进入蒙脱石层间；
c—改性剂分子使蒙脱石片层剥离；d—剥离后的改性蒙脱石重新组合

图 3-10   机械研磨-化学浸渍改性蒙脱石机理模型[21]

此外，改性过程还确保了在机械力作用下剥离的蒙脱石片层能够稳定地存在，避免了片层间的重新聚集。这种稳定性对于维持材料的结构完整性和提高其应用性能至关重要。通过这种改性处理，蒙脱石的片层得以均匀分散，从而在材料中形成均匀分布的纳米级增强体，这不仅提高了材料的力学性能，还可能改善其热稳定性和化学稳定性。因此，机械力在蒙脱石改性过程中的应用，不仅优化了改性剂的分散和结合效果，还对提升蒙脱石基复合材料的整体性能起到了关键作用。

（2）热处理-有机改性蒙脱石

热处理可以提高蒙脱石的热稳定性，而有机复合改性可以增强蒙脱石对有机物的吸附性能和与有机物的相容性。将两者结合起来，可以使蒙脱石在高温环境下仍能保持良好的有机吸附性能和与有机基体的相容性。例如，在制备用于高温环境下的吸附材料或者有机-无机复合材料时，这种复合方式改性后的蒙脱石能够更好地满足要求。如科研人员在对蒙脱石进行不同温度下的热处理后再进行有机硅烷改性，该硅烷改性产物既改变了蒙脱石层间的亲水性，还具有与原始蒙脱石相近的比表面积，有望在有机污染物吸附及聚合物基纳米复合物制备领域发挥其潜在用途（图3-11）。

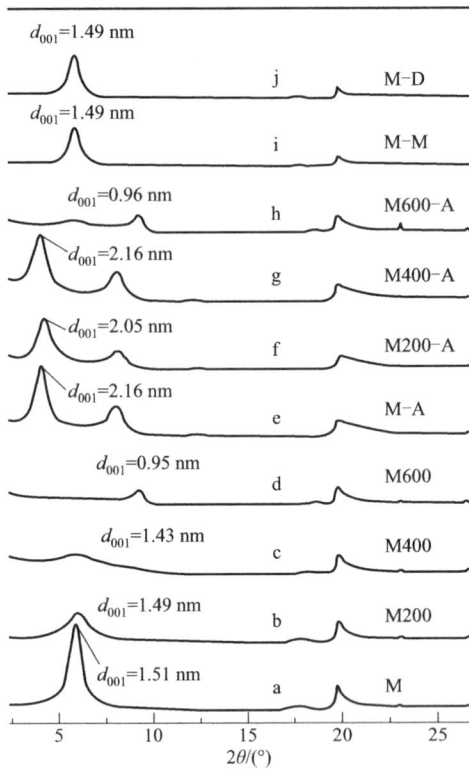

a～j依次对应原始蒙脱石、200℃热处理蒙脱石、400℃热处理蒙脱石、600℃热处理蒙脱石、γ-氨丙基三乙氧基硅烷处理蒙脱石、200℃热处理＋γ-氨丙基三乙氧基硅烷处理蒙脱石、400℃热处理＋γ-氨丙基三乙氧基硅烷处理蒙脱石、600℃热处理＋γ-氨丙基三乙氧基硅烷处理蒙脱石、γ-巯丙基三乙氧基硅烷处理蒙脱石、二甲基二乙氧基硅烷处理蒙脱石

图3-11　蒙脱石及其热处理后硅烷改性产物的XRD图谱[19]

（3）酸活化-有机改性蒙脱石

采用两种或多种不同的化学改性剂同时对蒙脱石进行改性，这些改性剂之间可以发生协同作用。例如，同时使用酸和金属盐对蒙脱石进行改性，酸可以溶解蒙脱石中的部分成分，增加其孔隙率，而金属盐中的金属离子可以在酸性环境下更容易地进入蒙脱石的层间和表面，与新生成的活性位点结合，从而同时改变蒙脱石的结构和化学性质（图 3-12）。

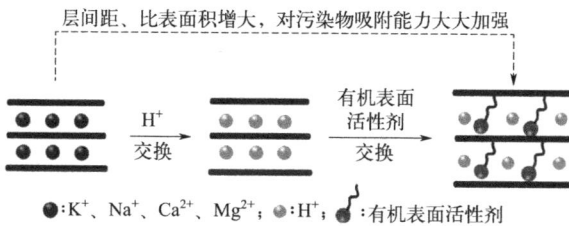

层间距、比表面积增大，对污染物吸附能力大大加强

H^+ 交换　　有机表面活性剂交换

●：K^+、Na^+、Ca^{2+}、Mg^{2+}；　●：H^+　　：有机表面活性剂

图 3-12　酸活化-有机改性蒙脱石制备过程[22]

（4）柱撑-有机复合改性蒙脱石

柱撑-有机复合改性蒙脱石的制备过程是利用羟基金属聚合阳离子对蒙脱石进行预处理，在这一步骤中，金属水合阳离子通过离子交换作用进入蒙脱石的层间，替换原有的钠或钙等阳离子。在一定温度下进行煅烧处理，金属水合阳离子转化为金属氧化物，这些氧化物在蒙脱石层间形成"柱状"支撑，有效撑大了层间距，增加了材料的孔隙度。随后，将有机表面活性剂引入层间，这些表面活性剂分子具有两亲性质，一端是亲水性的基团，另一端则是亲油性的基团（图 3-13），这种结构使得改性后的蒙脱石在废水处理中表现出色，能够提高对有机和无机污染物的吸附能力。通过这种无机-有机的协同改性，蒙脱石复合材料的吸附、光降解和催化等性质得到了显著增强，使其在环境治理和能源转换等领域展现出广泛的应用潜力。

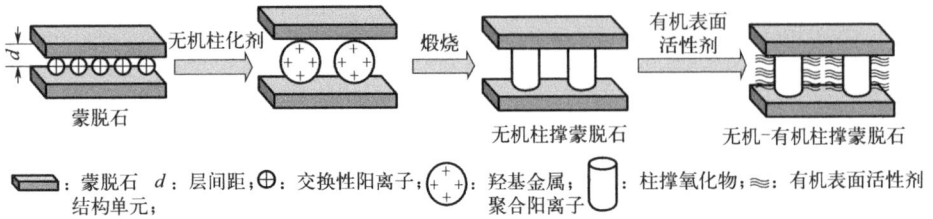

图 3-13　柱撑-有机复合改性蒙脱石制备过程[23]

3.3.2　有机-无机复合改性

有机改性主要是利用有机硅烷、有机胺等有机试剂与蒙脱石表面的羟基或层间阳离子发生反应，改变蒙脱石的表面性质，使其具有更好的疏水性、与有机物的相容性等。无机改性则是通过引入金属离子、金属氧化物等来调整蒙脱石的离子交换能力、吸附性能和热稳定性等。在有机-无机复合改性中，两种改性手段相互配合，发挥各自的优势。例如，先通过有机硅烷改性使蒙脱石表面具有疏水性和有机活性，再负载金属氧化物，可以在保持良好的有机物吸附性能的同时，增强对重金属离子的吸附性能和光催化性能。

3.3.3　聚合物改性

聚合物改性蒙脱石主要是为了改善蒙脱石的多种性能，使其更好地应用于各个领域。例如，在材料科学领域，通过聚合物改性可以增强蒙脱石与聚合物基体之间的相容性，提高复合材料的力学性能、阻隔性能和热稳定性；在吸附领域，可以利用聚合物的特性来增加蒙脱石对特定物质的吸附选择性和吸附量。具体改性方法分为：插层聚合改性——将聚合物单体插入蒙脱石的层间，然后在层间引发聚合反应；表面接枝聚合改性——通过化学反应在蒙脱石的表面接枝聚合物链；共混改性——将聚合物和蒙脱石直接混合，通过物理或化学作用使它们相互分散。这种改性方法对蒙脱石层间结构的影响为：

① 插层聚合改性会使层间物质分布发生明显变化[24]。聚合物分子链在层间均匀分布，形成一种类似于"三明治"的结构，即聚合物分子链夹在蒙脱石片层之间。这种均匀分布有利于提高蒙脱石的阻隔性能和力学性能，因为聚合物分子链可以有效地阻碍小分子（如气体、液体分子）在层间的扩散。

② 表面接枝聚合改性主要是在蒙脱石表面形成聚合物层，层间物质分布基本不受影响。但在表面接枝的聚合物分子链过长或密度过高时，可能会对层间的离子交换等过程产生一定的屏蔽作用，减少层间与外界物质的交换，同时会显著增加蒙脱石的表面粗糙度。

③ 共混改性过程中，蒙脱石层间物质分布通常保持不变，因为共混主要是在宏观层面上使蒙脱石和聚合物相互混合，而不是直接改变层间的结构。

3.4　改性蒙脱石的应用优势

改性蒙脱石在环境领域的应用优势显著，正逐渐成为解决众多环境难题的关键材料。在废水处理中，普通蒙脱石虽有一定吸附性，但改性蒙脱石通过多种手段进一步优化了这一性能。例如，离子交换改性让其层间引入具有特殊吸附能力的金属离子，如铈离子改性后的蒙脱石，对重金属离子的吸附选择性和吸附容量大幅提升。对于电镀废水中的铬离子、镍离子等，改性蒙脱石能高效捕捉，使废水中重金属含量显著降低，减少重金属对水体生态系统的危害。有机改性则为蒙脱石披上"有机外衣"，接入的有机官能团如氨基、羧基等，增强了蒙脱石对有机污染物的亲和力。在处理印染废水时，改性蒙脱石对染料分子的吸附效果显著，能有效去除废水中的有色物质和有机杂质，让废水得到深度净化。

在大气污染治理方面，经特定金属氧化物负载改性的蒙脱石，对二氧化硫具有良好的吸附性能和催化氧化性能，能将其转化为无害的硫酸盐固定在表面，减少酸雨形成的源头。对于氮氧化合物，一些稀土元素改性的蒙脱石能够在一定条件下促进其分解或转化，降低其在大气中的浓度。在挥发性有机化合物（volatile organic compounds，VOCs）的处理上，有机改性后的蒙脱石利用其与有机物的相似相溶原理以及其丰富的吸附位点，可有效吸附苯、甲苯等常见VOCs，净化工业废气和室内空气，改善空气质量，保护人类健康。

重金属污染土壤一直是环境治理的难题，而改性蒙脱石能够通过离子交换、表面吸附等机制将土壤中的重金属离子固定，如铅离子、镉离子等被牢牢束缚在蒙脱石的表面或层间，阻止其在土壤中的迁移和被植物吸收，降低重金属对土壤生态系统的破坏。同时，部分改性蒙脱石还能调节土壤的物理化学性质，增加土壤的保水保肥能力，改善土壤结构，促进有益微生物的生长繁殖，为土壤生态系统的恢复和重建奠定基础。

在环境监测领域，由于改性蒙脱石对特征污染物具有特殊的吸附特性或反应特性，可被设计成传感器的敏感元件。例如，对某些有机农药具有特异性吸附的改性蒙脱石，当环境中某些农药的浓度发生变化时，会引起其电学、光学等性质的改变，通过传感器转化为可检测的信号，从而实现对环境中农药残留量的快速、准确监测。这为及时掌握环境质量状况、预警污染事件提供了有力的技术手段。

随着研究工作的进一步深入，通过选择合适的构建方法和改性剂，制备的新型黏土矿物环境材料将具备多种污染控制功能，污染控制效率也将得到进一步提升。黏土矿物的高值利用新方法的研发，将有助于提高我国黏土矿物资源的利用水平，实现从传统应用向高附加值产品的转变。我们期待未来能够开发出更多高效的改性蒙脱石材料，以应对环境污染的挑战，实现绿色可持续发展。

参考文献

［1］ 杨增烨，冯博，刘丽. 改性蒙脱石对水中重金属离子的吸附研究进展［J］. 精细化工，2025，42
（3）：465-478.

［2］ 卿艳红，苏小丽，王钺博，等. 蒙脱石黏土矿物环境材料构建的研究进展［J］. 材料导报，2020，
34（19）：19018-19026.

［3］ 吴平霄，张惠芬，郭九皋，等. 蒙脱石热处理产物的微结构变化研究［J］. 地质科学，2000（2）：
185-196.

［4］ Fernandez R，Martirena F，Scrivener K L. The origin of the pozzolanic activity of calcined clay
minerals：A comparison between kaolinite，illite and montmorillonite［J］. Cement and Concrete
Research，2011，41（1）：113-122.

［5］ Wen K，Wei J，He H，et al. Keggin-Al_{30}：An intercalant for Keggin-Al_{30} pillared montmorillonite
［J］. Applied Clay Science，2019，180：105203.

［6］ Zhu J，Wen K，Wang Y，et al. Superior thermal stability of Keggin-Al_{30} pillared montmorillonite：
A comparative study with Keggin-Al_{13} pillared montmorillonite［J］. Microporous and Mesoporous
Materials，2018，265：104-111.

［7］ 郭旭颖，邢经纬，付赛欧，等. Cr-Al，Fe-Al，La-Al 柱撑蒙脱石的制备及其吸附特性［J］. 中国
粉体技术，2020，26（5）：22-27.

［8］ Krupskaya V，Novikova L，Tyupina E，et al. The influence of acid modification on the structure of
montmorillonites and surface properties of bentonites［J］. Applied Clay Science，2019，172：1-10.

［9］ 钟山，孙世群，陈天虎，等. 盐酸酸溶对蒙脱石结构的影响［J］. 硅酸盐学报，2006，34（9）：
1162-1166.

［10］ 林小琴，王钺博，朱建喜，等. 酸化蒙脱石对挥发性有机物的吸附研究［J］. 矿物学报，2015，
35（3）：281-287.

［11］ 朱虹嘉，孙宁. 蒙脱石应用现状及改性技术研究进展［J］. 河南化工，2019，36（1）：3-5.

［12］ 孔铃怡，季宏兵. 矿物的改性方法及其去除重金属的研究进展［J］. 化工新型材料，2024，52
（S2）：16-20.

［13］ 周春晖，李庆伟，葛忠华，等. 层间模板剂导向合成新型多孔蒙脱石材料的研究［J］. 无机材料
学报，2003，18（6）：1299-1305.

［14］ 朱润良，曾淳，周青，等. 改性蒙脱石及其污染控制研究进展［J］. 矿物岩石地球化学通报，
2017，36（5）：697-705.

［15］ Ai L，Zhou Y，Jiang J. Removal of methylene blue from aqueous solution by montmorillonite/

$CoFe_2O_4$ composite with magnetic separation performance [J]. Desalination，2011，266 (1-3)：72-77.

[16] Guo Y X，Liu J H，Gates W P，et al. Organo-modification of montmorillonite [J]. Clays and Clay Minerals，2020，68 (6)：601-622.

[17] Vazquez A，López M，Kortaberria G，et al. Modification of montmorillonite with cationic surfactants. Thermal and chemical analysis including CEC determination [J]. Applied Clay Science，2008，41 (1-2)：24-36.

[18] He H，Duchet J，Galy J，et al. Grafting of swelling clay materials with 3-aminopropyltriethoxysilane [J]. Journal of Colloid and Interface Science，2005，288 (1)：171-176.

[19] 覃宗华，袁鹏，何宏平，等. 热处理蒙脱石的 γ-氨丙基三乙氧基硅烷改性研究 [J]. 矿物学报，2012，32 (1)：14-21.

[20] Su L，Tao Q，He H，et al. Silylation of montmorillonite surfaces：Dependence on solvent nature [J]. Journal of Colloid and Interface Science，2013，391：16-20.

[21] 谢超，吴三琴，张泽朋，等. 机械力化学法制备有机改性蒙脱石粉体 [J]. 中国粉体技术，2014 (1)：7-12.

[22] 刘正江，郭沙沙，张云婷，等. 复合改性蒙脱土在污水处理中的应用研究进展 [J]. 精细化工，2022，39 (5)：73-881，914.

[23] 张杜娟，卢家暄，覃宗华，等. 无机-有机柱撑蒙脱石在工业废水处理中的应用研究 [J]. 硅酸盐通报，2017，36 (1)：77-83.

[24] 吴哲超，祝宝东，王鉴，等. 黏土矿物/聚合物复合高吸水材料研究进展 [J]. 硅酸盐通报，2015，34 (9)：2557-2561.

蒙脱石基环境功能材料
与土壤重金属污染修复

随着社会经济的高速发展和城市化进程的加快，工农业活动造成的土壤重金属污染问题引发了广泛关注。土壤重金属污染不仅严重影响我国生态环境质量，而且对人民生命健康构成了潜在威胁。土壤重金属污染具有隐蔽性、不可降解性、生物累积性等特点，对陆地生态系统的动物、植物和微生物具有较强的毒性，多种重金属被世界卫生组织和我国生态环境保护部门等机构列为优先控制污染物。《全国土壤污染状况调查公报》结果显示[1]，超过 16.1% 的土壤受到污染（表 4-1），其中重金属超标点位达到 82.8%，主要污染物为镉（Cd）、锌（Zn）、汞（Hg）、铅（Pb）、铬（Cr）、砷（As）。从污染分布情况看，南方土壤污染重于北方；长江三角洲、珠江三角洲、东北老工业基地等部分区域土壤污染问题较为突出，西南、中南地区土壤重金属超标范围较大；Cr、Hg、As、Pb 4 种无机污染物含量分布呈现从西北到东南、从东北到西南方向逐渐升高的态势。在所调查的 775 个工业废弃场地中 34.9% 的土壤点位重金属超标，工业园区的 2523 个土壤点位中 29.4% 的点位重金属超标，矿区 1672 个土壤点位中 33.4% 的点位重金属超标，有色金属矿周边土壤重金属污染物主要为 Cd、Pb、As。国务院于 2016 年印发"土十条"[2]，明确指出土壤污染防治方针和工作目标：到 2020 年，受污染耕地安全利用率达到90％左右，污染地块安全利用率达到 90％以上。到 2030 年，受污染耕地安全利用率达到 95％以上，污染地块安全利用率达到 95％以上。本章主要介绍黏土矿物蒙脱石在重金属污染场地和农田土壤修复方面的应用。

表 4-1 我国土壤重金属污染物超标情况[1]

污染物类型	点位超标率/%	不同程度污染点位比例/%			
		轻微	轻度	中毒	重度
镉	7.0	5.2	0.8	0.5	0.5
汞	1.6	1.2	0.2	0.1	0.1
砷	2.7	2.0	0.4	0.2	0.1
铜	2.1	1.6	0.3	0.15	0.05
铅	1.5	1.1	0.2	0.1	0.1
铬	1.1	0.9	0.15	0.04	0.01
锌	0.9	0.75	0.08	0.05	0.02
镍	4.8	3.9	0.5	0.3	0.1

4.1 场地土壤重金属的稳定化修复

场地土壤重金属污染具有点源污染特征，集中于高消耗、高污染、高排放工矿企业及其周边。污染场地重金属污染主要来源于采矿、工业排放、固体废物堆存和污水灌溉，重金属通过大气沉降和径流进入土壤，甚至污染当地地下水，造成了严重的健康暴露风险（图 4-1）。研究表明[3]，我国受污染场地的类型主要包括矿区（占比最大）、工业区、拆除场地，污染场地土壤重金属主要为 Cd 和 Pb，污染等级为：Cd＞Pb＞Cu/Zn/Hg＞As/Cr＞Ni，且我国东南部比西北地区更严重。场地土壤的修复目标是降低土壤中重金属的总含量或生物有效态含量，主要修复技术包括物理修复法（客土、隔离、电动修复、热处理）、化学修复法（土壤洗涤、固化/稳定化）和生物修复法（植物修复、微生物修复、微生物辅助植物修复）等。化学法具有速度快、操作简单、成本相对较低的特点，被广泛应用于场地土壤修复。化学修复法中固化/稳定化技术（solidification/stabilization，S/S）通过向土壤中加入化学药剂或功能材料，调节或改变土壤的理化性质，基于物理吸附、离子交换、表面配位、氧化还原、拮抗或沉淀作用，改变重金属在土壤中的赋存形态，使其固化或固化后可以减少向土壤深层和地下水迁移，降低其生物有效性，从而达到土壤重金属稳定化目的[4]。稳定化药剂或功能材料的种类和用量是重金属污染场地土壤修复中的关键因素。无机类材料，如黏土矿物、石灰材料、磷酸盐、金属氧化物、铁/铝基材料、工业废弃物等，已经被证实为有效的稳定化修复材料。其中，黏土矿物蒙脱石及其功能材料被广泛用于污染场地土壤重金属的稳定化修复。

图 4-1　污染场地土壤重金属来源与归趋[3]

4.1.1 矿区重金属污染土壤修复

黑色金属和有色金属矿产的开采和冶炼过程产生的尾矿、冶炼废渣、洗矿废水及废气（含有 Cu、Pb、Zn、Ni、Co、Ag、Cd、As 等有害元素）经大气沉降、淋溶作用进入周边土壤，造成经口摄入、吸入和皮肤接触重金属暴露风险。众多研究结果表明，黏土矿物蒙脱石作为稳定化修复材料主要限制了重金属污染物在土壤中的迁移或浸出，通过功能基团负载构建的蒙脱石基环境功能材料在稳定化修复中的效果显著优于原始蒙脱石。

研究人员通过共沉淀法制备得到针铁矿改性蒙脱石，并用于有色金属矿区 Cd、As 复合污染土壤修复[5]。在 Mt：Fe 为 0.5：1 时获得吸附性能最优的针铁矿负载蒙脱石，具有更大的比表面积以及更多的羟基和含铁官能团，对 Cd^{2+} 和 As^{3+} 的最大吸附量分别为 50.61mg/g 和 57.58mg/g。进一步对酸性污染土壤（总 Cd 含量和总 As 含量分别为 1.60mg/kg 和 1128mg/kg）进行混合浸提，针铁矿负载蒙脱石在 20g/kg 的添加量下使得土壤溶液中的 Cd 和 As 含量显著降低80％和 40％，具备较好的修复潜力。360d 的土壤培养实验结果表明，添加针铁矿负载蒙脱石使酸性和碱性复合污染土壤中 Cd 有效态含量分别降低了 25.91％～83.27％和 27.89％～66.47％，As 有效态含量分别降低了 26.64％～49.15％和 10.44％～37.24％，且材料对酸性土壤的稳定化修复效果更好。在稳定化修复机理方面，针铁矿负载蒙脱石添加提高了土壤 pH 值和电导率（EC），通过配位、共沉淀和氧化作用固定土壤中可迁移态的 Cd 和 As。模拟酸雨淋溶条件下，针铁矿负载蒙脱石的添加可以抑制强酸淋溶导致土壤中大量的 Cd 和 As 浸出，且限制了土壤中 Cd 和 As 的垂直迁移，提高了土壤酸缓冲能力。针铁矿负载蒙脱石与菌群联合修复可以高效固定土壤中的 Cd 和 As，修复效果高于单一修复处理，促使重金属的弱酸提取态转变为可还原态、可氧化态以及残渣态。联合修复有利于微生物群落向修复重金属污染方向进一步演替,可以作为矿区重金属复合污染土壤可行的修复技术,降低土壤重金属向地下水迁移风险。

以微生物-黏土矿物结合的方式构建的微藻-蒙脱石体系,在金铜尾矿土壤 [As、Cd、Cu 和 Zn 含量分别为 78.06mg/kg、2.02mg/kg、489.21mg/kg 和 593.64mg/kg,均超过 GB 15618—2018《土壤环境质量 农用地土壤污染风险管控标准（试行）》中的土壤风险筛选值] 重金属修复方面表现出了优异性能[6]。经微藻-蒙脱石体系稳定化修复 3 个月后,Cu 和 Pb 转化为碳酸盐结合态和残渣态,从而实现 Cu 和 Pb 在土壤中的固定。采用混酸提取方法对修复后土壤中重金属进行浸提,空白组、微藻组及微藻-蒙脱石组尾矿土壤浸出液中未检测到 Cd,微藻-蒙脱石组浸提液 Cu 和 Zn 含量显著低于空白组,在微藻-蒙脱石组浸提液中未检测到 As,该体系对污染尾矿场地的 Pb、As、Cd、Cu、Zn 均有较好稳定作用。经微藻-蒙脱石修复后,该尾矿土壤重金属浸出风险得到有效管控,所种植的波斯菊生长状况优于微藻单独修复的尾矿土壤（图 4-2）。

图 4-2　修复后尾矿土壤上波斯菊生长情况[6]

4.1.2 工业区重金属污染土壤修复

工业场地重金属污染很大一部分为历史遗留问题，冶炼加工、化工、电镀、燃煤、钢铁、电池以及塑料等行业的废水、废渣、废气排放的粗放管理导致工业场地土壤受到重金属污染。《全国土壤污染状况调查公报》(2014) 显示，重污染企业及周边用地、工业废弃地、工业园区等典型地块，污染超标点位占比分别为 36.3%、34.9% 和 33.4%，主要为重金属污染。

研究人员通过超声共沉淀法制备了水合氧化铁改性蒙脱石（HFO-Mt），用于 As、Pb、锑（Sb）复合污染工业区土壤的稳定化修复。结果表明，改性后蒙脱石表面出现较小絮状颗粒，铁元素占比由 0.7% 增至 18%，呈现无定形物质的特征，微孔的比例显著增加，出现两个新的 Fe—OH 吸收峰[7]。研究人员采用水平振荡法、合成沉降浸出法（SPLP）、毒性浸出试验（TCLP）等 3 种方法测定了稳定化修复后土壤中 As、Pb、Sb 的毒性浸出，采用简单生物有效性提取法（SBET）评估了三种重金属的生物有效性。待修复土壤为哈尔滨某机械制造厂复合污染土壤（As、Pb、Sb 总量分别为 56.8mg/kg、852.17mg/kg 和 67.2mg/kg），经 10% 添加量的水合氧化铁改性蒙脱石稳定化修复后，As、Pb、Sb 的 TCLP 浸出质量浓度分别下降 100%、92.29% 和 87.59%，生物有效性最高下降 100%、59.94% 和 49.95%，效果显著优于原始蒙脱石。

水合氧化铁改性蒙脱石添加 7d 后，水平振荡法得到的砷浸出质量浓度降至 0.010mg/L 以下，稳定化率达到 80% 以上；在 28d 时，浸出质量浓度下降至 0mg/L，稳定化 56d 后，未检测到砷的浸出。对于 Sb，背景土壤中 Sb 的浸出质量浓度为 0.77mg/L，水合氧化铁改性蒙脱石添加 3d 后，Sb 浸出质量浓度降至 0.227mg/L，处理率达到 70.37%，且随着时间的增加，稳定化效率处于 67.45%～71.94%

之间。对于 Pb，背景土壤的 TCLP 浸出质量浓度在 1.578～1.621mg/L 范围内，水合氧化铁改性蒙脱石添加 3d 后，浸出质量浓度降至 0.108mg/L，修复反应迅速，稳定化效率达 92%；56d 后浸出质量浓度为 0.108mg/L，材料稳定化效率 92.29%。

如图 4-3 所示，As 在复合污染土壤中主要以有机结合态和残渣态为主，分别占总量的 33.98% 和 45.16%，经水合氧化铁改性蒙脱石修复后，可交换态、碳酸盐结合态、铁锰氧化物结合态砷降低至 1% 以下，而残渣态增加至砷总量的 79.14%。Pb 在复合污染土壤中主要以碳酸盐结合态、铁锰氧化物结合态为主，分别占总量的 39.8% 和 37.53%，水合氧化铁改性蒙脱石的添加使得 Pb 的可交换态、碳酸盐结合态比例降低至 5%，铁锰氧化物结合态含量上升至

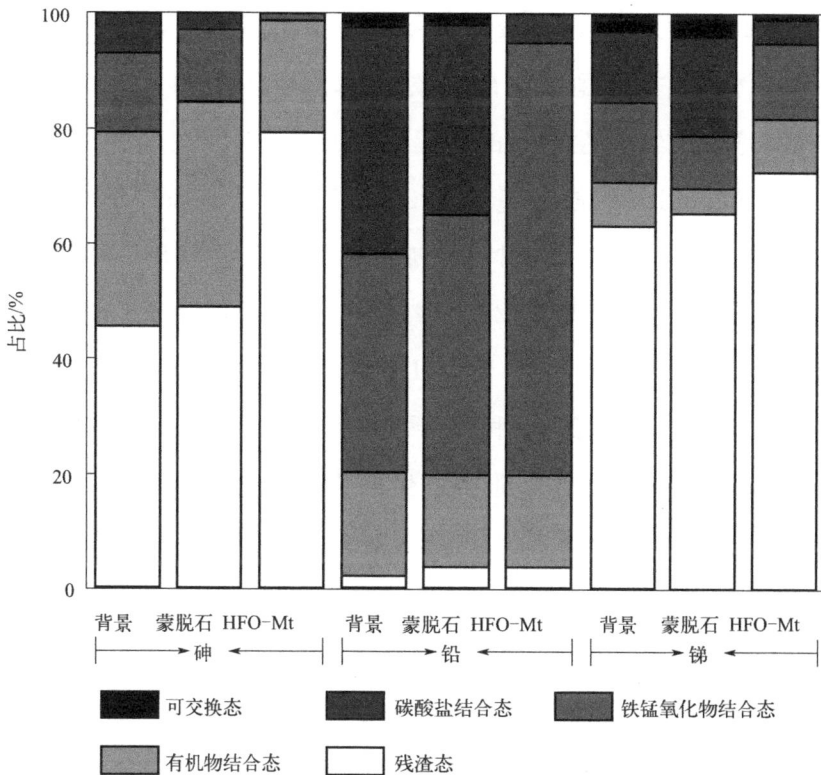

图 4-3　水合氧化铁改性蒙脱石修复前后土壤中重金属形态的变化[7]

74.7%。Sb 在土壤中主要以残渣态形式存在，占总量的 62.98%，经稳定化修复后，可交换态、碳酸盐结合态、铁锰氧化物结合态等活跃态含量明显下降，残渣态占比升至 72.48%。经 150 次冻融循环后，水合氧化铁改性蒙脱石修复土壤中 As、Pb、Sb 的 TCLP 浸出毒性稳定化效率仍然保持在 100%、93.15% 和 89.89%，重金属形态变化较小，该材料稳定化修复的土壤具有抗冻融特性。

4.1.3 模拟重金属污染土壤修复

对重金属染毒老化后的土壤进行稳定化修复实验是评价功能材料稳定化修复性的常用方法。中南大学的研究人员采用原位沉淀法制备了两种蒙脱石基环境功能材料：蒙脱石/层状双氢氧化物复合材料（Mt@LDH）和蒙脱石/磷酸锆复合材料（Mt@ZrP），研究了其对染毒模拟镉污染土壤的稳定化修复效果[8]。在 Mt@LDH 材料添加 7d 后，迁移率和生物毒性最高的酸提取态 Cd 从对照土壤的 27.75% 下降至 21.76%（1% 的添加量）和 20.10%（3% 的添加量），降低了 Cd 在土壤中的流动性；在材料添加 60d 后，迁移率和生物毒性最低的残渣态 Cd 含量由对照的 22.03% 增加至 25.74%～28.89%，有效固定了土壤中可迁移态 Cd。Mt@LDH 添加后，土壤的 pH 值升高，负电荷增多，对重金属的亲和力增强，且 Mt@LDH 表面丰富的羟基会对 Cd 进行吸附、配位，随后发生同构取代，逐渐矿化，使 Cd 向残渣态转变。相比之下，Mt@ZrP 的稳定化修复效果更强，在第 60d，残渣态 Cd 含量从 22.03%［对照（CK）］增加至 28.47%～37.54%（添加量为 1%～3%），酸提取态 Cd 含量显著下降，负载的磷氧基团参与了 Cd 的配位，材料溶出的 Cd 磷酸盐形成了更稳定的 $Cd_3(PO_4)_2$ 和 $CdHPO_4$，共同促使生物毒性更高的酸提取态向生物毒性更低的残渣态转化，降低 Cd 的生物有效性，减少其被作物吸收利用。

　　蒙脱石基环境功能材料对重金属的稳定化修复效果很大程度上取决于材料的制备方法和所负载的官能团。采用硫化亚铁颗粒制备的蒙脱石基复合材料 CMC@MMT-FeS 对 Cr^{6+} 模拟污染土壤具有较好的稳定化修复效果，随着 CMC@MMT-FeS 添加量由 1％ 增加至 10％，土壤中可交换态 Cr 的比例由 44.6％ 降低至 3.7％～25.4％，可还原态 Cr 所占比例基本不变；土壤中可氧化态 Cr 的比例由 28.7％ 增加至 43.2％～64.2％，残渣态 Cr 比例增加了 5％～7.5％，促使可交换态 Cr 向可氧化态和残渣态转变[9]。材料对土壤的修复效果在 pH 值较低情况下更好，对 Cr^{6+} 的还原产物主要为稳定态的 Fe^{3+}-Cr^{3+} 复合物。在复合材料添加比例为 10％ 时，土壤 TCLP 浸提液中 Cr^{6+} 与对照的质量浓度 19.2mg/L 相比降低 99.2％。蚕豆根尖毒性实验和蚯蚓生物毒性评价显示，CMC@MMT-FeS 修复后土壤中的重金属毒性显著降低。另一项研究以十六烷基三甲基溴化铵为改性剂制备了层间取代 HDTMA 改性蒙脱土，随着 HDTMA 投加量的增加，层间距从 1.25nm 增加到 2.13nm，比表面积从 38.91m²/g 降低到 0.42m²/g，阳离子交换量显著降低。不同取代量（0.5～2.0CEC）的 HDTMA 改性蒙脱土对 200mg/kg、400mg/kg、600mg/kg、800mg/kg 和 1000mg/kg 的模拟 Cr^{6+} 污染土壤的稳定化效果为 7.9％～99.7％，远高于未改性蒙脱土的 3.5％，TCLP 浸出毒性在 20d 的养护时间内逐渐降低。

　　采用有机改性蒙脱石负载巯基材料作为稳定剂对模拟 Pb 污染土壤的稳定化修复研究表明[10]，有机阳离子十八烷基三甲基溴化铵插入蒙脱石层间导致层间距增大至 1.80nm，巯基负载于有机改性蒙脱石表面。利用所得材料 Mont-OR-SH 对 Hg 含量为 1500mg/kg 的模拟污染土壤进行稳定化修复 30d，材料添加量为 9％ 时，硫酸-硝酸浸提态汞浸出质量浓度为 0.066mg/L，稳定率达 98.3%，达到 GB 5085.3—2007 规定的 Hg 限值 0.10mg/L 要求。Tessier 五步提取法结果显示，Mont-OR-SH 的添加使可交换态、碳酸盐结合态和铁锰氧化物结合态 Hg 含量由 146mg/kg、56.6mg/kg 和 22.7mg/kg 降低至 0.98mg/kg、0.8mg/kg 和 0.86mg/kg，有机结合态和残渣态 Hg 含量分别由 7.42mg/kg 和 1.33mg/kg 增加至 65.3mg/kg 和 4.33mg/kg，促使 Hg 由有效态转化为更加稳定的有机结合态，降低了元素 Hg 在土壤中的活性和可移动性。此外，外源有机质（小麦秸秆）的添加对 Mont-OR-SH 稳定化修复 Hg 污染土壤具有促进作用，在 6% 添加量下促进作用最明显，推测外源有机质的添加促进 Hg 的稳定可能与有效态 Hg 转变为有机结合态 Hg 有关。

固化/稳定（S/S）是固定污染土壤中有毒金属的有效方法[11]。然而，在这一过程中通常使用普通硅酸盐水泥，但存在制造过程产生高碳足迹和有毒元素浸出的长期风险。采用腐殖酸（HA）改性蒙脱土（HA-Mont）为黏土绿色稳定化修复基材料，对 Cd、Hg 污染土壤进行了处理，与未处理的土壤相比，5% 的 HA-Mont 能有效降低 Cd 和 Hg 的浓度，且低于美国环境保护署（USEPA）的 TCLP 的规定限值[12]。与经蒙脱土处理的土壤相比，HA 改性蒙脱土可使土壤中 Cd 和 Hg 的渗滤液浓度分别降低 69.5% 和 65.9%。采用定量加速老化方法研究了 HA-Mont 的长期固定化性能，随着时效时间的延长，时效效应的时效率增大，改性蒙脱石的可靠性较好地符合威布尔模型。经过 120a 的老化，这两种金属的可靠性仍然可以保持在 0.95 以上。Cd 的 TCLP 渗滤液的质量浓度在模拟老化 120a 后仍低于监管限值 1000μg/L，而 Pb 浸出液的质量浓度在模拟老化 96a 后达到监管限值 200μg/L（图 4-4）。

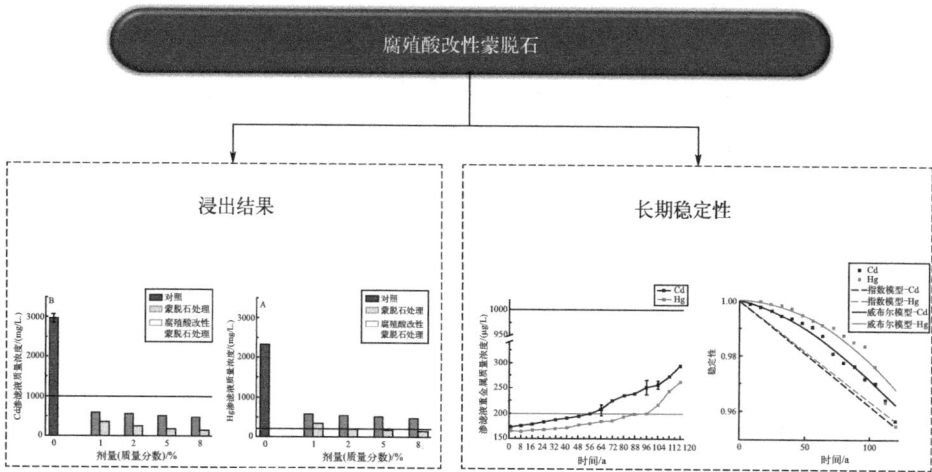

图 4-4　腐殖酸改性蒙脱石对 Cd、Pb 污染土壤浸出毒性的影响及其长期稳定性[12]

4.2　农田土壤重金属的钝化修复

我国农田土壤重金属污染形势严峻，《全国土壤污染状况调查公报》(2014) 显示 19.4% 的耕地点位重金属超标。农田土壤重金属污染导致土壤质量下降，影响种植的农作物的产量及品质安全，重金属最终通过食物链富集对人类健康产生威胁。我国农田土壤重金属污染面广、数量大、成因复杂，粮食供给和粮食安全压力巨大，如何实现重金属污染耕地的农业安全利用，关乎"让老百姓吃得放心"的民生问题和美丽中国建设的现实需要，引起了社会的广泛关注[13]。当前，添加重金属钝化剂（生物质炭、石灰、黏土矿物等）、种植重金属低积累品种、农艺调控措施（轮间套作、水肥管理等）、生物修复和叶面阻控等是当前有效降低土壤中重金属、遏制重金属向农作物迁移和保障农产品安全的主要技术手段。其中，原位钝化修复成本较低、操作简单、见效快且适合大面积推广，在重金属污染农田土壤修复中有着不可替代的作用。一项文献计量学研究表明[14]，钝化修复技术的发文量占小麦、玉米农田土壤重金属污染修复发文量的 48.4％（图 4-5）。黏土矿物材料如蒙脱石，具有廉价、易操作、与土壤相容性好等特点，且能增强土壤的自净能力，而被广泛用于重金属污染农田的原位钝化修复。

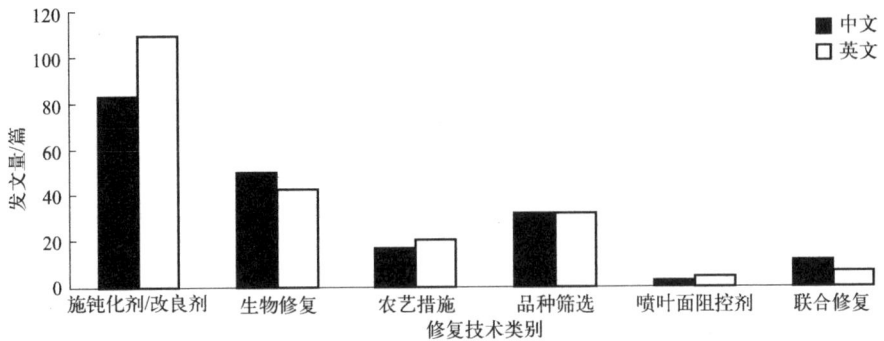

图 4-5　2000—2018 年小麦、玉米农田土壤重金属污染修复技术发文量统计[14]

4.2.1　稻田土壤重金属污染修复

水稻是一种重金属富集植物，摄食被重金属污染的稻米是重金属经口摄入的重要途径。研究表明，水稻籽粒中的重金属主要源自污染的稻田土壤。研究人员制备了一种新型高效铁酸镁改性蒙脱土（$MgFe_2O_4$-MMT）复合材料[15]，并用于重金属污染稻田土壤的修复，在 3％ 的添加量下对土壤重金属具有有效的钝化作用，其中 TCLP 浸出 Cu 浓度由对照的 44.58mg/kg 降至 25.44mg/kg，钝化效率为 42.93％，对 Pb、Cd 和 Zn 的钝化效率分别为 50.33％、58.41％ 和 24.71％。BCR 连续提取结果显示，$MgFe_2O_4$-MMT 的处理促使 Cu、Pb、Zn 和 Cd 的酸提取态比例分别比对照降低了 7.89％、17.02％、26.02％ 和 22.71％，氧化态和残渣态重金属含量显著增加，有效降低了土壤重金属的生物有效性。$MgFe_2O_4$-MMT一方面通过增加土壤 pH 值（1.09 个单位）降低了重金属离子的溶解度；另一方面通过离子交换和静电吸引有效吸附重金属离子，进而限制了土壤中重金属离子的迁移，从而实现对土壤多种重金属污染的钝化修复。

在轻度 Cd 污染稻田土壤钝化修复方面，研究人员制备了 3 种改性蒙脱石复合材料，分别为巯基-蒙脱石（QJ）、蒙脱石复合调理剂材料（MT，粉煤灰、硅藻土、蒙脱石按一定比例混合后煅烧）和巯基复合材料（QH，巯基-蒙脱石、膨润土、硅灰石按 1∶1∶1 混合）。将 3 种材料以 0.5%（土壤质量分数）的量施入土壤后，与对照相比，根际土壤 DTPA 浸提态 Cd 浓度分别降低 55.3%、12.0% 和 35.2%，非根际土壤 DTPA 浸提态 Cd 浓度分别降低 54.9%、9.76% 和 35.4%，稻米中 Cd 浓度分别降低 43.6%、25.9% 和 36.0%，其中巯基-蒙脱石（QJ）的钝化修复效果最好[16]。此外，蒙脱石基修复材料在一定程度上提高了土壤酶活性，改善了根际土壤环境。具体来看，巯基复合材料（QH）提高了土壤中脲酶活性，巯基-蒙脱石（QJ）提高了非根际土壤中蔗糖酶活性，而蒙脱复合调理剂材料 MT提高了土壤中过氧化氢酶、脲酶活性。与此同时，钝化修复处理显著提高了水稻根际土壤磷酸酶活性。上述研究表明，蒙脱石基功能材料在修复 Cd 污染稻田土壤方面具有较好的潜力。在修复机理方面[17]，蒙脱石基功能材料增加了土壤的胶体总量，通过静电吸附、离子交换吸附、羟基配位吸附和巯基配位吸附等方式吸附土壤溶液中的 Cd 离子（图 4-6），将土壤中的 Cd 由活性较强的活性态转化为较稳定的专性结合态，使植物可利用态的 Cd 浓度降低，最终阻控了水稻植株对Cd 的吸收积累（图 4-7）[18]。

在汞污染稻田土壤修复方面，贵州大学的研究人员采用 3-巯丙

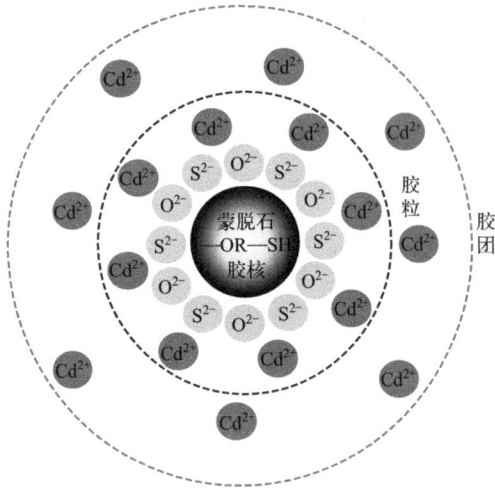

图 4-6　蒙脱石基功能材料与土壤中 Cd 离子的作用机制[17]

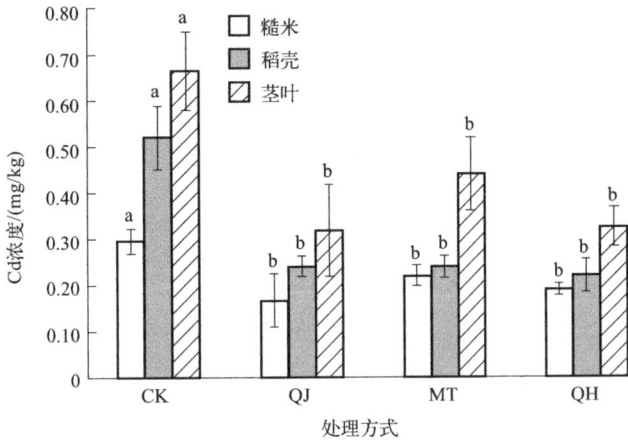

图 4-7　蒙脱石基功能材料对水稻 Cd 吸收积累的影响[18]

不同字母表示各处理方式间存在显著差异

基三甲氧基硅烷和壳聚糖对蒙脱土进行改性，制备了巯基蒙脱土和壳聚糖蒙脱土，以 2% 的比例添加到土壤中钝化修复 4 周，与对照相比，蒙脱石基材料有效抑制了土壤中无机 Hg 的甲基化：在淹水条件下，土壤中甲基汞含量分别降低了 82.10% 和 45.20%（图 4-8）；在干旱条件下，土壤中甲基汞含量分别降低了 44.66％和 54.37％；在干湿交替条件下，土壤中甲基汞含量分别降低了 66.70％和 49.79％[19]。从图 4-8 中可以看出巯基蒙脱土的修复效果优于壳聚糖蒙脱土，且与石灰联合处理修复效果并没有明显提升，表明巯基和壳聚糖改性是钝化修复材料作用的关键机制。接枝在蒙脱土表面的巯基是一种典型软碱，可与 Hg 离子发生配位反应进而实现专性吸附，降低了土壤中无机 Hg 的生物有效性，从而显著抑制了土壤中无机 Hg 的甲基化。相比于原始蒙脱土，修复效果得到大幅度提升[20]。壳聚糖是一种碱性多糖，富含氨基和羟基基团，对 Hg 离子有很强的亲

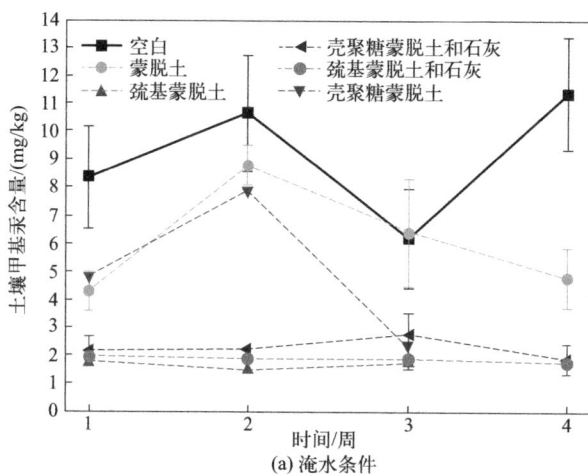

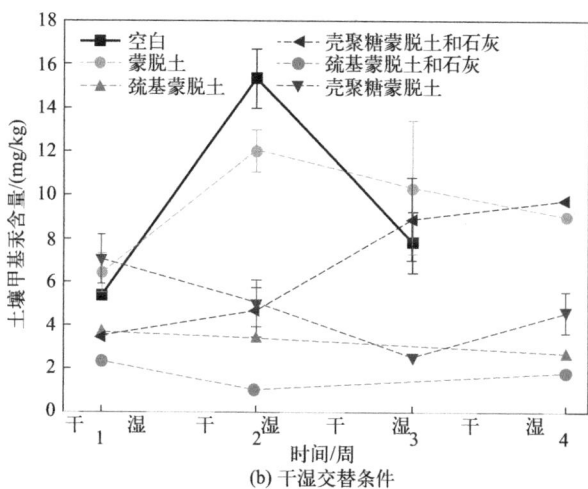

(a) 淹水条件

(b) 干湿交替条件

图 4-8

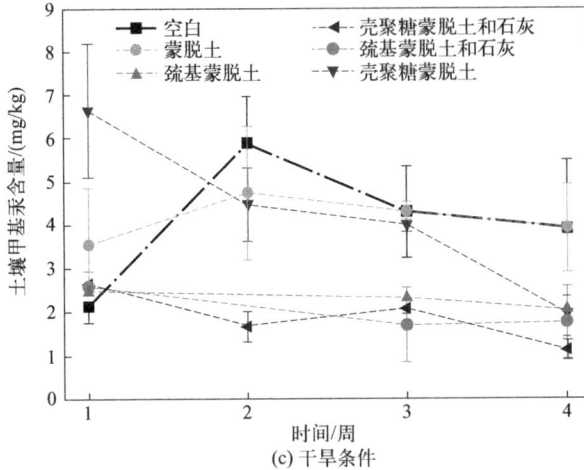

图 4-8　不同条件下钝化修复材料对土壤中甲基汞含量的影响[19]

和吸附能力，与 Hg 离子形成稳定的螯合物，这是壳聚糖蒙脱土阻控无机汞甲基化的主要作用机理。使用壳聚糖改性蒙脱石、巯基改性蒙脱石和巯基改性麦饭石对 Hg 污染水稻土（Hg 含量为 5.2mg/g）进行了盆栽修复实验[21]，三种材料在 2% 的添加量下显著降低了氧化物结合态 Hg 含量，其中巯基改性蒙脱石和麦饭石处理的土壤中氧化物结合态 Hg 含量降幅分别为 74% 和 62%，且与土壤中甲基汞含量呈显著正相关。与对照相比，巯基改性蒙脱石和麦饭石的施加显著降低了土壤孔隙水中的总汞（THg）和甲基汞浓度，平均降幅分别为 55% 和 47%，两种巯基改性黏土矿物使稻米中的 THg 含量分别从 38.06ng/g 降低至 8.36ng/g 和 12.56ng/g，符合国家食品中 Hg 污染限量标准 20ng/g。其中巯基改性麦饭石处理的土壤中氧化物结合态 Hg 的降幅最大，THg 和甲基汞的降幅分别为 78% 和 81%，而巯基蒙脱石对 THg 和甲基汞的降幅分别为 67% 和 78%。此外两种巯基改性黏土矿物修复材料的施加还在一定程度上提高了水稻籽粒的生物量，增幅为 1.23% 和 10.16%。相比于壳聚糖改性蒙脱石，巯基改性黏土矿物的修复效果更优，通过降低土壤中氧化物结合态 Hg 含量以及增加 Hg 和甲基汞在水稻土壤中的滞留，从而抑制了 Hg 和甲基汞在稻谷中的生物积累。因此巯基改性蒙脱石有望成为一种高效、安全的汞污染稻田土壤修复材料。

4.2.2　菜地土壤重金属污染修复

在重金属污染菜地土壤修复方面，采用原始蒙脱石（0.8％的添加量）对复合污染（Cd 含量为 1.12mg/kg，Pb 含量为 223.53mg/kg，Cu 含量为 371.09mg/kg，Zn 含量为 667.70mg/kg）土壤进行钝化处理，对不同金属有效性（氯化钙浸提态）的钝化效率在 4.34％～29.61％之间，表现为 Cu、Pb＞Cd、Zn 的趋势，此外材料的添加显著提高了土壤中过氧化氢酶、脲酶活性，在一定程度上改善了土壤质量[22]。蒙脱石对油麦菜各部位重金属的去除率为 6.21％～62.10％，有效阻止了土壤重金属向蔬菜可食部位的迁移。相比于原始蒙脱石，巯基改性蒙脱石复合材料（巯基-蒙脱石与钠化膨润土 1∶1 混合）的修复性能更为显著，通过盆栽和大田实验研究了其对不同 Cd 污染程度（轻度含量 0.62mg/kg，中度含量 1.43mg/kg 和重度含量 3.25mg/kg）菜地土壤的修复性能。在材料 0.1％～2％的添加量下，轻度、中度和重度污染土壤第一季盆栽小白菜的 Cd 含量分别降低为 0％～79.4％、3.5％～85.2％、5.3％～80.6％，其中轻度污染土壤种植的小白菜 Cd 含量全部降低至《食品安全国家标准　食品中污染物限量》(GB 2762—2017）的限值 0.2mg/kg 以下，而在中度和重度污染土壤上种植的小白菜分别在材料添加量为 0.5％和 1％时低于限值。对于重度 Cd 污染土壤，巯基蒙脱石（Q）分别在 0.1％、0.5％、1％、2％的施加量下，第一季小白菜的 Cd 含量分别降低 27.2％、62.8％、73.0％和 88.4％，达到 1％施加量后，小白菜的 Cd 含量低于国标限量值 0.2mg/kg（图 4-9）。在巯基蒙脱石钝化处理的重度污染土壤上种植第二季小白菜，可食部位 Cd 含量仍比对照显著降低30.5％～63.9％（0.5％～2％的添加量）。该材料的添加主要降低了土壤水溶态 Cd 和离子交换态 Cd 的含量，1％～2％添加量下的降幅分别为 12.4％～18.2％ 和 23.8％～28.6％，有效降低了土壤中活性态 Cd 含量，增加了弱有机结合态、强有机结合态和铁锰氧化结合态 Cd 的含量，有效固定了土壤中的 Cd 从而阻止了 Cd 进入小白菜。在轻度污染的田间条件下，施加 0.2％ 和 0.5％ 的巯基改性蒙脱石复合材料和巯基蒙脱石均能显著抑制小白菜对 Cd 的吸收和累积，小白菜 Cd 含量均低于国标限量值，降幅分别为 20.9％～31.1％ 和 35.1％～39.4％，且小白菜对 Cd 的累积系数均显著低于空白对照。

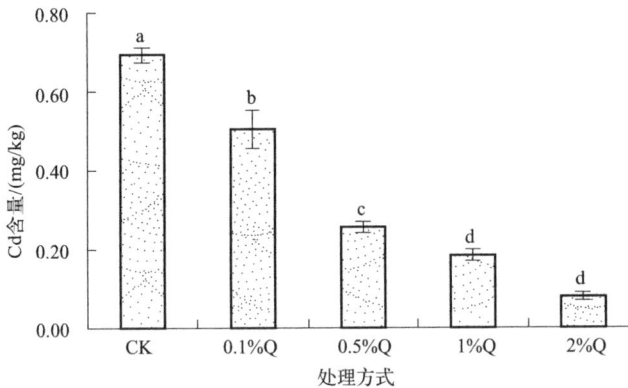

图 4-9　巯基蒙脱石钝化修复对小白菜 Cd 含量的影响[16]

不同字母表示各处理方式间存在显著差异

　　研究人员制备的两种有机改性蒙脱石（MT1 和 MT2）对 Cd 污染菜地具有较好的钝化修复效果[23]，在材料施加量分别为 $1.5kg/m^2$、$3.0kg/m^2$ 和 $4.5kg/m^2$ 的处理条件下，大田种植青菜中的 Cd 含量由 0.15mg/kg 降低至 0.10～0.14mg/kg。其主要机理为有机改性蒙脱石材料通过吸附作用降低土壤可溶态 Cd 的含量，提高了可氧化态 Cd

的含量，降低了 Cd 的生物可利用性，达到阻控 Cd 向青菜迁移、修复重金属污染菜地土壤的目的。在评价蒙脱石基材料钝化修复的时效性和安全性方面，连续四季盆栽修复试验结果表明[24]，1％添加量的蒙脱石—OR—SH 材料对含量为 0.55mg/kg 的 Cd 污染菜地土壤和 Cd 含量为 3mg/kg 的模拟重度污染菜地土壤具有连续修复效果。与 CK 相比，蒙脱石—OR—SH 对原土和模拟污染土上种植的小白菜中 Cd 含量的降低幅度依次为：57.14％、60.62％（第一季），40.34％、47.06％（第 二 季），32.17％、31.71％（第 三 季），20.00％、19.03％（第四季）。虽然修复效果随着种植季数的增加有降低趋势，但仍保持了较高的钝化修复效果，这表明蒙脱石—OR—SH 修复具有较好的长效性。细胞活性实验和小鼠急性毒性试验结果表明，饱和吸附 Cd 后的蒙脱石—OR—SH、蒙脱石—OR—SH 的材料浸出液对 K562 细胞、人脐带间充质干细胞和人肝细胞的活性无显著影响，对小鼠的毒性为 1 级，无毒性作用，表明该材料在对 Cd 污染土壤高效钝化修复的同时基本无环境风险。

4.2.3　盐渍化土壤重金属污染修复

采用腐殖酸钾对钠基蒙脱石进行有机改性得到腐殖酸钠基蒙脱石，对重金属污染盐渍化土壤进行盆栽修复实验[25]。该材料在 0.5％～2％的添加量下，轻度盐渍化土壤中残渣态 Cr 和残渣态 Pb 的含量分别增加 31.43％～38.29％和 10.43％～17.91％，中度盐渍化土壤残渣态 Cr 和残渣态 Pb 的含量分别增加 16.72％～28.77％和 32.05％～37.23％，重度盐渍化土壤残渣态 Cr 和残渣态 Pb 的含量分别增加 14.68％～16.78％和 21.87％～26.91％，土壤中有效态 Cr 和有效态 Pb 的含量随着腐殖酸钠基蒙脱石添加量的增加而显著降低，2％添加量的降幅最大、固定效果最好；土壤中 Cr 和 Pb 由酸可提取态、可还原态转变为残渣态，有效限制了土壤中 Cr 和 Pb 的迁移，修复处理下盆栽种植的玉米在株高和生物量上显著高于空白对照。土壤淋溶实验表明，添加 0.5％、1％和 2％的腐殖酸钠基蒙脱石显著降低了轻度、中度和重度盐渍化土壤中 Cr 的浸出，与空白相比，降低幅度分别为轻度 75.12％～91.2％，中度 16.99％～62.3％，重度 81.43％～83.38％；2％的腐殖酸钠基蒙脱石处理盐渍土壤后，淋溶液 pH 值升高，这可能是减少 Cr 浸出的另一个重要原因。

参考文献

[1] 环境保护部. 全国土壤污染调查公报. 2014. https：//www. gov. cn/foot/site1/20140417/782bcb88840814ba158d01. pdf.

[2] 国务院. 土壤污染防治行动计划. 2016. https：//www. mee. gov. cn/ywgz/zcghtjdd/sthjghjh/201811/t20181129_676582 shtml.

[3] Yan K，Wang H，Lan Z，et al. Heavy metal pollution in the soil of contaminated sites in China：Research status and pollution assessment over the past two decades [J]. Journal of Cleaner Production，2022，373：133780.

[4] 黄占斌，赵鹏，王颖南，等. 土壤重金属固化稳定化材料研发及其应用基础研究进展 [J]. 农业资源与环境学报，2022，39（3）：435-445.

[5] 赵陈晨. 针铁矿改性蒙脱石联合微生物菌群修复矿区土壤镉砷污染研究 [D]. 北京：中国地质大学（北京），2023.

[6] 谭佳琦. 微藻-蒙脱石互作强化修复土壤重金属的研究 [D]. 武汉：武汉理工大学，2022.

[7] 李根. 水合氧化铁改性蒙脱石修复砷铅锑污染土壤效果及应用 [D]. 哈尔滨：哈尔滨工业大学，2022.

[8] 张豪杰. 蒙脱石基复合材料钝化镉污染土壤的研究 [D]. 长沙：中南大学，2023.

[9] 李小飞. 天然矿物材料改性及其修复铬污染土壤效果研究 [D]. 北京：北京化工大学，2019.

[10] 王亚玲，李述贤，杨合. 有机改性蒙脱石负载巯基修复汞污染土壤 [J]. 环境工程学报，2018，12（12）：3433-3439.

[11] 陈玥如，高文艳，陈虹任，等. 场地重金属污染土壤固化及 MICP 技术研究进展 [J]. 环境科学，2024，45（5）：2939-2951.

[12] Wang L，Li X，Tsang D C W，et al. Green remediation of Cd and Hg contaminated soil using

humic acid modified montmorillonite: Immobilization performance under accelerated ageing conditions [J]. Journal of Hazardous Materials, 2020, 387: 122005.

[13] 骆永明, 滕应. 中国土壤污染与修复科技研究进展和展望 [J]. 土壤学报, 2020, 57 (5): 1137-1142.

[14] 王娟, 苏德纯. 基于文献计量的小麦玉米重金属污染农田修复治理技术及效果分析 [J]. 农业环境科学学报, 2021, 40 (3): 493-500.

[15] Zhang H, Jiang L, Wang H, et al. Evaluating the remediation potential of MgFe$_2$O$_4$-montmorillonite and its co-application with biochar on heavy metal-contaminated soils [J]. Chemosphere, 2022, 299: 134217.

[16] 朱凰榕, 赵秋香, 倪卫东, 等. 巯基-蒙脱石复合材料对不同程度 Cd 污染农田土壤修复研究 [J]. 生态环境学报, 2018, 27 (1): 174-181.

[17] 曾燕君, 周志军, 赵秋香. 蒙脱石-OR-SH 复合体材料对土壤镉的钝化及机制 [J]. 环境科学, 2015, 36 (6): 2314-2319.

[18] 陈泽雄, 朱凰榕, 周志军, 等. 改性蒙脱石修复镉污染对水稻根际土壤酶活性的影响 [J]. 农业资源与环境学报, 2019, 36 (4): 528-533.

[19] 韩怡新, 何天容, 王祖波. 改性蒙脱土对稻田土壤甲基汞的阻控修复 [J]. 环境科学, 2019, 40 (11): 5107-5113.

[20] He H, Duchet J, Galy J, et al. Grafting of swelling clay materials with 3-aminopropyltriethoxysilane [J]. Journal of Colloid and Interface Science, 2005, 288 (1): 171-176.

[21] Wang Y, He T, Yin D, et al. Modified clay mineral: A method for the remediation of the mercury-polluted paddy soil [J]. Ecotoxicology and Environmental Safety, 2020, 204: 111121.

[22] 陆慧琳. 钝化剂对不同耕地利用方式重金属污染农田土壤的修复效应 [D]. 南京: 南京农业大学, 2019.

[23] 李春生, 吴小贤, 陈玲霞, 等. 施加改性蒙脱石后对土壤和青菜中重金属镉含量的影响 [J]. 现代农业科技, 2019 (2): 131-132.

[24] 赵秋香, 刘文华, 冯超, 等. 蒙脱石-OR-SH 复合材料修复镉污染土壤的环境风险及时效性评价 [J]. 环境化学, 2015, 34 (2): 333-338.

[25] 李金哲. 黄河三角洲盐渍土壤重金属污染风险与改性蒙脱石对铅、铬的修复效应 [D]. 泰安: 山东农业大学, 2024.

=== 第 **5** 章 ===

蒙脱石基环境功能材料
与水体重金属污染治理

水体污染是最大的环境问题之一。印染、电池、印刷、采矿、冶金、电镀、颜料、PVC 稳定剂、核电运营、电器制造、半导体、化妆品等行业产生的废水中往往含有重金属，在排放前必须进行重金属污染物的去除，而直接排放或无序排放将导致地表水和地下水重金属污染[1]。在过去的几十年里，从废水中去除重金属污染物一直是全球许多科学家和研究人员关注的热点。多数重金属是致癌物，由于其不可降解、持久性和蓄积性，可能通过陆生和水生食物链对人类构成严重威胁。某些重金属元素如铜（Cu）、锰（Mn）、铁（Fe）、锌（Zn）和钼（Mo），是生物体正常代谢所需的微量元素，但它们在生物体内的浓度过高会带来巨大的健康风险。水环境中主要的重金属污染物是砷（As）、镉（Cd）、铬（Cr）、铜（Cu）、铅（Pb）、汞（Hg）、镍（Ni）和锌（Zn），上述污染物暴露可导致呼吸系统疾病、癌症、皮肤病、瘫痪、牙齿脱落、眼疾、肾脏和肺部功能障碍、肌肉和关节疼痛以及许多其他并发症。

水体重金属可通过化学沉淀法、溶剂萃取法、膜过滤法、离子交换法、电化学法、混凝法等常规方法去除。然而，这些技术存在去除不完全、高能耗、效率低、操作条件敏感和处置费用高等缺点。吸附法是一种高效、低成本的去除废水中重金属离子的技术，该工艺设计和操作灵活，并且可以通过解吸再生，因此被广泛地规模化应用于重金属污染水体治理[2-3]。吸附有两种类型：物理吸附，其中界面上吸附质浓度的增加是由非特异性（即不依赖于物质性质）范德瓦耳斯力和静电力引起的，通常是可逆的，热效应较小；化学吸附是由吸附质和吸附剂之间的化学反应（如离子交换、沉淀、氢键、配位和阳离子-π相互作用）引起的，这些化学反应产生共价键或离子键，通常具有吸附选择性、不可逆性，其热量范围从几十到几百千焦每摩尔。黏土矿物作为天然吸附剂[3]，通常具有价格低廉、比表面积大、阳离子交换量大、结构层带电荷、吸附位点多等优异理化性质，提高表面积和孔隙体积可促进重金属离子的扩散强化物理吸附，而负载含 N、O、S 的官能团可通过沉淀、配位等反应强化学吸附，如负载软碱基团可提高材料对作为软酸的重金属离子的吸附能力（图 5-1），但制备成本将大幅度增加[4]。本章将主要介绍蒙脱石基环境功能材料对水体中重金属的吸附去除性能和机理。

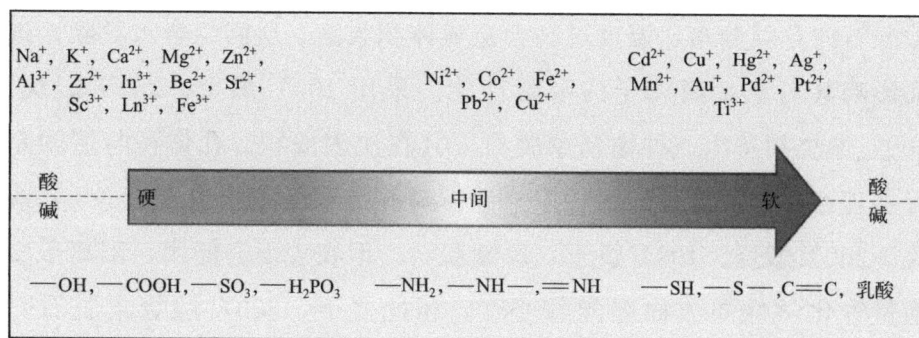

图 5-1　HSAB 软硬酸碱理论[4]

5.1 重金属吸附性能

根据功能材料的构建方法和有无改性剂，蒙脱石基功能材料可以分为活化蒙脱石（热活化、二维剥离等）、无机改性蒙脱石（酸碱处理、钠化、无机插层/负载、柱撑等）、有机改性蒙脱石（有机插层、表面修饰、硅烷接枝等）和复合改性蒙脱石等类型。重金属离子在水溶液中的存在形式决定了吸附材料的选择与去除性能，Cd、Pb、Hg、Zn、Cu 和 Ni 等以二价阳离子形式存在，Cr 主要以三价和六价形式存在，而 As 以阴离子形式（AsO_2^-、AsO_4^-、$H_2AsO_4^-$）存在。因此，在构建蒙脱石基功能材料时需选择适宜的改性方法和改性剂。如酸碱处理、柱撑等预处理方法增强了蒙脱石对重金属离子的吸附能力，但可能导致矿物结构崩塌或者分解进而影响片层边缘基团对重金属的化学吸附能力，而聚合物插层和硅烷偶联剂构建的有机-无机杂化功能材料往往具有高效选择性。

5.1.1 活化蒙脱石

高温下煅烧活化可使蒙脱石发生物理变化和化学变化，煅烧影响蒙脱石的孔隙分布，温度过高会造成体积收缩、层间结合水脱除，进而影响其对重金属离子的吸附性能。采用 100℃烘干、200℃煅烧、300℃煅烧制备出三种钠基蒙脱石，其在比表面积、孔体积与层间距等物理性质方面差异较大，煅烧温度对孔体积的影响表现为 300℃煅烧＞200℃煅烧＞100℃烘干＞原蒙脱石，但在表面官能团、阳离子交换量等化学性质方面差异较小[5]。相比之下，300℃煅烧蒙脱石对 Cd^{2+} 的吸附效果最好，饱和吸附量为 11.1mg/g；而 100℃烘干处理的蒙脱石的吸附量最小，饱和吸附量为 9.1mg/g，其吸附动力学过程符合拟二级动力学方程，属离子交换吸附，Langmuir 等温线拟合

结果显示 Cd^{2+} 为单层吸附，且吸附较为容易。

采用机械球磨法活化可提高蒙脱石对重金属离子的平衡吸附能力。研究发现[6]，原始蒙脱石黏土矿物（RC）的颗粒粒径在 $0.4 \sim 200\mu m$ 范围内具有较宽的单峰分布，平均粒径为 $27\mu m$，而研磨（1h、2h、10h、19h）后的蒙脱石黏土矿物平均颗粒尺寸减小，分布曲线形状与峰型发生变化：研磨 1h 和 2h 后分布曲线变窄，平均粒径分别为 $9.5\mu m$ 和 $8.8\mu m$；研磨 10h 后样品的粒径分布曲线呈现双峰特征，平均粒径分别为 $8.4\mu m$（约 95%）和 $115\mu m$（约 5%）；研磨 19h 后试样的粒径分布曲线呈现单峰特征，平均粒径高于研磨时间较短的样品，为 $17.1\mu m$（图 5-2）。尽管改性蒙脱石黏土矿物的微观结构发生了变化，但球磨后的蒙脱石和原始蒙脱石对重金属的吸附平衡数据均符合 Langmuir 方程，属于单层吸附。经过研磨之后，蒙脱石黏土矿物的 Langmuir 拟合最大吸附量随着研磨时间的增加而增大，其中研磨 19h 的材料对 Pb^{2+}、Cu^{2+}、Zn^{2+}、Cd^{2+} 的去除率分别比原始黏土样品高 50.5%、52.6%、49.4% 和 57.4%（图 5-3），吸附平衡在 60min 内建立，在 pH 值为 $4.5 \sim 6.5$ 时吸附量最大。

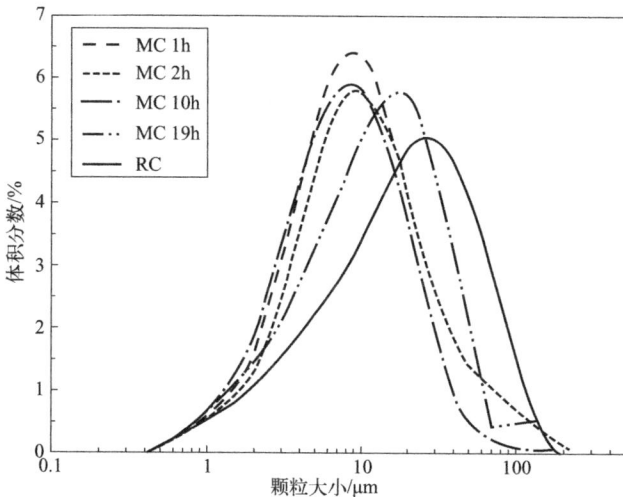

图 5-2　不同研磨时间和原始蒙脱石黏土矿物（RC）的粒径分布曲线[6]

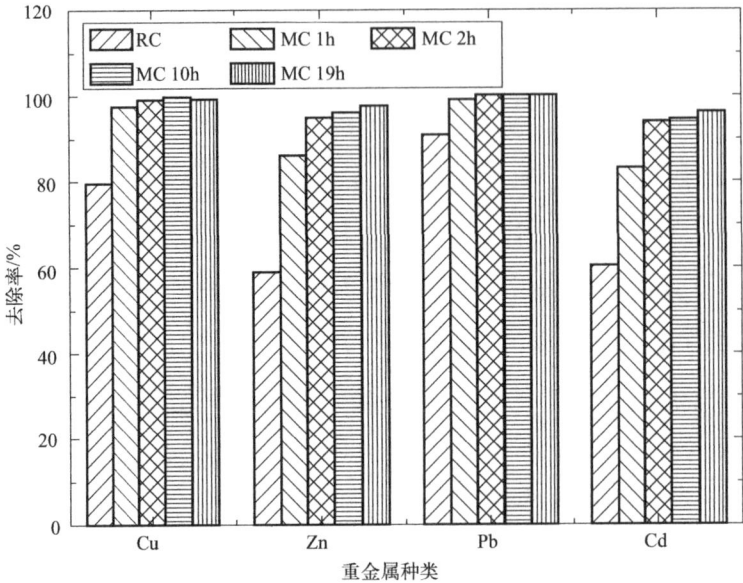

图 5-3　不同研磨时间和 RC 对重金属离子的去除率[6]

蒙脱石作为一类典型的层状黏土矿物，可通过化学法、机械法剥离出具有二维结构的、高径厚比的片层单体，层间表面暴露使比表面积显著提升。采用 2D-MMT 和壳聚糖（CTS）制备了一种新型高比表面积、多孔结构和易于分离的水凝胶（CTS/2DMMT）[7]，在不需调整 pH 值的条件下即可对 Pb^{2+} 进行高效吸附，且结构较松散的水凝胶吸附效果较好，吸附过程符合拟一级动力学模型和 Freundlich 等温线模型，拟合最大吸附量为 74.64mg/g。X 射线光电子能谱（XPS）和 EDS 分析表明，吸附机理主要为离子交换。调控 CTS/2DMMT 的质量比可以调节水凝胶结构的孔隙度，质量比由 1∶3 增大至 1∶10 后，该复合材料的 Zeta 电位值增加，对 Pb^{2+} 的拟合最大吸附量由 62.26mg/g 增加至 76.74mg/g。

5.1.2　无机改性蒙脱石

通过层间阳离子取代得到钠化蒙脱石，层间通道被撑开，比表面积及孔径增大，为重金属离子进入层间创造了条件。研究表明[8]，钠化蒙脱石对 Cu^{2+} 的吸附过程符合 Langmuir 模型，呈单分子层吸附；而吸附量随着温度的升高而下降，表明该吸附过程属于放热反应；升高温度，吸附平衡逆向移动，出现解吸现象，导致在高温下吸附量下降。在 293K、303K 及 313K 条件下的最大吸附量分别为 13.82mg/g、8.01mg/g、5.74mg/g，吸附过程符合拟二级动力学方程，表明以化学吸附过程为主。pH 值的升高不利于钠化蒙脱石对 Cu^{2+} 的吸附。另一项研究采用插层原位还原法制备了纳米级零价铁-铜插层蒙脱石（MMT-nFe^0/Cu^0）[9]，对于水溶液中的 Cr^{6+} 具有较高的去除率，该材料具有较为明显的 pH 值缓冲作用，且材料稳定性较好，在反应体系中没有铁离子和极低浓度的铜离子被释放。该材料对 Cr^{6+} 的吸附过程符合拟二级动力学模型（$R^2 = 0.99$），随着温度和材料添加量的增加，此改性材料对 Cr^{6+} 的去除率逐渐增大。nFe^0/Cu^0 原电池的作用促进了 Cr^{6+} 从水中向 Fe 表面的电子转移，从而加速了 nFe^0 对 Cr^{6+} 的还原去除（图 5-4）。

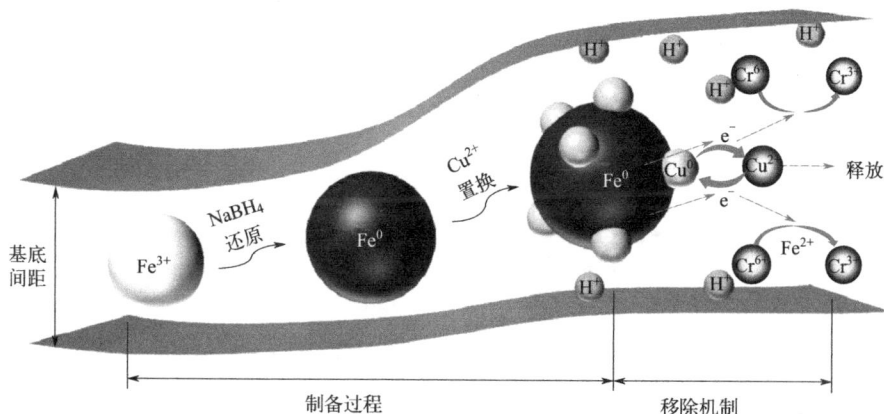

图 5-4　纳米级零价铁-铜插层蒙脱石还原去除 Cr^{6+} 机理示意图[9]

无机柱撑是制备蒙脱石基功能材料的一个重要方法。采用溶胶-凝胶法制备 N-F-Al 共掺 TiO_2 的插层蒙脱石[10]，掺杂 TiO_2 作为柱化剂，在插层过程中形成聚合羟基钛离子，使蒙脱石层间距增大，比表面积、孔体积大幅度增加，孔径变小。该插层蒙脱石对 Ni 的吸附平衡时间较其他吸附剂更短（仅 30min），对浓度为 10mg/L 的 Ni^{2+} 去除率高达 97.2%，对浓度为 30mg/L 的 Ni 溶液，去除率仍能保持在 80% 以上。掺杂 TiO_2 插层蒙脱石对 Ni 的吸附符合拟二级动力学模型（$R^2 = 0.9997$），为化学吸附，吸附平衡快、不易脱附。相比于一元掺杂和二元掺杂，三元 N-F-Al 共掺 TiO_2 插层所得材料的吸附量更大，循环吸附性能更强，连续使用 12 次后去除率仍达 50.3%。

在水溶液中 Cd^{2+} 和 As^{5+} 的吸附方面[11]，研究人员制备了羟基铁柱撑蒙脱石，比表面积较改性前增加了 28.2%，层间距由原来的 1.467nm 减少至 1.284nm，XPS 中出现 Fe $2p_{1/2}$，其结合能为 723.9eV，对应于 FeOOH 特征峰（图 5-5）。在 25℃条件下，羟基铁柱撑蒙脱石对 Cd^{2+} 和 As^{5+} 的吸附分别在 10h 和 5h 内达到平衡，均符合拟二级动力学方程，最优初始 pH 值分别为 6.5 和 5.5，实验最大吸附量均显著高于原始蒙脱石。羟基铁柱撑蒙脱石对 Cd^{2+} 的吸附

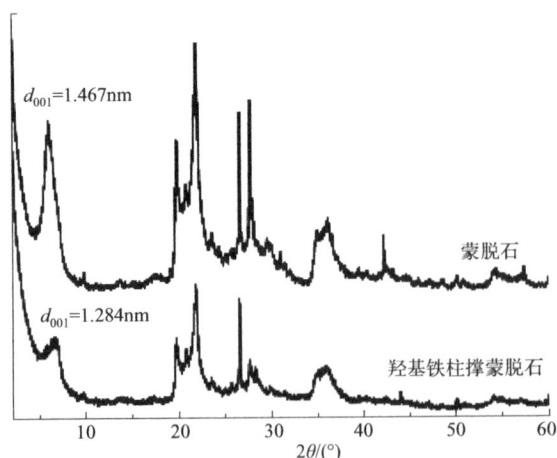

图 5-5　蒙脱石和羟基铁柱撑蒙脱石的 XRD 图谱[11]

等温线符合 Langmuir 模型，属单分子层吸附，拟合最大吸附量为 21.36mg/g，吸附机制为离子交换和化学络合共同作用；而羟基铁柱撑蒙脱石对 As^{5+} 的吸附等温线符合 Freundlich 模型，为非均质表面吸附或多层吸附，最大吸附量为 11.45mg/g，化学配位是主要吸附机制。在 Cd^{2+} 和 As^{5+} 复合体系中，羟基铁柱撑蒙脱石的吸附量高于单一 Cd^{2+} 体系和 As^{5+} 体系，分别增加 14.4％和 23.7％，存在协同吸附。

5.1.3　有机改性蒙脱石

通过有机改性，可以改变蒙脱石的带电属性，负载对重金属离子具有配位能力的官能团，从而改善蒙脱石界面性质，提高吸附能力。以两性表面活性剂十二烷基二甲基甜菜碱（BS-12）为改性剂制备两性修饰蒙脱石（BS-Mt）[12]，改性后材料表面负电荷增加，矿物相结晶度降低，层间距略微降低。改性后，材料对 Cd^{2+} 的吸附量显著增大，吸附行为符合拟一级动力学模型和 Langmuir 等温吸附模型，拟合最大吸附量为 53.38mg/g，比原始蒙脱石的 41.18mg/g 增加 29.6％，吸附机理主要为电荷吸附和螯合作用。随着温度的升高（25～55℃），原始蒙脱石对 Cd^{2+} 的吸附量呈下降趋势，而 BS-Mt 的吸附量基本维持不变，这表明经 BS-12 改性后蒙脱石的应用范围变广，适应温度的能力变强。热力学计算结果表明，ΔH 和 ΔG 均为负值，且 BS-Mt 吸附 Cd^{2+} 的 ΔS 值大于原始蒙脱石，表明吸附过程放热，吸附行为自发，吸附反应更为剧烈。壳聚糖中氨基（—NH_2）和羟基（—OH）可以作为配位点与各种重金属离子形成配合物，将壳聚糖修饰为羧甲基壳聚糖，插入蒙脱石层间得到羧甲基壳聚糖/蒙脱石复合材料，比表面积比原始蒙脱石大幅度增加[13]。该材料在动态吸附条件下对浓度均为 10mg/L 的不同重金属离子吸附量大小顺序为：$Cu^{2+}>Pb^{2+}>Zn^{2+}>Cr^{6+}>Cd^{2+}$，吸附量分别为 9.62mg/g、7.84mg/g、9.42mg/g、5.73mg/g 和 5.96mg/g；上述重金属离子共存时，吸附顺序为：$Cu^{2+}>Zn^{2+}>Pb^{2+}>Cd^{2+}>Cr^{6+}$，使用 0.1mol/L 的 NaOH 溶液和 HCl 溶液作为复合吸附剂再生解吸剂，解吸 3 次后，复合吸附剂仍具有较好的再生性。

以钠基蒙脱石（Na-MMT）为原料，分别以螯合剂二乙烯三胺和 L-赖氨酸为改性剂，制备了 DETA-MMT 和 L-MMT。两种改性材料的层间距由 Na-MMT 的 1.23nm 分别增加至 1.33nm 和 1.42nm，其中 DETA-MMT 的比表面积增加至 $194.76m^2/g$，而 L-MMT 的比表面积降低至 $94.04m^2/g$（表 5-1）。螯合剂二乙烯三胺插层导致 Na-MMT 层间距增大，形成狭缝孔和微孔道，导致比表面积和孔体积增大、孔径降低。而 L-赖氨酸插层柱撑堵塞了层间孔道，导致 Na-MMT 的比表面积和孔体积降低[14]。经过改性后，DETA-MMT 和 L-MMT 对 Pb^{2+} 的吸附量均显著高于原始蒙脱石（图 5-6），吸附过程快速，在 30min 内达到平衡，符合拟二级动力学方程（决定系数在 0.999 以上），化学吸附是 Pb^{2+} 吸附的限速步骤。然而，两种改性蒙脱石表面性质差异较大，DETA-MMT 的吸附符合 Freundlich 模型，为非均质表面吸附或多层吸附，拟合最大吸附量为 64.14mg/g；而 L-MMT 的吸附符合 Langmuir 等温吸附模型，吸附的 Pb^{2+} 以单分子层均匀排列在材料的表面，拟合最大吸附量为 101.32mg/g，均远高于原始蒙脱石的吸附量 31.78mg/g。

表 5-1　三种材料的孔隙结构参数[14]

样品	比表面积/(m^2/g)	平均孔径/mm	孔体积/(cm^3/g)
Na-MMT	113.02	3.2467	0.1835
DETA-MMT	194.76	2.0958	0.2041
L-MMT	94.04	2.7835	0.1309

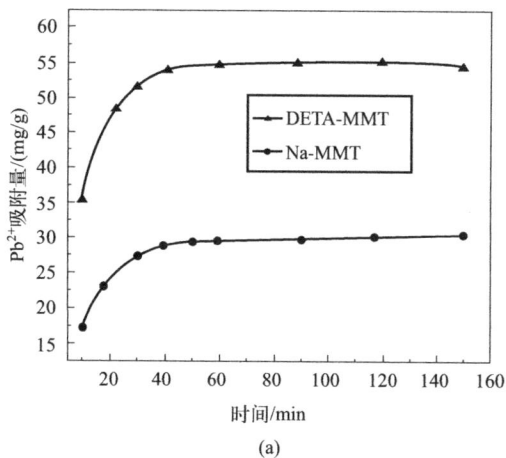

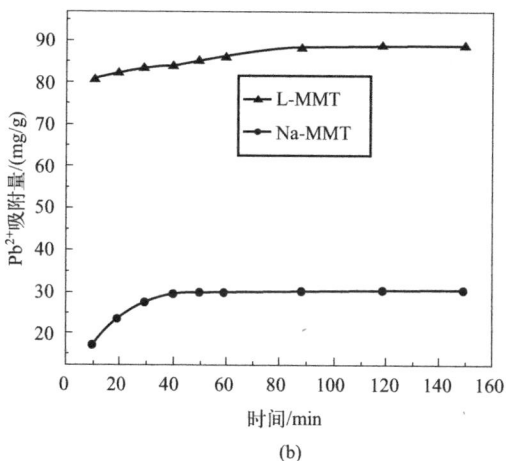

图 5-6　DETA-MMT（a）和 L-MMT（b）对 Pb^{2+} 的吸附动力学曲线[14]

以蒙脱土（Mt）和半胱氨酸为原料，制备了可去除水溶液中重金属离子的绿色复合材料 Cys-Mt[15]，该材料层间距增加至 1.49nm，表明半胱氨酸分子进入蒙脱石层间，且平躺于间层中。半胱氨酸所含的巯基、氨基和羧基大幅度增加了材料对重金属离子如 Cd^{2+}、Hg^{2+}、Pb^{2+}、Co^{2+} 和 Zn^{2+} 的吸附性能，吸附量由 Mt 的 $0.073\sim0.211mmol/g$ 增加至 $0.219\sim0.242mmol/g$。分子动力学计算结果表明，该材料对重金属的亲和力表现为 $Zn^{2+}>Cd^{2+}>Pb^{2+}$，其中 Cd^{2+} 的优势构型是巯基结合的配合物，Pb^{2+} 和 Zn^{2+} 的优势构型是羧酸结合的配合物。

Cd^{2+}与巯基的优先配位符合软硬酸碱理论，Cd^{2+}作为软酸倾向于与软碱配位（Cd—S键长2.47Å，吸附能$-5.83eV$），而Zn^{2+}和Pb^{2+}是边缘酸，因此可能与较硬的羧酸配位，Pb—O键长2.4Å，吸附能$-5.60eV$，Zn—O键长1.96Å，吸附能$-5.9eV$，均优于金属离子与S的结合（图5-7），该结果与吸附实验的数据一致。

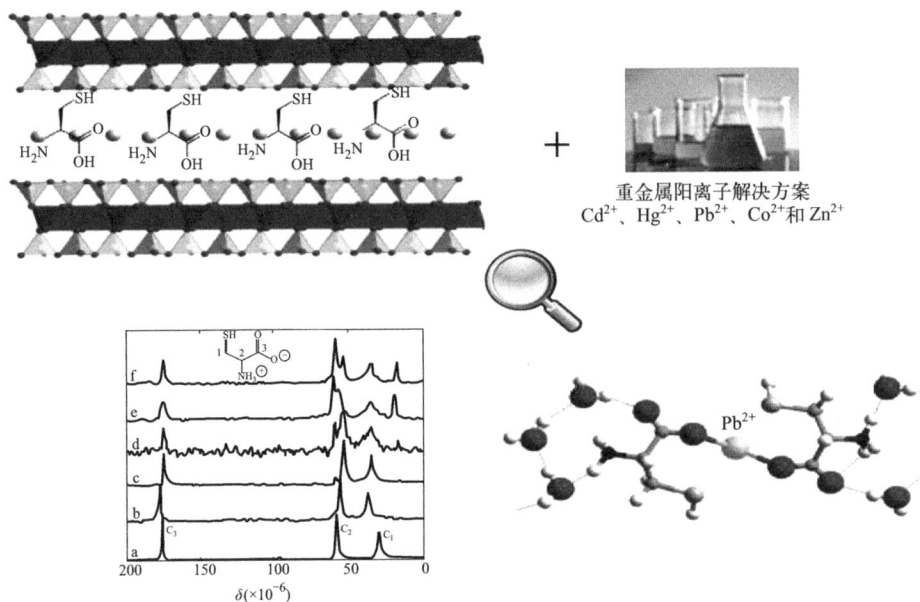

图5-7　Cys-Mt 与重金属离子的作用机制[15]

巯基作为软碱基团与重金属离子软酸结合具有较强的稳定性，因此巯基改性是蒙脱石基靶向功能材料构建的重要手段之一。为解决蒙脱石对Cd^{2+}吸附能力弱的问题，采用简单溶液法制备了3-巯丙基三甲氧基硅烷改性蒙脱石（MMT-SH），傅里叶红外光谱观测到在2300～3000cm^{-1}之间出现两个明显的吸收峰，2930cm^{-1}处为甲基的C—H伸缩振动，2554cm^{-1}处为巯基的S—H伸缩振动，证实巯基硅烷改性成功。当体系pH值为6，固液比为1∶200，KNO$_3$浓度为0.1mol/L时，MMT-SH在20℃、30℃、40℃、50℃下对Cd^{2+}饱和吸附量分别为35.82mg/g、42.65mg/g、45.06mg/g、48.74mg/

g，远高于原始 MMT[16]。由 DR 方程得到吸附自由能 E 分别为 11.08kJ/mol、11.12kJ/mol、11.17kJ/mol、11.34kJ/mol，介于 8～16kJ/mol 之间，可推断 MMT-SH 对 Cd^{2+} 的吸附过程为化学过程，且符合 Langmuir 方程。分离系数 R_L 分别为 0.9931、0.9911、0.9938、0.9975，且 R_L 均介于 0～1，表明此吸附过程为有利吸附。吸附热力学计算结果显示吸附为自发吸热过程，以配位基交换作用为主。MMT-SH 吸附 Cd^{2+} 有三种作用机制：一是硅氧四面体和铝氧八面体中低价离子同晶置换使蒙脱石本身带负电，对带正电 Cd^{2+} 产生静电吸引，这种作用力很弱，易解吸；二是蒙脱石表面和层间区域的—OH、OH_2^+、Na^+、K^+、Ca^{2+}、Mg^{2+} 等与 Cd^{2+}、$CdOH^+$ 发生离子交换，离子交换虽是化学作用，但作用力不及配位作用力；三是配位作用，羟基和巯基与 Cd^{2+} 的配位反应，其中巯基的配位反应作用力最强[17]。

5.1.4　复合改性蒙脱石

在二维蒙脱石纳米片（MMTNS）基础上，基于棱边缘的铝羟基（Al—OH）与有机聚合物壳聚糖（CS）主链上的—NH_3^+ 官能团之间的相互作用自组装制备 MMTNS/CS 水凝胶，大量单层蒙脱石纳米片通过面内 CS 连接为大片后重新层层堆叠。该材料经 BET 计算得到的比表面积为 $395.8398m^2/g$，远高于原蒙脱石的 $48.4889m^2/g$ 和剥离蒙脱石纳米片的 $112.7977m^2/g$，MMTNS/CS 通过氢键、静电吸引和阳离子交换的作用对重金属 Pb^{2+} 的吸附量可达 76.74mg/g。另一项研究通过蒙脱石剥离二维纳米片、巯基改性和水凝胶球制备获得了巯基官能化蒙脱土纳米片基水凝胶球（MMTNs-SH）（图 5-8，书后另见彩插），该材料具有较好的孔隙结构和较大的比表面积（$108.65m^2/g$），对 Pb（Ⅱ）具有更大的吸附能力。吸附过程符合拟二级动力学模型和 Freundlich 模型，在最优条件下，Pb（Ⅱ）的去除率至少可达 97%。此外，水凝胶球具有一定的循环性能，四次循环之后 Pb(Ⅱ) 去除率仍达 55%。Pb(Ⅱ) 离子与羟基上的氧原子和巯基上的硫原子的相互作用以及 MMTNs-SH 中的离子交换对吸附起主导作用[18]。

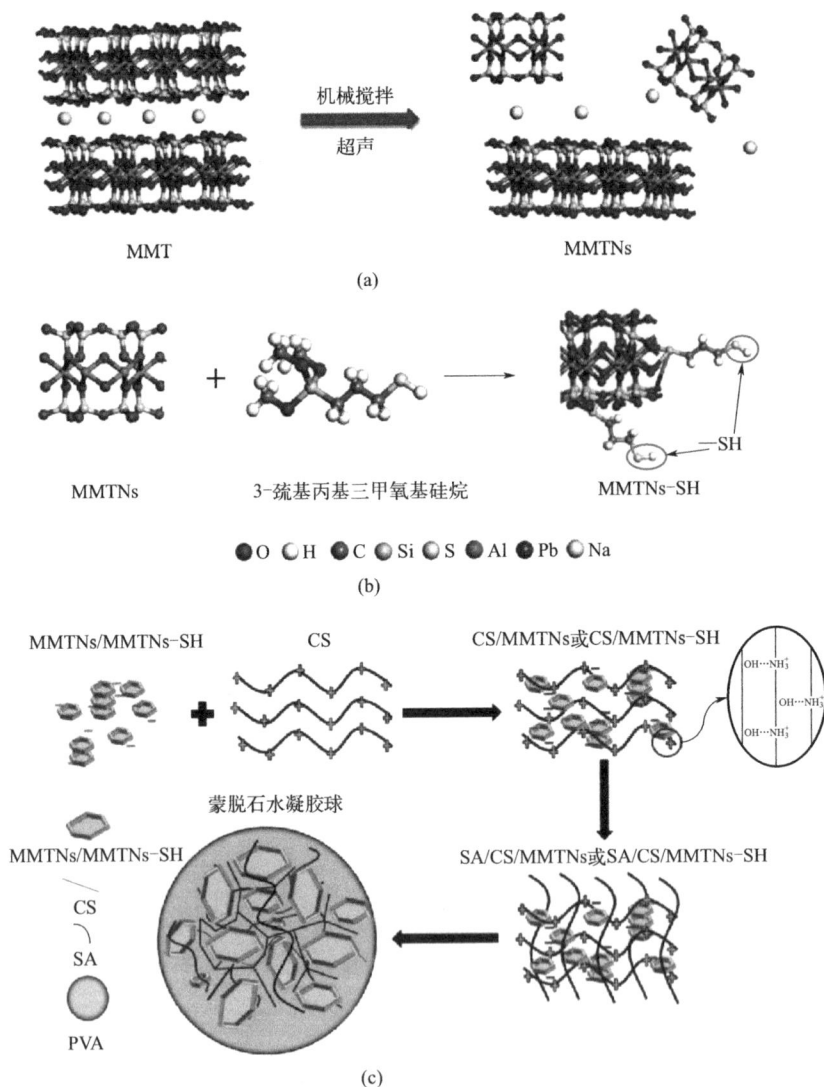

图 5-8　巯基官能化蒙脱土纳米片基水凝胶球的制备[18]

(a) 蒙脱土二维纳米片的剥离过程示意图；(b) 纳米蒙脱石片的巯基改性过程示意图；

(c) 蒙脱土纳米片经改性或未改性后制备水凝胶球的过程示意图

5.2　吸附性能影响因素

5.2.1　初始 pH 值

黏土矿物的吸附性能主要取决于吸附剂的电荷特征、初始 pH 值、竞争离子等因素，并随污染物类型的不同而变化[19-20]。其中，初始 pH 值不仅影响吸附材料的表面带电情况，还决定了重金属离子在溶液中的赋存形态。采用 Visual MINTEQ 软件模拟了 pH 值在 2～14 范围内 Pb 的存在形式[18]，如图 5-9（书后另见彩插）(a) 所示；当 pH 值低于 5 时，Pb 在溶液中的主要存在形式为 Pb^{2+}；当 pH 值大于 11 时，Pb 在溶液中的主要存在形式为 $Pb(OH)_3^-$；当 pH 值在 7～11 范围内时，Pb 的稳定存在形式包括 $PbOH^+$、$[Pb(OH)_4]^{2+}$、$Pb(OH)_2$ 和 Pb^{2+}。蒙脱石纳米片水凝胶球（MMTNs-HG）和巯基改性蒙脱石纳米片水凝胶球（MMTNs-SH-HG）在不同初始 pH 值下对 Pb^{2+} 的去除率如图 5-9(b) 所示，去除率随着 pH 值的增加而增加。在吸附体系的 pH 值低于 5 时，一方面 H^+ 与 Pb^{2+} 竞争材料表面的吸附位点，导致去除率下降；另一方面材料 Zeta 电位升高，对 Pb^{2+} 的静电吸引能力降低。随着初始 pH 值的增加，材料电负性增强，且去质子化作用增强，材料的 Pb^{2+} 去除率增大。需要注意的是，材料在高初始 pH 下（如大于 10）以化学沉淀为主导过程，而不是通过吸附去除 Pb^{2+}。

5.2.2　材料添加量

一般情况下，随着吸附材料添加量的增加，重金属吸附量逐渐降低，而去除率逐步增加。如采用 Ti 插层蒙脱石（Ti-Imt）对水溶液中的铅离子进行吸附去除（图 5-10），当吸附材料（吸附剂）用量从

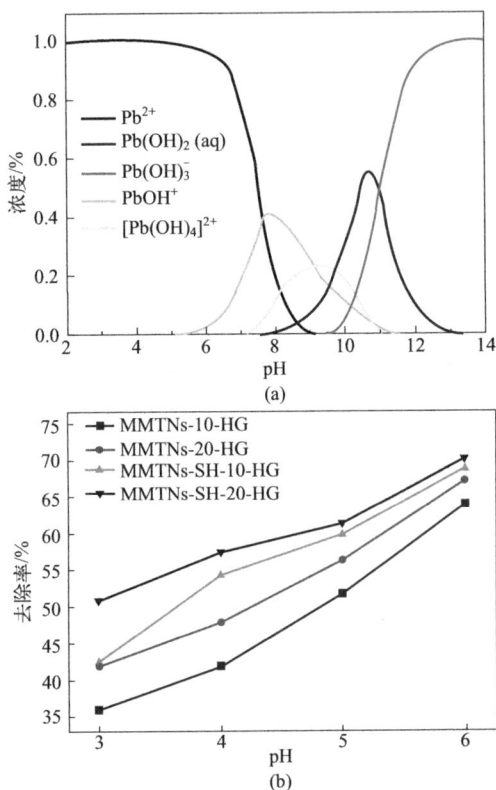

图 5-9　Visual MINTEQ 软件模拟在不同 pH 值下 Pb 的存在

形式（a）和不同初始 pH 值下材料 Pb^{2+} 去除率（b）[18]

0.1g/50mL 增加至 1g/50mL 时，材料对 Pb^{2+} 的吸附量由 49.33mg/g 逐渐降低至 10mg/g 以下；随着吸附剂用量的不断增大，去除率先增大后降低，Ti-Imt 材料对 Pb^{2+} 的最高去除率为 98.95%，而原始蒙脱石（Na-mt）对 Pb^{2+} 的最高去除率为 80.87%[21]。当吸附剂用量较低时，Pb^{2+} 主要吸附在吸附剂外表面和部分微孔处，Pb^{2+} 可以在吸附剂表面快速和吸附位点上的官能团结合，且此时吸附剂的表面吸附位点及配位基团多，因此吸附量高；而当材料用量不断增多时，吸附剂材料表面容易发生团聚，导致其表面孔隙被堵塞，且溶液中重金属离子总量有限，因此单位质量吸附剂的吸附量逐渐降低。

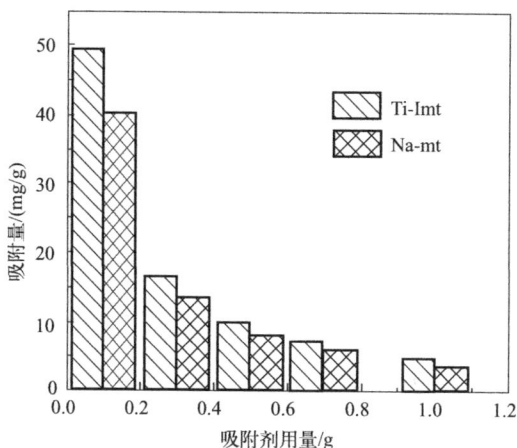

(a) 吸附剂用量对Pb²⁺吸附量的影响

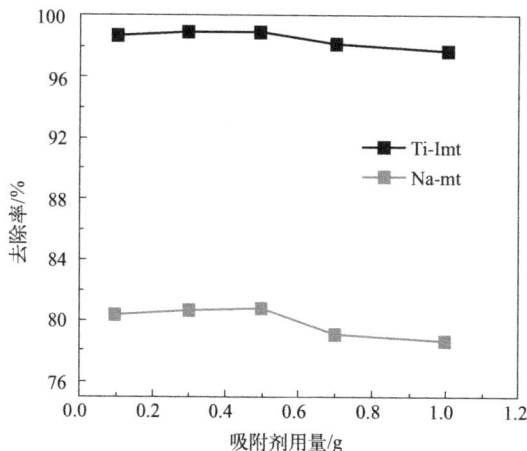

(b) 吸附剂用量对Pb²⁺去除率的影响

图 5-10　吸附材料添加量对 Ti-Imt 和 Na-mt 吸附 Pb^{2+} 的影响[21]

5.2.3　共存阳离子

　　共存离子种类或离子强度一般会显著影响黏土矿物的外层配位机制或离子交换机制作用下的吸附过程，从而导致黏土矿物对重金属离子的吸附能力随着离子强度的增大而降低。当共存 Na$^+$ 浓度由 0.01mol/L 增加至 0.05mol/L 时，腐殖酸钾改性钠基蒙脱石 Na-M-

HA 对 Cd^{2+} 的吸附量由 43.16mg/g 降低至 2.62mg/g，下降了约 94%[22]。在高离子强度下，Na^+ 与 Cd^{2+} 竞争材料表面的静电吸附位点，促使离子交换作用发生，从而占据材料表面的大量吸附位点，导致吸附量急剧下降。与 Na^+ 相比，Ca^{2+} 和 Al^{3+}（在同一离子强度下）对 Na-M-HA 的 Cd^{2+} 吸附量抑制作用更为明显，价态越高抑制越强。当共存离子为 Ca^{2+} 时，吸附量较 Na^+ 下降了 79%；而共存离子为 Al^{3+} 时，吸附量较 Na^+ 下降了 91.54%，表明该材料的吸附机理以重离子交换和静电吸引为主导，对 Cd^{2+} 的吸附极易受到共存阳离子的影响。

5.2.4 吸附温度

蒙脱石基功能材料对重金属离子的吸附性能受到反应温度的影响，这主要与材料与重金属离子的吸附作用为吸热反应还是放热反应有关[23]。如腐殖酸钾改性钠基蒙脱石 Na-M-HA 对 Cd^{2+} 的吸附量呈现出随温度升高（288～308K）而增大的趋势，表明温度对吸附有着显著的影响[22]。吸附热力学计算所得 ΔH 和 ΔS 均为正值，而 ΔG(308K)$>\Delta G$(298K)$>\Delta G$(288K) 均小于 0，表明 Cd^{2+} 在 Na-M-HA 表面的吸附为自发进行的吸热反应，且吸附过程中熵增加，升温有利于 Cd^{2+} 的扩散，与 Na-M-HA 活性吸附位点结合更充分，从而增大了材料的吸附量，308K 下的最大吸附量较 288K 增加了 6.42mg/g。

参考文献

[1] De Pablo L，Chávez M L，Abatal M. Adsorption of heavy metals in acid to alkaline environments by montmorillonite and Ca-montmorillonite [J]. Chemical Engineering Journal, 2011, 171 (3): 1276-1286.

[2] Burakov A E，Galunin E V，Burakova I V，et al. Adsorption of heavy metals on conventional and nanostructured materials for wastewater treatment purposes: A review [J]. Ecotoxicology and

Environmental Safety，2018，148：702-712.

[3]　Han B，Weatherley A J，Mumford K，et al. Modification of naturally abundant resources for remediation of potentially toxic elements：a review [J]. Journal of Hazardous Materials，2022，421：126755.

[4]　Uddin M K. A review on the adsorption of heavy metals by clay minerals，with special focus on the past decade [J]. Chemical Engineering Journal，2017，308：438-462.

[5]　魏凤，徐怀洲，向春晓，等. 不同前处理方式下钠基蒙脱石对重金属镉的吸附研究 [J]. 农业环境科学学报，2018，37（3）：456-463.

[6]　Kumric R K，Dukic B A，Trtic-Petrovic M T. Simultaneous removal of divalent heavy metals from aqueous solutions using raw and mechanochemically treated interstratified montmorillonite/kaolinite clay [J]. Industrial & Engineering Research，2013，52（23）：7930-7939.

[7]　Wang W，Zhao Y，Yi H，et al. Pb(Ⅱ) removal from water using porous hydrogel of chitosan-2D montmorillonite [J]. International Journal of Biological Macromolecules，2019，128：85-93.

[8]　赵徐霞，庹必阳，韩朗，等. 钠基蒙脱石对 Cu^{2+} 的吸附研究 [J]. 金属矿山，2018（3）：182-186.

[9]　Wang Y，Gong Y，Lin N，et al. Enhanced removal of Cr(Ⅵ) from aqueous solution by stabilized nanoscale zero valent iron and copper bimetal intercalated montmorillonite [J]. Journal of Colloid and Interface Science，2022，606：941-952.

[10]　张敬红，王淑勤，刘丽凤，等. 掺杂 TiO_2 插层蒙脱石黏土去除溶液中的镍 [J]. 硅酸盐学报，2019，47（10）：1441-1449.

[11]　刘婷，郝秀珍，刘存，等. 羟基铁柱撑蒙脱石同时吸附水溶液中 Cd(Ⅱ) 和 As(Ⅴ) 的研究 [J]. 环境科学学报，2020，40（7）：2468-2476.

[12]　杨林，吴平霄，刘帅，等. 两性修饰蒙脱石对水中镉和四环素的吸附性能研究 [J]. 环境科学学报，2016，36（6）：2033-2042.

[13]　李俭平，沈庆洲，王小瑞. 羧甲基壳聚糖/蒙脱石吸附水体中混合重金属离子的研究 [J]. 环境生态学，2021，3（10）：75-80.

[14]　王阿龙. 改性蒙脱石对废水中铅的吸附性能研究 [D]. 南京：南京理工大学，2018.

[15]　Adraa K，Georgelin T，Lambert J F，et al. Cysteine-montmorillonite composites for heavy metal cation complexation：A combined experimental and theoretical study [J]. Chemical Engineering Journal，2017，314：406-417.

[16]　朱霞萍，刘慧，谭俊，等. 巯基改性蒙脱石对 Cd(Ⅱ) 的吸附机理研究 [J]. 岩矿测试，2013，32（4）：613-620.

[17]　Ljagbemi C O，Baek M H，Kim D S. Montmorillonite surface properties and sorption characteris-

tics for heavy metal removal from aqueous solutions [J]. Journal of Hazardous Materials, 2009, 166 (1): 538-546.

[18] Miao Y, Peng W, Cao Y, et al. Facile preparation of sulfhydryl modified montmorillonite nanosheets hydrogel and its enhancement for Pb(Ⅱ) adsorption [J]. Chemosphere, 2021, 280: 130727.

[19] 樊明德, 王睿哲, 贾时雨, 等. 蒙脱石负载型零价铁纳米颗粒吸附水体中 Cr(Ⅵ) 污染物实验研究 [J]. 岩石矿物学杂志, 2018, 37 (5): 860-868.

[20] 李媛媛, 刘文华, 陈福强, 等. 巯基化改性膨润土对重金属的吸附性能 [J]. 环境工程学报, 2013, 7 (8): 3013-3018.

[21] 韩朗. 插层蒙脱石材料对污水中 Pb^{2+} 和 Cu^{2+} 的吸附研究 [D]. 贵阳: 贵州大学, 2017.

[22] 牛国梁. 有机改性粘土矿物吸附镉的特征及其对污染土壤镉的钝化效应 [D]. 泰安: 山东农业大学, 2022.

[23] 钟松涛. 改性蒙脱石对废水中 Cr(Ⅵ) 和 Cd(Ⅱ) 的吸附性能研究 [D]. 郑州: 华北水利水电大学, 2023.

第 **6** 章

蒙脱石基环境功能材料吸附修复水体汞污染案例

　　重金属元素污染，尤其是汞（Hg）污染，已经成为一个全球性的环境问题，对生态系统和人类健康构成了严重威胁。汞因其高毒性、生物放大性（高达 10^6 数量级）、不可降解性以及长距离迁移能力而备受关注。汞的毒性在很大程度上取决于其化学形态，其中有机汞，特别是甲基汞（CH_3Hg^+），因其对神经系统和生殖系统的高毒性而被认为是比无机汞（Hg^0 和 Hg^{2+}）更危险的形态[1]。环境中的无机汞容易被微生物转化为 CH_3Hg^+，增加了其毒性和环境风险，其中一个典型案例是日本水俣病事件，这场灾难导致了数千居民中毒，甚至死亡。因此，除控制全球汞排放外，治理受汞污染的水体也成为一项紧迫的任务，有助于减轻汞对人类和生态系统的负面影响。

　　目前，吸附法是修复含汞水体的常用方法之一[2]。已经有许多有效的 Hg^{2+} 和 CH_3Hg^+ 吸附剂被制备完成，包括巯基功能化氧化石墨烯/Fe-Mn 复合材料、金属有机框架（MOFs）和二氧化硅包覆磁铁矿纳米粒子等。然而，这些材料在实际应用中仍面临一些挑战，如复杂的制备过程、高昂的成本以及潜在的环境风险，这些问题会限制它们的广泛应用。为了实现这一技术的大规模应用，开发低成本、环保且高效的吸附剂至关重要。同时，也需要对现有吸附剂的性能进行优化，以提高其吸附效率和选择性，从而更有效地从水体中去除汞。蒙脱石（MMT）作为一种 2∶1 层状黏土矿物，具有典型的由一个八面体层和两个四面体层组成的夹层结构，其固有的优点（如比表面积大、阳离子交换能力强、对环境友好）使其在环境友好性方面具有显著优势，被广泛应用于吸附水体中的重金属[3]。尽管 MMT 具有这些固有的优点，但其对目标金属的吸附能力相对较低，结合能力不强[4]。如 MMT 对 Hg^{2+} 的吸附量为 7.99mg/g，对 CH_3Hg^+ 的吸附量为 0.71mg/g，这表明 MMT 在重金属吸附方面存在局限性，限制了其在实际应用中的效能[5]。为了克服这些限制，通过金属螯合基团的硅烷修饰和功能化来增强其吸附性能引起了人们的广泛兴趣。

巯基（—SH）作为一种有效的螯合基团，因其与 Hg^{2+} 和 CH_3Hg^+ 的高亲和力而备受关注。根据"软硬酸碱（HSAB）"理论，巯基作为"软碱"与"软酸"Hg^{2+} 和 CH_3Hg^+ 的结合具有很高的稳定性，这使其成为汞污染高效修复材料构建的首选螯合基团。已有研究表明—SH 对 Hg^{2+}、CH_3Hg^+ 的稳定性常数（lgK）远高于氨基（—NH_2）、羧基（—COOH）和羟基（—OH）等螯合基团。目前，制备巯基功能化 MMT 的常用方法有三种。①3-巯基丙基三甲氧基硅烷（3-MPTS）和四乙氧基硅烷（TMS）共缩合。②酸活化后共价接枝 3-MPTS 或二巯基丙醇（BAL）。③2-巯基乙基胺盐酸盐（MEA）和半胱氨酸（Cys）插层[6-8]。然而，传统制备方法存在明显的缺点，如反应时间长，使用大量试剂，产生大量化学废物，工艺复杂，产率低。因此，开发一种简单、高效、可持续的新型巯基功能化 MMT 是一项紧迫的任务。

机械化学接枝为无机-有机杂化材料的制备提供了一种通用、简单、高效的方法。这种方法通过机械能（热量的释放）产生高度反应的界面和相变，使有机材料能够接枝到无机界面上[9]。高能球磨是机械化学接枝中最重要和最常用的方法，它通过球—球—壁碰撞传递机械能给粉末，破坏共价键并形成新的键。在黏土矿物的处理中，球磨可以带来形态和微观结构的变化，包括破碎、变形、晶体破碎，使黏土矿物形成更小的颗粒，具有更大的表面积和反应性。黏土表面的硅/铝羟基（Si/Al—OH）是硅烷接枝的活性位点，高能球磨可以增加这类活性位点的数量，降低活化能，促进接枝反应。基于这些理论，球磨提供了一种简单有效的方法，这种方法是将 3-MPTS 机械化学接枝到 MMT 表面。

在本案例中，通过一步机械化学接枝法制备巯基功能化蒙脱石（BSH-MMT），通过扫描电子显微镜-能量色散 X 射线光谱（SEM-EDS）、XRD、BET、X 射线荧光光谱法（XRF）、XPS、傅里叶变换红外光谱（FTIR）、Zeta 电位、热重分析（TGA）和 ^{29}Si 核磁共振（NMR）对巯基功能化 MMT 进行表征，研究其对 Hg^{2+} 和 CH_3Hg^+ 的吸附性能，并将其他巯基功能化方法与机械化学接枝法进行比较，通过 XPS 和扩展 X 射线吸收精细结构（EXAFS）研究阐明 Hg^{2+} 和 CH_3Hg^+ 在 BSH-MMT 上的吸附机理（图 6-1）。

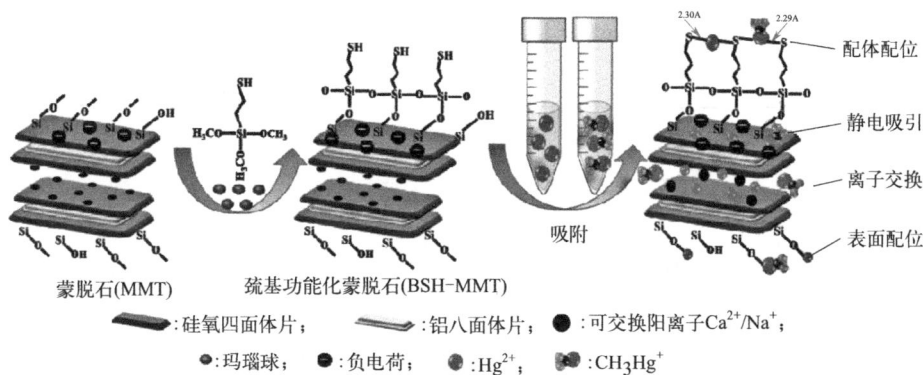

图 6-1　巯基功能化蒙脱石 BSH-MMT 对 Hg^{2+} 和 CH_3Hg^+ 的吸附机理示意图

6.1 材料与方法

6.1.1 供试材料

原始蒙脱石（MMT）来源于中国内蒙古。采用 X 射线荧光光谱法（XRF）检测其化学成分，各组分的含量见表 6-1。原始 MMT 为 Ca-MMT，钙含量为 2.98％，钠含量为 0.36％。XRD 结果表明，原始 MMT 中含有少量杂质，如铬蒙脱石、绿脱石、石英等。MMT 的阳离子交换能力（CEC）为 115mmol/100g，采用 $[Co(NH_3)_6]^{3+}$ 吸附法测定。本研究中使用的所有化学试剂均为分析性或更高级别，并按接收试剂使用。用去离子水制备所有溶液。3-MPTS（97％）购自中国百灵威科技有限公司。$Hg(NO_3)_2 \cdot H_2O$ 购自上海阿拉丁生化科技股份有限公司。CH_3HgCl（98％）来自中国上海的西格玛奥尔德里奇有限公司。

表 6-1 原始蒙脱石（MMT）和巯基功能化蒙脱石（BSH-MMT）
的主要化学成分［质量分数（％），以元素氧化物计］

样品	SiO_2	Al_2O_3	Fe_2O_3	MgO	CaO	K_2O	TiO_2	Na_2O	P_2O_5	SO_3
MMT	65.54	17.65	5.35	4.54	4.16	0.95	0.65	0.48	0.23	0.15
BSH-MMT	76.78	9.93	2.84	2.37	2.31	0.58	0.40	0.31	0.12	4.24

6.1.2 材料制备与表征

未经提纯的原始 MMT 经高能球磨法制备出 BSH-MMT。首先将 MMT 与玛瑙球混合，MMT 与玛瑙球的质量比为 1∶100，放入玛瑙罐（500mL）中，然后加入水、乙醇和 3-MPTS 与 MMT 的质量体积比[❶]为 1∶1.2∶38∶0.8 的混合溶液；球磨机（QM-3SP2，中国）以 300r/min 的速度球磨 12h（每 4h 改变一次旋转方向），球磨结束后，将混合物转移到布氏漏斗中，在真空过滤下用乙醇和去离子水洗涤（3 次或 4 次）以去除残留的 3-MPTS；收集滤饼，室温下风干，研磨后过 100 目尼龙网筛备用，所得样品命名为 BSH-MMT。

SEM-EDS 分析所用仪器为 SU-8020（Hitachi，日本），工作电压和电流分别为 15kV 和 100mA。N_2 吸附/脱附等温线由 ASAP 2020 分析仪（Micromeritics，美国）测定，吸附温度为 77K。总比表面积（specific surface area）、平均孔径（average pore diameter）和总孔体积（total pore volume）由 Brunauer-Emmett-Teller（BET）方程计算，而介孔表面积由 Barret Joyner-Halenda（BJH）法计算。元素分析（EA）使用 Vario MACRO（Elementar，德国），测定样品的 C、N、H、S 元素含量。XRD 分析所用仪器为 D8 Advance 衍射仪（Bruker，美国），装备 Cu K_α 辐射（$\lambda=0.15406nm$），工作电压和电流分别为 40kV 和 150mA，扫描速率 1°（2θ）/min，扫描范围 5°到 80°。固体核磁共振（^{29}Si MAS NMR）使用 AVANCE Ⅲ 600 光谱仪（Bruker，美国），共振频率为 10kHz，90°脉冲接触时间为 5ms，循环延迟 5s，以 TMS 作为标准物质记录化学位移。X 射线荧光光谱（XRF）分析所用仪器为 ARL PERFORM′X（Thermo Fischer，瑞士）。傅里叶变换红外光谱（FTIR）使用 Nicolet iS5 光谱仪（Thermo Scientific，美国）记录，采用 KBr 压片法制样，波数范围 $400\sim4000cm^{-1}$。Zeta 电位的表征使用 sizer Nano ZEN3690（Malvern，英国），记录 pH 值分别为 2、4、6、7、9 时的 Zeta 电位。热重分析（TGA）使用 STA 409（Netzsch，德国），加热速率为 10℃/min，范围 30~805℃。X 射线光电子能谱（XPS）所用仪器为 ESCALAB

[❶]　质量体积比为常温常压下固态组分与液态组分的质量（g）与体积（mL）之比。

250 Xi（Thermo Fischer，美国），分析室压力为 1.5×10^{-10} mbar（1bar＝10^5Pa），样品荷电效应引起的偏差基于 C 1s（284.8eV）进行校准，并由 XPSPEAK 41 软件分峰拟合。吸附产物中 Hg 的构型通过 Hg L$_\mathrm{III}$-edge（12.284keV）X 射线吸收谱（XAS）测定，实验在上海同步辐射装置（SSRF）BL14W1 线站进行，EXAFS 数据用 Artemis 处理，理论散射路径由 FEFF 计算，壳层拟合设定 dk 值为 1 并优化 k 权重为 1、2 和 3。

6.1.3　批处理吸附实验

批处理吸附实验的具体操作如下：称取 0.01g（CH$_3$Hg$^+$的称取量为 0.002g）吸附材料，置于 50mL 聚丙烯离心管中，加入 20mL Hg^{2+}（CH$_3$Hg$^+$）吸附液，一式三份，拧紧盖子置于旋转振荡机（其林贝尔，中国）上，60r/min 转速旋转振荡，恒温培养箱（菲跃，中国）控制温度为（25±1）℃，吸附平衡后将溶液通过 0.45μm 聚四氟乙烯（PTFE）滤膜（津腾，中国）后，立即使用原子荧光光度计 AFS8520（海光，北京）测定滤液中 Hg^{2+}（CH$_3$Hg$^+$）浓度，通过吸附前后的浓度差计算功能材料的吸附量，计算公式如下：

$$Q = \frac{(C_0 - C)V}{m} \tag{6-1}$$

式中，C_0 和 C 分别是初始 Hg^{2+} 浓度和平衡 Hg^{2+}（CH$_3$Hg$^+$）浓度，mg/L；V 为吸附液体积，L；m 为吸附剂添加量，g；Q 代表平衡吸附量，mg/g。

（1）吸附动力学

设置 Hg^{2+} 初始浓度为 50mg/L（CH$_3$Hg$^+$ 为 5mg/L），在（25±1）℃ 条件下进行平衡吸附，于吸附进行 5min、10min、30min、60min、2h、4h、6h、12h、24h、36h 时取样，过聚四氟乙烯（PTFE）滤

膜，滤液中 Hg^{2+}（CH_3Hg^+）采用原子荧光光度计 AFS8520 测定，吸附数据采用拟一级动力学模型［式（6-2）］和拟二级动力学模型［式（6-3）］拟合，并计算动力学参数。

拟一级动力学模型：

$$Q_t = Q_m(1 - e^{-k_1 t}) \qquad (6-2)$$

式中，Q_t 为 t（min）时刻 Hg^{2+}（CH_3Hg^+）的吸附量，mg/g；Q_m 为模型拟合的最大吸附量，mg/g；k_1 为拟一级动力学吸附速率常数，h^{-1}。

拟二级动力学模型：

$$Q_t = \frac{Q_m^2 k_2 t}{1 + Q_m k_2 t} \qquad (6-3)$$

式中，k_2 为拟二级动力学吸附速率常数，g/(mg·h)。

（2）吸附等温线

设置 Hg^{2+} 初始浓度分别为 10mg/L、20mg/L、40mg/L、80mg/L、100mg/L（CH_3Hg^+ 浓度分别为 0.5mg/L、1mg/L、2mg/L、5mg/L、10mg/L），在（25±1）℃条件下进行吸附，吸附平衡（24h）后过聚四氟乙烯（PTFE）滤膜，滤液中 Hg^{2+}（CH_3Hg^+）浓度采用原子荧光光度计 AFS8520 测定，吸附数据采用 Langmuir 模型［式（6-4）］和 Freundlich 模型［式（6-5）］拟合。

Langmuir 模型：

$$Q_e = \frac{Q_m K_L C_e}{1 + K_L C_e} \qquad (6-4)$$

式中，Q_e 为吸附平衡时 Hg^{2+}（CH_3Hg^+）的吸附量，mg/g；Q_m 为 Langmuir 模型拟合的最大吸附量，mg/g；K_L 为 Langmuir 模型常数，L/mg；C_e 为吸附平衡时 Hg^{2+}（CH_3Hg^+）的浓度，mg/L。

Freundlich 模型：

$$Q_e = K_F C_e^n \qquad\qquad (6\text{-}5)$$

式中，K_F 和 n 为 Freundlich 模型常数。

(3) 吸附影响因素

初始 pH 值分别设为 2、4、6、7、9，使用 NaOH 和 HNO$_3$ 调节（除初始 pH 值影响实验外，其他吸附实验 pH 值调节为 7±0.1）；腐殖酸浓度设为 0mg/L、5mg/L、10mg/L、20mg/L，配制吸附溶液时加入；K$^+$ 和 Ca^{2+} 的离子强度分别设为 0mol/L、0.01mol/L、0.05mol/L、0.1mol/L，使用 KNO$_3$ 和 Ca(NO$_3$)$_2$ 配制，其他吸附条件同吸附动力学实验，平衡时间为 24h。

6.1.4 质量控制

溶液 pH 值使用 PB-10 pH 计（Sartorius，德国）测定。溶液中 Hg^{2+} 和 CH$_3$Hg$^+$ 的浓度按照环境保护标准（HJ 694—2014）所述方法测定，方法检出限 0.04μg/L，采用标准参考物质 Hg 单元素溶液标准物质（GB W08617）、MeHg 溶液标准物质［GB W(E)083364］和水质 Hg 标样（GSB 07-3173-2014）作为质控样，回收率 90%～105%。

6.2 功能材料的吸附性能

6.2.1 吸附动力学特征

本案例使用原始 MMT 和 BSH-MMT 对水中 Hg^{2+} 和 CH$_3$Hg$^+$ 的吸附动力学特性（吸附量和吸附过程）进行研究。如图 6-2（书后另见彩插）（a）和（b）所示，MMT 和 BSH-MMT 对 Hg^{2+} 和 CH$_3$Hg$^+$ 的吸附量均随时间的增加而增加。对于 Hg^{2+}，吸附过程在前 2h 内迅速进行；而对于 CH$_3$Hg$^+$，则在前 4h 内快速吸附，随后吸附速率逐渐减缓，直至 6h 内吸附曲线趋于平衡，达到饱和吸附状态。这一现象与材料表面吸附位点随时间增加而逐渐减少有关。与 MMT 相比，BSH-MMT 对 Hg^{2+} 和 CH_3Hg^+ 的吸附过程大致相同，约 6h 后趋于平衡。BSH-MMT 对 Hg^{2+} 和 CH_3Hg^+ 的平衡吸附量分别为 79.96mg/g 和 31.65mg/g，约为 MMT（分别为 9.84mg/g 和 4.15mg/g）的 8 倍。这一显著差异表明，巯基的引入显著提升了 MMT 对 Hg^{2+} 和 CH_3Hg^+ 的吸附能力。

采用拟一级动力学方程和拟二级动力学方程对吸附动力学数据进行拟合，结果见表 6-2。MMT 和 BSH-MMT 对 Hg^{2+} 和 CH_3Hg^+ 的吸附行为均遵循拟二级动力学模型。对于 Hg^{2+} 和 CH_3Hg^+，MMT 的决定系数 R^2 分别为 0.879 和 0.928，而 BSH-MMT 的 R^2 分别为 0.932 和 0.848。尽管拟二级动力学模型为 MMT 吸附 Hg^{2+} 和 CH_3Hg^+ 提供了更高的 R^2 值，但拟一级动力学模型计算的 MMT 对 Hg^{2+} 的最大吸附量（Q_m）更接近实验观察值。这种不一致性暗示 MMT 吸附 Hg^{2+} 可能涉及物理吸附和化学吸附的复杂过程，而 BSH-MMT 对 Hg^{2+} 和 CH_3Hg^+ 的拟二级动力学模型计算的最大吸附量（分别为 79.67mg/g 和 29.37mg/g）更接近实验数据[10]。

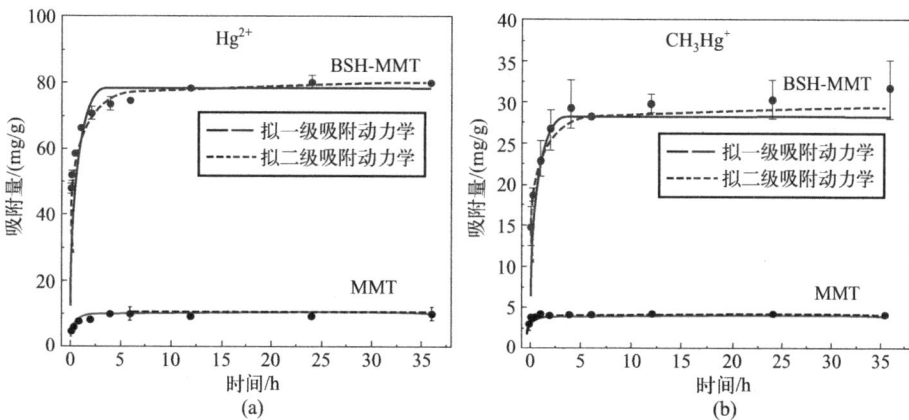

图 6-2

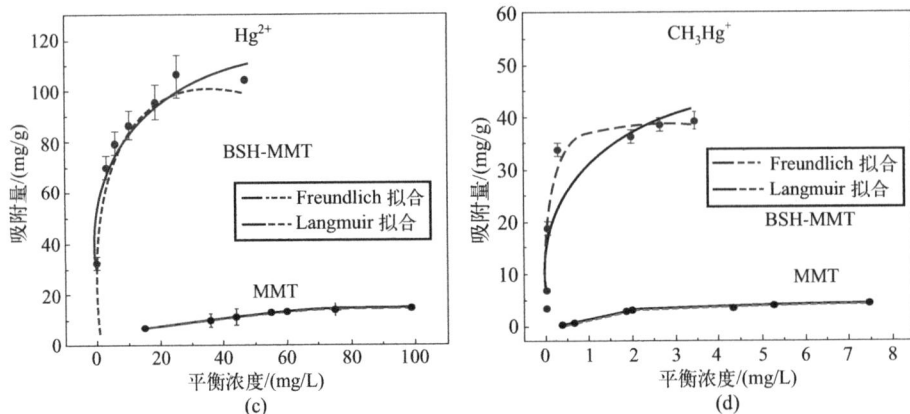

图 6-2　MMT 和 BSH-MMT 对 Hg^{2+} 和 CH_3Hg^+ 的吸附

（a）、（b）为吸附动力学拟合，（c）、（d）为吸附等温线

表 6-2　BSH-MMT 和 MMT 吸附 Hg^{2+} 和 CH_3Hg^+ 的动力学拟合参数

样品		$Q_{m(e)}$ /(mg/g)	拟一级动力学方程			拟二级动力学方程		
			k_1/h^{-1}	Q_m/(mg/g)	R^2	k_2/[(g/mg)/h]	Q_m/(mg/g)	R^2
BSH-MMT	Hg^{2+}	79.96±2.12	2.01±0.22	78.43±1.17	0.756	0.07±0.01	79.67±0.69	0.932
	CH_3Hg^+	31.65±2.40	5.60±0.79	27.73±1.48	0.628	0.25±0.07	29.37±0.63	0.848
MMT	Hg^{2+}	9.84±0.56	2.34±0.53	9.88±0.12	0.796	0.45±0.13	10.40±0.18	0.879
	CH_3Hg^+	4.21±0.12	77.72±6.27	4.08±0.04	0.886	42.33±4.87	4.15±0.03	0.928

注：$Q_{m(e)}$ 是实验确定的最大吸附量。

BSH-MMT 对 Hg^{2+} 和 CH_3Hg^+ 的拟二级动力学参数 k_2 分别为 0.07 和 0.25，小于 MMT 的 0.45 和 42.33，表明 BSH-MMT 的吸附过程相对缓慢，但其吸附量却显著高于 MMT，分别为 MMT 的 766.06% 和 707.71%。这些结果表明，巯基的引入显著提高了 MMT 对 Hg^{2+} 和 CH_3Hg^+ 的吸附量，且吸附行为以化学吸附为限速步骤或以化学吸附为主，涉及电子共享或者交换的成键过程，而非以扩散等物理吸附过程为主。

6.2.2　吸附等温线特征

在本案例中，通过吸附等温线深入探讨了 BSH-MMT 与 MMT 对 Hg^{2+} 和 CH_3Hg^+ 的吸附能力。如图 6-2（c）和图 6-2（d）所示，BSH-MMT 对 Hg^{2+} 和 CH_3Hg^+ 的吸附能力显著优于 MMT。通过对等温线数据的拟合以及对相关参数的分析（表 6-3），可进一步揭示 BSH-MMT 与 MMT 对 Hg^{2+} 和 CH_3Hg^+ 的吸附特性。

表 6-3　**BSH-MMT 和 MMT 吸附 Hg^{2+} 和 CH_3Hg^+ 的等温线拟合参数**

样品		$Q_{m(e)}$ /(mg/g)	Langmuir 等温线			Freundlich 等温线		
			K_L /(L/mg)	Q_m /(mg/g)	R^2	K_F /[(mg/g) /(mg/L)^n]	n	R^2
BSH-MMT	Hg^{2+}	104.79±8.89	0.70±0.48	103.43±9.57	0.785	56.49±2.91	0.17±0.02	0.970
	CH_3Hg^+	39.27±1.77	15.36±2.90	39.54±1.42	0.980	31.28±2.87	0.23±0.08	0.841
MMT	Hg^{2+}	14.80±1.00	0.03±0.005	20.27±1.39	0.968	2.24±0.45	0.42±0.05	0.951
	CH_3Hg^+	4.14±0.02	0.399±0.18	5.64±1.04	0.918	1.57±0.34	0.52±0.14	0.848

注：$Q_{m(e)}$ 是实验确定的最大吸附量。

MMT 对 Hg^{2+} 的吸附符合 Langmuir 和 Freundlich 方程（R^2 分别为 0.968 和 0.951），这表明 MMT 存在单层吸附与非均质表面吸附的共同作用。相对而言，BSH-MMT 对 Hg^{2+} 的吸附更倾向于遵循 Freundlich 方程（R^2 为 0.970），暗示其吸附行为主要受非均质表面吸附的影响。对于 CH_3Hg^+，MMT 和 BSH-MMT 的吸附等温线均与 Langmuir 方程高度吻合（R^2 分别为 0.918 和 0.980），表明 CH_3Hg^+ 在吸附材料上以单层吸附状态存在。这些差异揭示了 BSH-MMT 对 Hg^{2+} 和 CH_3Hg^+ 的不同吸附机制。

在对 Hg^{2+} 的吸附过程中，BSH-MMT 可能同时涉及表面的配位作用和层间的离子交换。而对于 CH_3Hg^+，由于其分子尺寸较大，BSH-MMT 主要通过与—SH 的螯合作用在表面和层间边缘进行吸附，而 CH_3Hg^+ 分子无法进入层间，因此层间不存在离子交换。这一点通过负载 CH_3Hg^+ 的 BSH-MMT 的 XRD 结果得到证实（表 6-4），吸附过程中 d_{001} 值基本保持不变（BSH-MMT 吸附 CH_3Hg^+、Hg^{2+} 后的 d 分别为 15.27Å、16.40Å），这支持了 CH_3Hg^+ 不能进入层间空间的观点。

表 6-4 MMT、BSH-MMT 和吸附 Hg^{2+}、CH_3Hg^+ 后 BSH-MMT 的 XRD 参数

hkl	MMT			BSH-MMT			BSH-MMT+Hg^{2+}			BSH-MMT+CH_3Hg^+		
	2θ	高度	$d/(Å)$	2θ	高度	$d/(Å)$	2θ	高度	$d/(Å)$	2θ	高度	$d/(Å)$
(001)	5.941	404	14.86	5.878	91	15.022	5.384	34	16.40	5.782	36	15.27
(100)	19.892	91	19.749	19.832	185	4.473	20.03	77	4.43	19.749	112	4.49
(110)	34.911	124	34.647	34.798	76	2.576	32.53	240	2.75	34.647	37	2.59
(0010)	61.933	148	61.738	61.849	74	1.499	62.00	39.2	1.50	61.738	54	1.50

注：hkl 是晶面指数。

如果吸附遵循 Langmuir 模型，则需要计算分离因子[11]。固液吸附体系的分离因子（R_L）由式（6-6）计算得到。

$$R_L = \frac{1}{1+K_L C_0} \tag{6-6}$$

式中，K_L 为 Langmuir 常数；C_0 为初始 CH_3Hg^+ 浓度，mg/L。

根据 Worch 的研究，当 R_L 和 n 均小于 1 时，等温线呈凹形，有利于吸附。在本案例中所有检测浓度下，MMT（0.200～0.834mg/L）和 BSH-MMT（0.006～0.115mg/L）对 CH_3Hg^+ 的吸附 R_L 值均小于 1（表 6-5）。相比之下，由于负载巯基，BSH-MMT 比 MMT 更有利于吸附 CH_3Hg^+。BSH-MMT 对 Hg^{2+} 和 CH_3Hg^+ 的最大吸附量分别为 104.79mg/g 和 39.27mg/g（实验数据），分别是原始 MMT 的 7 倍和 9 倍。由于巯基对汞的高亲和力，BSH-MMT 对 Hg^{2+} 和 CH_3Hg^+ 的吸附能力高于其他方式改性的 MMT，如腐殖酸改性（对 Hg^{2+} 的最大吸附量为 8.55mg/g）、4-氨基安替比林固定化（对 Hg^{2+} 的最大吸附量为 52.9mg/g）、L-胱氨酸插接（对 Hg^{2+} 的最大吸附量

为 $52.35 \sim 86.25 \mathrm{mg/g}$）、二硫代氨基甲酸酯改性（对 Hg^{2+} 的最大吸附量为 $63.4 \mathrm{mg/g}$，对 CH_3Hg^+ 的最大吸附量为 $69.8 \mathrm{mg/g}$）以及磷酸盐固定化锆柱（对 Hg^{2+} 的最大吸附量为 $52.98 \mathrm{mg/g}$）[12]。

表 6-5　CH_3Hg^+ 吸附在 MMT 和 BSH-MMT 上的分离因子（R_L）

R_L	初始质量浓度/(mg/L)						
	0.5	1	2	2.5	5	7.5	10
BSH-MMT	0.115	0.061	0.032	0.025	0.013	0.009	0.006
MMT	0.834	0.715	0.556	0.501	0.334	0.250	0.200

6.3　吸附影响因素

6.3.1　不同初始 pH 值

初始 pH 值是吸附研究中的重要影响因素之一[13]，它不仅影响着吸附材料的表面电荷状态，还决定了汞在溶液中的形态分布。在 pH<3 时，Hg^{2+} 作为汞的主要形态稳定存在；而在 pH=3～14 时，不带电荷的 $Hg(OH)_2$ 占主导地位[14]。本研究详细探讨了初始 pH 值对 Hg^{2+} 和 CH_3Hg^+ 在 MMT 和 BSH-MMT 上吸附行为的影响，如图 6-3(a)、(b) 所示。

MMT 对 Hg^{2+} 的吸附量随 pH 值的增加呈现先增大后减小的趋势，而 BSH-MMT 对 Hg^{2+} 的吸附量则显示出对 pH 值变化的不敏感性。随着 pH 值的增加，溶液中 Hg^{2+} 的比例降低，$Hg(OH)_2$ 的比例增大，因为不带电的 $Hg(OH)_2$ 不能通过离子交换和静电吸引吸附，所以 Hg^{2+} 在 MMT 上的吸附能力受到抑制。在低 pH 值条件下，H^+ 和 H_3O^+ 与溶液中的阳离子竞争吸附剂表面的吸附位点，导致黏土矿物 MMT 对 Hg^{2+} 和 CH_3Hg^+ 的吸附量较小；而在较高 pH 值条件下，黏土矿物表面的两性硅烷醇或铝醇基团对 Hg^{2+} 和 CH_3Hg^+ 的配位能力减弱，进而导致吸附量降低[15-16]。然而，

131

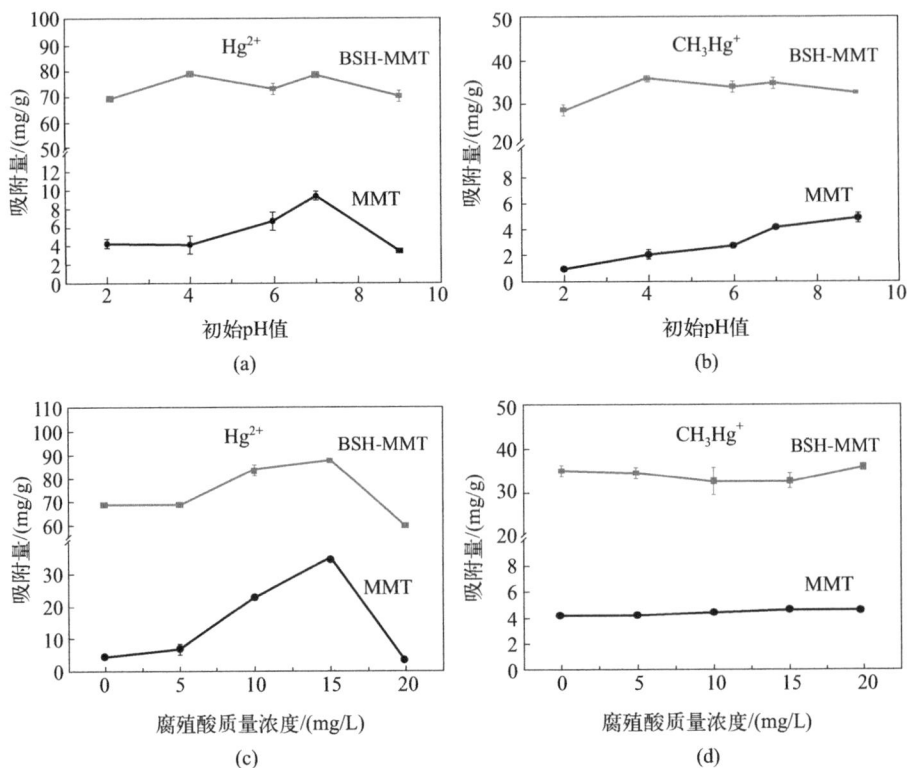

图 6-3 初始 pH 值 [(a) 和 (b)] 和腐殖酸质量浓度 [(c) 和 (d)]
对 BSH-MMT 和 MMT 吸附 Hg^{2+} 和 CH_3Hg^+ 的影响

BSH-MMT 对 Hg^{2+} 的高吸附能力在较宽的 pH 值范围（2～9）内得以保持相对稳定，这一现象归因于巯基与汞的高结合稳定性，表明静电吸引和表面—OH 配位作用对 BSH-MMT 的吸附能力贡献不大。

尽管不带电的 CH_3HgOH 在 pH 值大于 5.5 时（CH_3Hg^+ 在 pH 值小于 5.5 时）主要存在形式是 CH_3Hg^+，但—SH 配体在接近中性的水溶液中仍然对 CH_3Hg^+ 展现出足够高的亲和力[17]。巯基功能化材料对 Hg^{2+} 和 CH_3Hg^+ 的稳定吸附性能此前已有报道，尤其是在 pH 值为 4.5～8.0 时观察到较高的除汞效率。

6.3.2　共存离子

共存离子 K^+ 和 Ca^{2+} 对 Hg^{2+} 和 CH_3Hg^+ 吸附的影响如图 6-4 所示，共存阳离子显著抑制了 Hg^{2+} 和 CH_3Hg^+ 在 MMT 和 BSH-MMT 上的吸附。随着 K^+ 离子强度从 0.01mol/L 增加到 0.10mol/L，BSH-MMT 和 MMT 对 Hg^{2+}（CH_3Hg^+）的吸附量分别下降 17.0%～24.0%（22.3%～78.9%）和 52.2%～68.7%（73.0%～81.6%）。原因有两个方面：一方面，K^+ 与 Hg^{2+} 和 CH_3Hg^+ 竞争静电吸附位

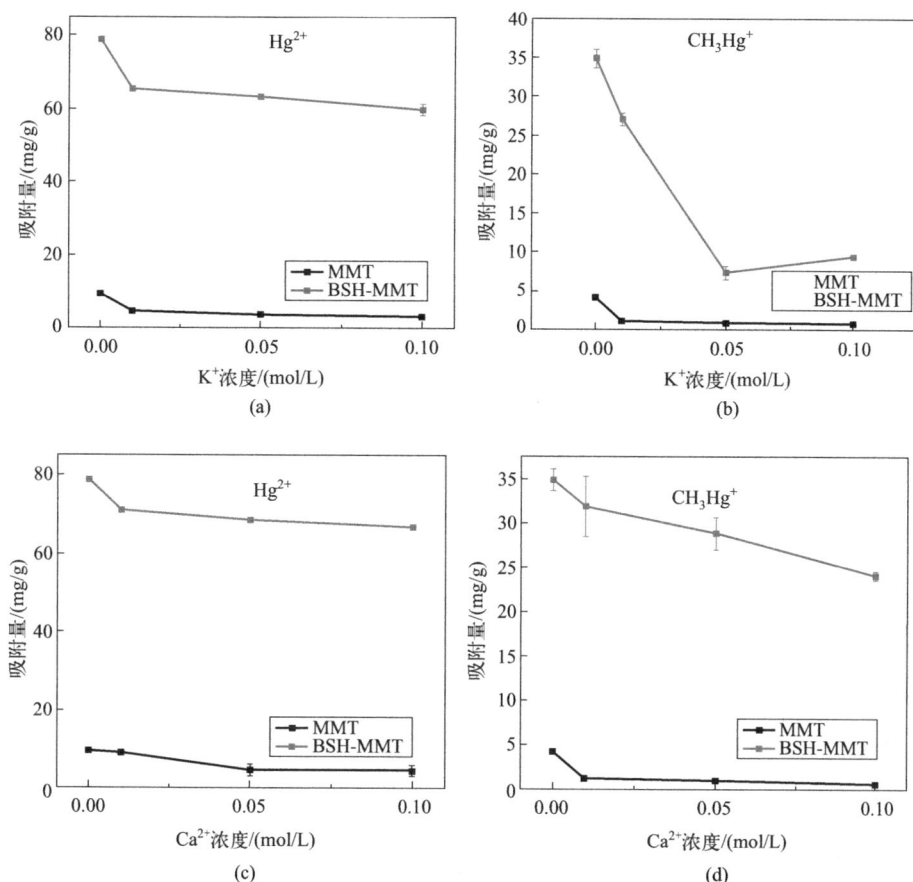

图 6-4　初始 K^+ 浓度 [（a）和（b）] 和 Ca^{2+} 浓度 [（c）和（d）]

对 BSH-MMT 和 MMT 吸附 Hg^{2+} 和 CH_3Hg^+ 的影响

点，特别是影响带一价正电荷 CH_3Hg^+ 的吸附；另一方面，K^+ 离子的存在可能抑制了离子交换在吸附机制中的贡献率。相比于一价 K^+，二价 Ca^{2+} 的存在对 Hg^{2+}（CH_3Hg^+）的吸附影响相对较小，但表现出相似的规律。BSH-MMT 和 MMT 在对 Hg^{2+}（CH_3Hg^+）的吸附过程中可能存在静电吸引和离子交换作用。

6.3.3 天然有机质

腐殖酸（HA）作为一种广泛存在于水生环境中的天然有机物质，其丰富的官能团对吸附处理污染水体的效率产生了显著影响。HA 含有多种官能团，包括羧基、羟基、羰基、氨基和巯基等基团，这些基团能够通过配体配位作用吸附水溶液中的 Hg^{2+} 和 CH_3Hg^+。特别的是，这些基团对 Hg^{2+} 的配位能力远高于 CH_3Hg^+，因此 HA 对 Hg^{2+} 吸附的影响较大 [图 6-3(c) 和 （d）]。

在低 HA 浓度（5～15mg/L）时，MMT 和 BSH-MMT 对 Hg^{2+} 的吸附量有所增加，MMT 的吸附量增加 6.0%～72.3%，而 BSH-MMT 增加 21.2%～26.3%。然而，在高 HA 浓度时，MMT 和 BSH-MMT 对 Hg^{2+} 的吸附量降低，MMT 降低 32.9%，BSH-MMT 降低 13.4%。有报道称，HA 可以被引入 MMT 的层间，通过配体螯合作用增加 Hg^{2+} 的吸附。但是，大量腐殖酸会造成层间阻塞，无法进入矿物层间的游离腐殖酸则与 MMT 竞争吸附，显著降低 MMT 对 Hg^{2+} 的吸附能力，因此 MMT 对 Hg^{2+} 的吸附能力呈先增加后降低趋势。对于 BSH-MMT，腐殖酸官能团与—SH 的竞争吸附，抑制了其对 Hg^{2+} 的吸附。

由于 CH_3Hg^+ 可能无法进入矿物层间，因此腐殖酸的存在对 MMT 和 BSH-MMT 吸附 CH_3Hg^+ 无明显影响，仅有少许促进作用。HA 在 MMT 和 BSH-MMT 的外表面单层吸附 CH_3Hg^+，而不是层间键合。因此，BSH-MMT 具有对 Hg^{2+} 和 CH_3Hg^+ 稳定的配位能力，在腐殖酸存在情况下仍能保持较高（75％以上）的吸附性能。

6.4　吸附机理揭示

6.4.1　材料表征

（1）SEM、EA 和 BET

对原始 MMT 和 BSH-MMT 进行扫描电子显微镜-能量色散光谱（SEM-EDS）分析（图 6-5）。从图中可以明显看出 MMT 的表面结构呈现出典型的片状特征，这与以往的研究结果相一致[18]。经过球磨处理的 BSH-MMT，其表面显得更加破碎和粗糙。此外，通过 EDS 分析，发现 BSH-MMT 中碳（C）、氧（O）和硫（S）元素的相对含量（分别为 12.17％、51.90％、1.14％）显著高于 MMT（分别为

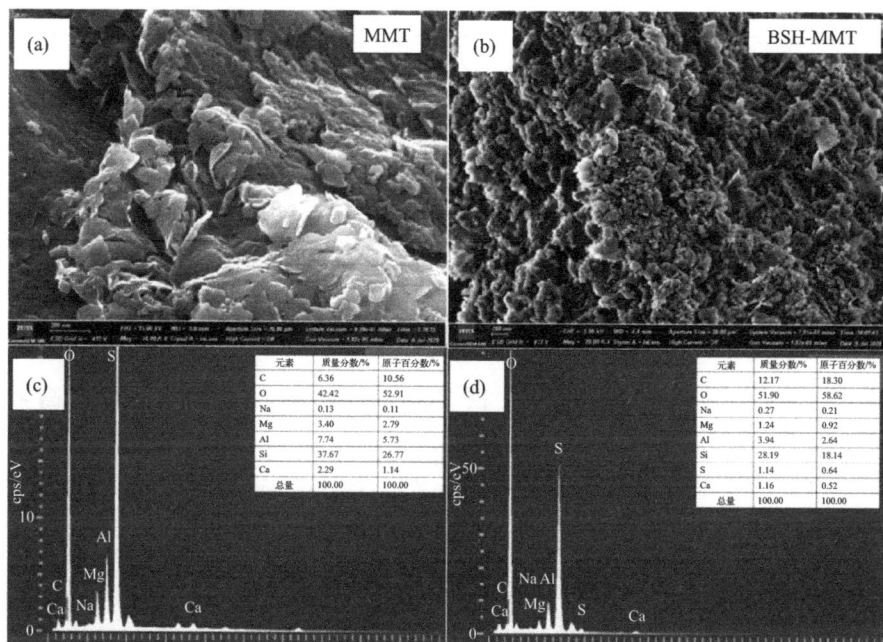

图 6-5　MMT ［（a）和（c）］和 BSH-MMT ［b 和（d）］的 SEM-EDS 光谱

6.36%、42.42%、0）。同时，氧化硅和硫氧化物的含量也有所增加。通过元素分析（EA）定量分析，BSH-MMT 中元素 C 和 S 的质量分数分别为 2.345% 和 1.202%，远高于 MMT 的 0.395% 和 0.052%。C、Si 和 S 元素含量的增加表明 MMT 通过球磨方法成功地实现了机械化学接枝巯基功能化。

BSH-MMT 的总比表面积和总孔体积分别为 $125.01m^2/g$ 和 $0.4053cm^3/g$，相较于 MMT 分别提高 0.70 倍和 2.23 倍（表 6-6）。从微孔比表面积和平均孔径的测试结果来看，BSH-MMT 相较于 MMT 更具介孔性，但由于球磨诱导的机械化学接枝，BSH-MMT 的微孔较少。这种表面形貌和结构的变化归因于球磨过程，该过程可以减小颗粒的尺寸，从而产生具有高表面积的材料。

表 6-6　MMT 和 BSH-MMT 的多孔结构数据和元素组成

样品	SSA /(m^2/g)	$S_{meso}(S_{micro})$ /(cm^2/g)	TPV/ /(cm^3/g)	APD /(nm)	元素分析(质量分数)/%			
					C	N	H	S
BSH-MMT	125.01	107.97(17.04)	0.4053	12.967	2.345	ND	2.380	1.202
MMT	73.60	45.58(28.02)	0.1254	6.814	0.395	ND	2.177	0.052

注：SSA 为通过 Brunauer-Emmett-Teller（BET）方程计算的总比表面积；S_{meso} 为通过 Barret-Joyner-Halenda(BJH) 法计算的介孔比表面积；S_{micro} 是从 SSA 中减去 S_{meso} 获得的微孔比表面积；TPV 是在相对压力为 0.982 时获得的总孔体积；APD 是平均孔径；ND 为未检测到。

MMT 和 BSH-MMT 的 N_2 吸附/解吸等温线均为 IV 型曲线（图 6-6，书后另见彩插），代表了 IUPAC 分类中典型的介孔材料。原始 MMT 和巯基功能化 MMT 的孔径主要分布在 2~50nm 范围内，改性后的平均孔径有所增大，这是由于 3-MPTS 浸渍堵塞了微孔，同时球磨作用损伤了片状结构，进而产生了新的介孔。

(2) ^{29}Si NMR 和 XPS

核磁共振波谱（^{29}Si NMR）和 X 射线光电子能谱（XPS）的分析结果证实巯基通过球磨过程成功地接枝到 MMT 的硅氧界面上（图 6-7）。在原始材料和接枝巯基后材料的 ^{29}Si NMR 波谱中，两者显

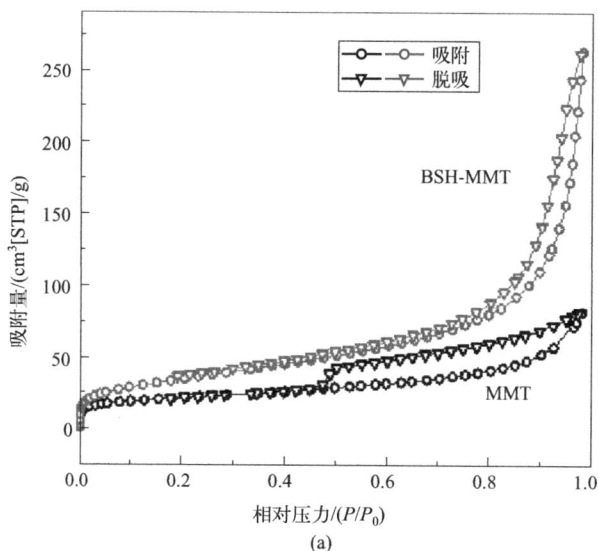

(a)

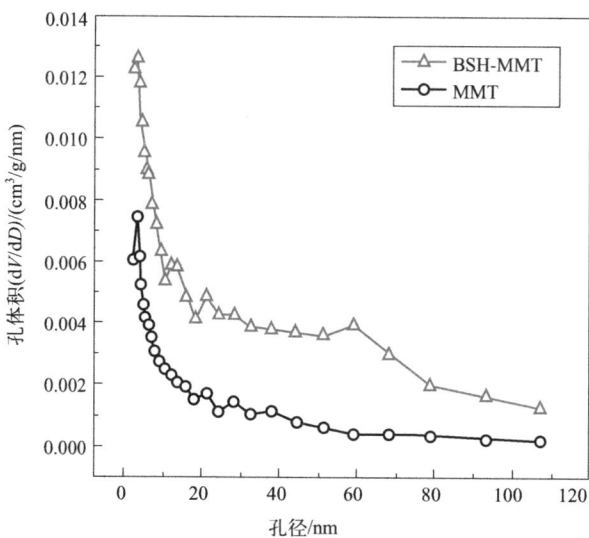

(b)

图 6-6　MMT 和 BSH-MMT 的 N$_2$ 吸附/脱附等温线 （a） 和孔径分布 （b）

著的差异为黏土表面被 3-MPTS 硅化提供了有力证据。在 MMT 的波谱中，无机 Si 原子 Q^3[Si(OSi)$_3$O—] 和 Q^4[Si(OSi)$_4$] 的共振信号，其中 Q^4 指的是 (Si—O—)$_3$Si(—O—Al) 中的中心 Si 原子结构。而在 BSH-MMT 的波谱中，-99.59×10^{-6} 和 -106.66×10^{-6} 的新

信号与硅酸盐结构相关，这进一步证实了接枝的成功[19]。然而，在
-30×10^{-6} 和 -60×10^{-6} 之间的区域，属于有机硅原子的共振信号，
在 BSH-MMT 的光谱中并未出现，这表明 3-MPTS 的接枝并没有显
著改变矿物结构。此外，Q^3 与 Q^4 峰面积比值的增加也为 3-MPTS
的成功接枝提供了直接证据。

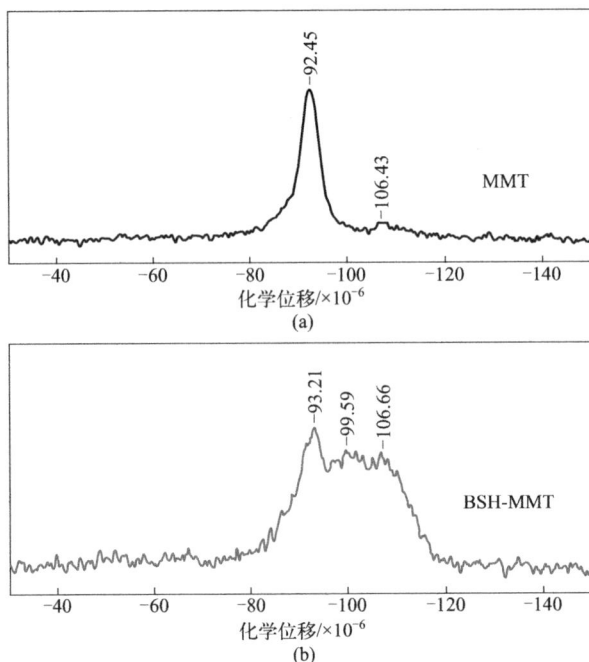

图 6-7　MMT（a）和 BSH-MMT（b）的固态 [29]Si 核磁共振谱

　　在 XPS 分析中，MMT 的 C 1s 结合能的峰位于 289.39eV、
287.20eV 和 285.45eV/284.49eV［图 6-8（a）］，分别归因于 O—C＝O、
C＝O、C—O 和 C—C/C＝C。Si 2p 结合能的峰位于 102.94eV 和
102.37eV，对应于 SiO_2 和 SiO_2/Si。在原始 MMT 中并未检测到明
显的 S 2p 特征峰［图 6-8（b）］。然而，在 3-MPTS 接枝后，在
103.74eV 处观察到一个新的 Si 2p 峰，同时伴随着 C—O 结合能的增
加（从 284.97eV 增加到 285.45eV），这可能是硅烷链的聚合引起的。
在 165.03eV 和 163.81eV 处的 S 2p 谱峰归属于—SH 和 C—S

［图 6-8（c）］。—SH 和 C—S 峰的存在进一步证实了 3-MPTS 与 MMT 表面之间形成了化学键，这表明通过球磨法实现了 MMT 的机械化学接枝巯基功能化。

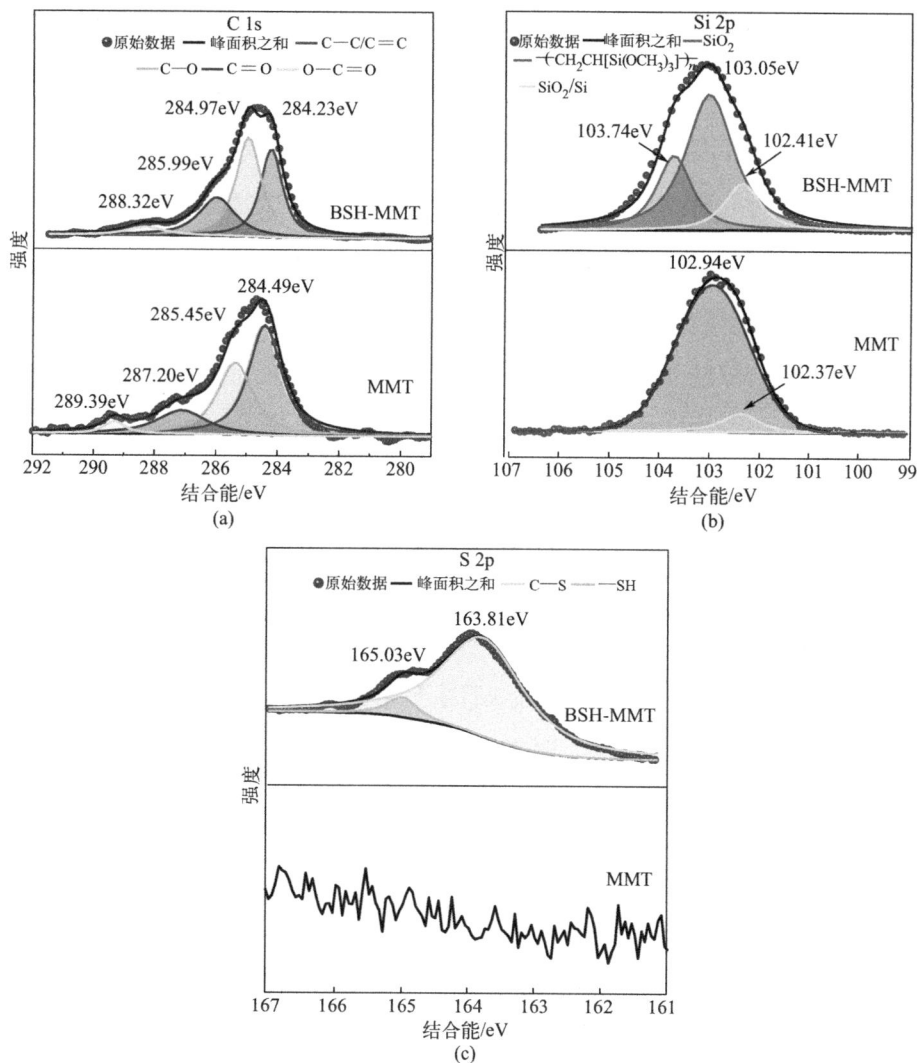

图 6-8　MMT 和 BSH-MMT 的 C 1s(a)、Si 2p(b) 和 S 2p(c)XPS 光谱

(3) XRD 和 FTIR

在本案例中利用 X 射线衍射（XRD）和傅里叶变换红外光谱

（FTIR）技术来探究巯基在 MMT 表面接枝的可能机制。在 $2\theta=$ 5.94°处，MMT 的特征衍射峰由 Jade 5.0 软件分析，其 d_{001} 值为 1.486nm［图 6-9(a)］。3-巯基丙基三甲氧基硅烷（3-MPTS）表面改性对 BSH-MMT 的特征峰位置和 d_{001}-间距的影响不大（$d_{001}=$ 1.502nm），这表明在球磨过程中层间接枝几乎不可能发生。特征峰的降低是由于球磨对矿物晶体结构的破坏。此外，在 2θ 值下观察到的功能化 MMT 的 hkl（001）、（100）、（110）和（0010）反射与原始 MMT 相近（表 6-4），这表明改性对矿物结构的破坏是有限的。

图 6-9(b) 显示，MMT 的主要 FTIR 波段出现在 3625cm^{-1} 处，对应 Al—OH 的伸缩振动，3425cm^{-1} 和 1639cm^{-1} 的波段与四面体薄片中水的—OH 伸缩和弯曲振动有关，1036cm^{-1} 和 795cm^{-1} 处的波段分别代表 Si—O—Si 的不对称和对称伸缩振动，518cm^{-1} 和 466cm^{-1} 处的波段与 Si—O—Al—Si 和 Si—O 的振动有关。与 MMT 的光谱相比，BSH-MMT 光谱中最显著的变化是 3625cm^{-1} 处的—OH 伸缩振动明显减弱（几乎消失），这表明—OH 基团参与了 3-MPTS 的接枝反应。在 BSH-MMT 中，—SH 基团在大约 2556cm^{-1} 处没有振动，这可能归因于缩聚或氢键的影响[20]。相反，在 2934cm^{-1} 处观察到一个弱带，对应于链亚甲基（—CH$_2$—）的振

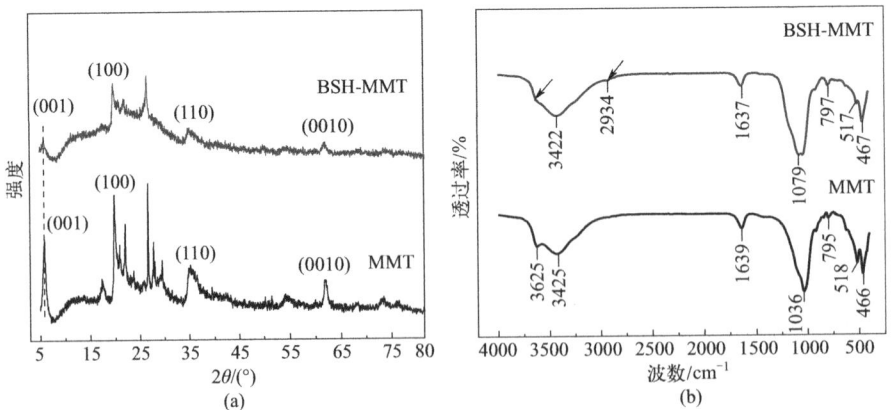

图 6-9 MMT 和 BSH-MMT 的 X 射线粉末衍射图（a）和傅里叶变换红外光谱图（b）

动，这为 3-MPTS 接枝到黏土表面提供了证据[21]。

（4）Zeta 电位和 TGA

由于同形八面体置换产生的结构性负电荷（永久性），MMT 和 BSH-MMT 在 pH 值 2～9 的范围内均呈现负电荷［图 6-10（书后另见彩插）(a)］，这有利于金属阳离子与表面吸附位点之间的静电吸引。Zeta 电位随 pH 值增加而降低，这是从酸性到碱性环境中 pH 值依赖的表面边缘电荷（可变）的变化所致[22]。与原始 MMT 的 Zeta 电位值（－13.7～－25.3mV）相比，巯基功能化的 MMT 展现出更低的 Zeta 电位值（－14.1～－26.7mV），这表明更多的表面负电荷可能会提升制备材料的分散性能。

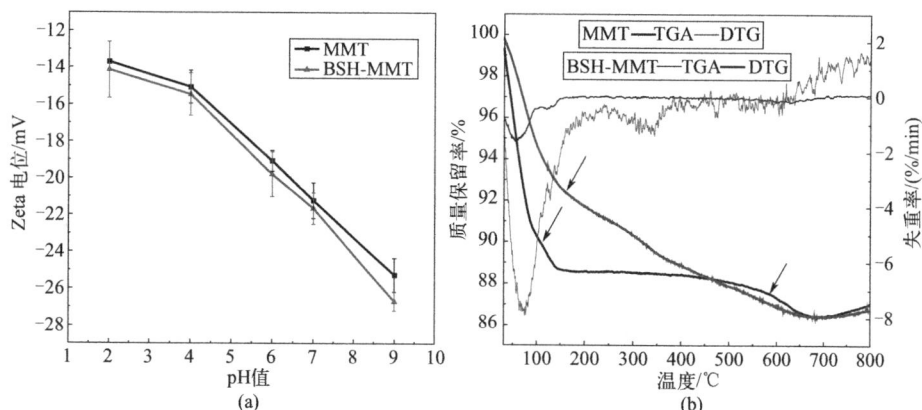

图 6-10　MMT 和 BSH-MMT 的 Zeta 电位图（a）和 TGA/DTG 曲线图（b）

热重分析/微商热重分析（TGA/DTG）曲线［图 6-10(b)］显示，在 30～200℃的温度范围内，MMT 的失重率高达 10.73％，这主要是层间水的蒸发，而在超过 500℃时，另一质量损失与层状硅酸盐矿物的去羟基化有关[23]。相比之下，BSH-MMT 在 200℃以下显示出较小的质量损失（7.56％），这归因于巯基带来的表面疏水性。BSH-MMT 在 200～600℃时的质量损失率为 4.65％，高于 MMT 的 2.15％，这与嫁接的 3-MPTS 的热解有关[24]。在约 330℃处的特征

DTG 峰被分配给 MMT 表面或边缘紧密结合的硅烷，而 BSH-MMT 在 600℃附近的快速质量损失则与硅烷接枝过程中结构羟基单元的消耗有关。通过比较硅烷表面接枝量和硅烷磨粒量，可以确定通过球磨接枝了 0.28mmol/g 的巯基基团。

6.4.2 吸附机理

通过分析 BSH-MMT 吸附前后的 Si 2p 和 Hg 4f 图谱，探讨 BSH-MMT 对 Hg^{2+} 和 CH_3Hg^+ 的吸附机理（图 6-11），相关数据见表 6-7。在 163.2eV 处出现的—SHg/—SHgCH$_3$ 新峰，证实了—SH 基团参与了 Hg 的配位，并伴随着 HgS 的形成。在 Hg^{2+} 负载的

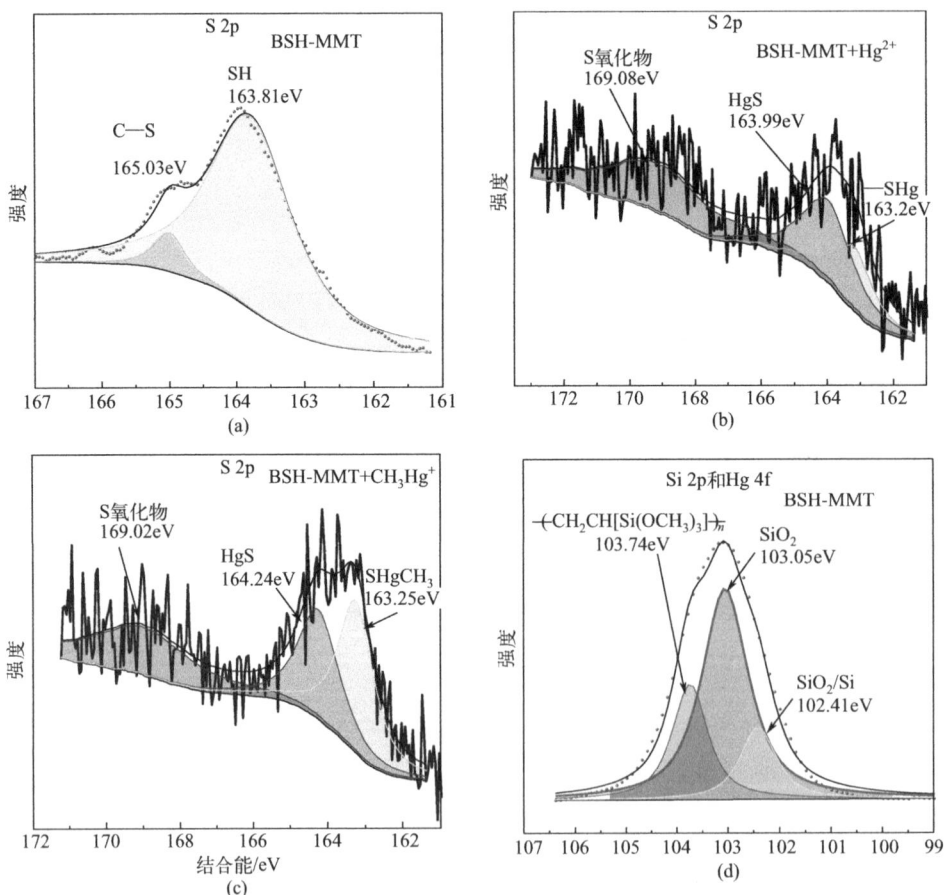

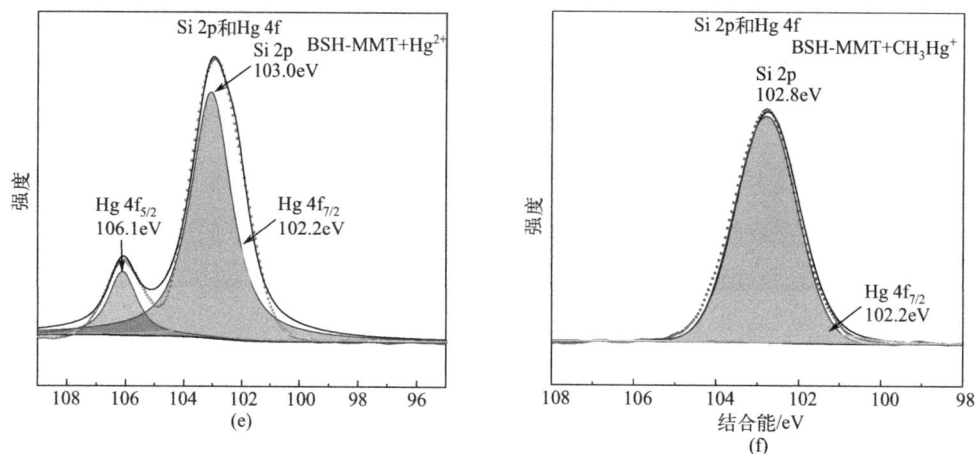

图 6-11 吸附前后 BSH-MMT 的 S 2p ［(a)、(b) 和 (c)］、

Si 2p 和 Hg 4f ［(d)、(e) 和 (f)］ XPS 光谱图

BSH-MMT 中，Hg $4f_{5/2}$ 的峰值位于 106.1eV，Hg $4f_{7/2}$ 的峰值位于 102.2eV，峰间距约为 4.0eV，这与之前的研究结果一致[25]。由于 CH_3Hg^+ 的吸附量较低，在 102.2eV 时仅检测到微弱的 Hg $4f_{7/2}$ 峰。

表 6-7　MMT 和 BSH-MMT 吸附前后的 XPS 光谱参数

元素	样品	峰值/eV	高度(cps)	半峰宽/eV	元素	样品	峰值/eV	高度(cps)	半峰宽/eV
Si 2p	BSH-MMT	103.13	7669.07	1.85	Si 2p	MT	102.88	2703.53	1.74
S 2p		163.86	816.14	1.72	S 2p				
C 1s		284.69	7141.76	1.97	C 1s		284.76	2703.53	2.18
O 1s		532.35	52000.17	2.11	O 1s		531.98	75008.96	2.06
Si 2p	BSH-MMT+ Hg²⁺	102.91	10692.96	2.13	Si 2p	MMT+ Hg²⁺	102.82	7101.84	1.74
S 2p		163.72	557.25	0.54	S 2p				
C 1s		284.99	3501.74	1.99	C 1s		284.57	2878.83	1.81
O 1s		532.31	62714.57	2.01	O 1s		531.96	50649.77	2.01
Si 2p	BSH-MMT+ CH₃Hg⁺	102.78	6559.65	1.88	Si 2p	MMT+ CH₃Hg⁺	102.4	4635.71	1.76
S 2p		163.53	533.92	1.73	S 2p				
C 1s		285.02	2519.71	2.43	C 1s		284.51	3189.29	1.84
O 1s		532.18	45124.87	2.17	O 1s		531.71	33637.66	2.19

通过 Hg L_Ⅲ-edge 的 EXAFS 光谱分析，HgS 可能是在 BSH-MMT 吸附 Hg^{2+} 和 CH_3Hg^+ 过程中产生的一种物质（图 6-12）。为了进一步研究协调结构信息，进行 EXAFS 拟合，相关数据见表 6-8。配位数为 2 的 Hg—S 通路的存在表明，Hg^{2+} 和 CH_3Hg^+ 与两个 S 原子结合，形成双配位的 S—Hg—S 结构（图 6-13，书后另见彩插）。对于负载 Hg^{2+} 和 CH_3Hg^+ 的 BSH-MMT，Hg—S 键长分别确定为 2.30Å 和 2.29Å，该值与先前的研究相似，其中 Hg 与 2 个还原 S 原子以线型方式配位，距离为 2.33Å。Debye-Waller 因子（σ^2）、边缘能量校正（ΔE_0）和拟合优度均值（R 因子）在允许的误差范围内，与之前的一份报道中 Hg 被还原性—SH 中的两个 S 原子配位（$\lg K = 40.0$）的结果相当[26]。然而，本研究中对于吸附 CH_3Hg^+ 的 BSH-MMT 存在双配位 S—Hg—S 结构，这与之前 EXAFS 发现土壤有机质的 R—SH 可与 CH_3Hg^+ 形成单齿配体配合物。这种差异可能是天然有机物质与化学合成的硅烷之间的硫基构型不同造成的。

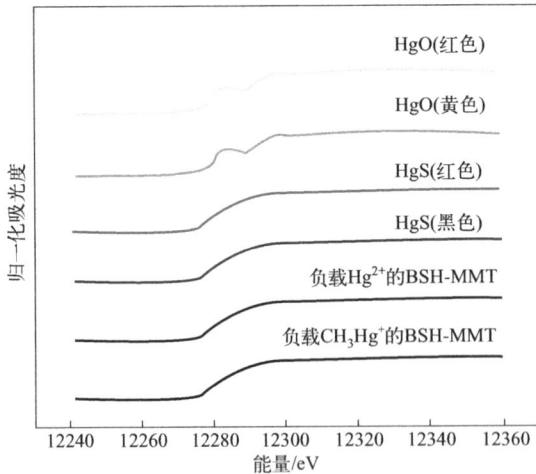

图 6-12　汞标准样品、负载 Hg^{2+} 和 CH_3Hg^+ 的 BSH-MMT

的 Hg L_Ⅲ-edge X 射线吸收近边结构（EXAFS）光谱

表 6-8　Hg 负载的 BSH-MMT 的 Hg L_{III}-edge EXAFS 拟合数据 （$S_0^2 = 0.84$）

样品	路径	C. N.	R/Å	$\sigma^2 \times 10^{-3}$/Å²	ΔE_0/eV	R 因子
BSH-MMT＋Hg²⁺	Hg-S	2.3±0.4	2.30±0.02	14.4±2.8	−7.9±2.2	0.012
BSH-MMT＋CH₃Hg⁺	Hg-S	2.0±0.2	2.29±0.01	5.3±1.2	2.8±1.0	0.006

注：S_0^2 为振幅降低因子；C. N. 为配位数；R 为键距；σ^2 为 Debye-Waller 因子；ΔE_0 为边缘能量校正；R 因子为拟合优度均值。

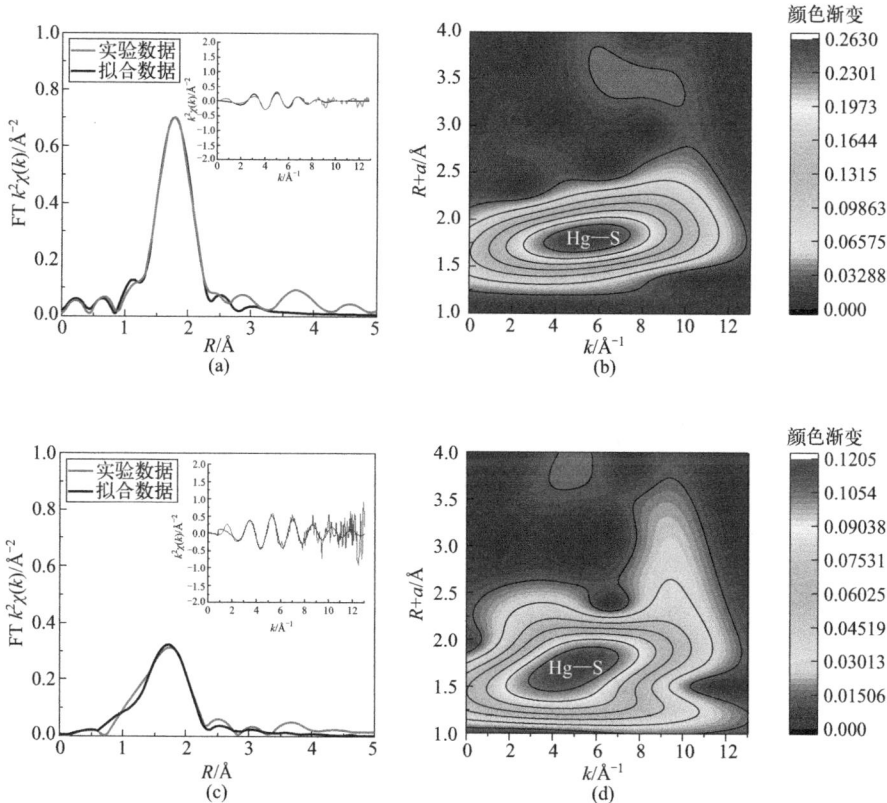

图 6-13　Hg²⁺ ［（a）和（b）］和 CH₃Hg⁺ ［（c）和（c）］负载的 BSH-MMT 的 k^2 加权 EXAFS 谱（镶嵌图）、相应的傅里叶变换幅度和小波变换图

6.4.3　DFT 计算

密度泛函理论（DFT）计算被应用于揭示 Hg²⁺ 和 CH₃Hg⁺ 在 BSH-MMT 上的最优理论吸附构型，这有助于深入理解吸附机制[22]。

如图 6-14（书后另见彩插）所示，吸附的 Hg^{2+} 和 CH_3Hg^+ 被两个巯基捕获，这表明最可能的吸附构型是双配位 S—Hg—S 配合物结构。这一发现与之前报道的 Hg^{2+} 离子与巯基修饰 UiO-66 金属有机框架的两个 S 原子结合的观察结果相似[27]。

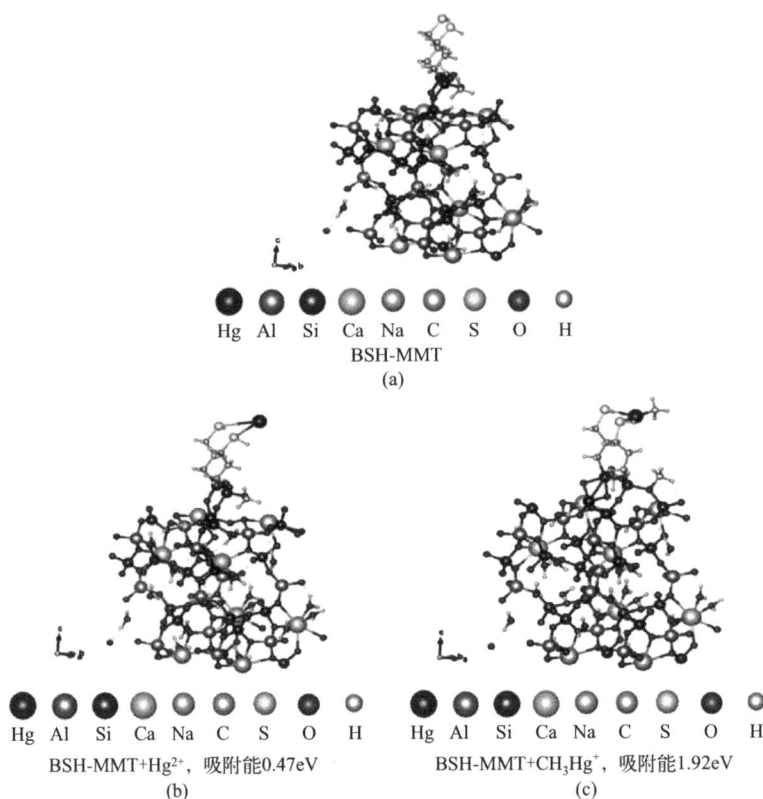

图 6-14 BSH-MMT（a）的优化结构，BSH-MMT＋Hg^{2+}（b）和 BSH-MMT＋CH_3Hg^+（c）的最优吸附构型

BSH-MMT 与 Hg^{2+} 和 CH_3Hg^+ 的吸附能分别为 0.47eV 和 1.92eV，这些经计算得到的吸附能不仅代表了吸附相互作用的自发性，也可能对吸附的活化能产生影响[28]。BSH-MMT＋Hg^{2+} 的吸附能相对较低，这表明巯基功能化的 MMT 对 Hg^{2+} 的结合亲和力高于

CH_3Hg^+。这一结果合理地解释了 Hg^{2+} 的吸附能力高于 CH_3Hg^+ 的原因。这种选择性吸附行为对于设计和优化用于 Hg 离子去除的材料具有重要意义。通过 DFT 计算，可以预测和优化材料的吸附性能，为实际应用提供理论指导和设计依据。

6.5　不同巯基功能化方法比较

关于 MMT 巯基功能化不同方法的相关数据见表 6-9。BSH-MMT 对 Hg^{2+} 和 CH_3Hg^+ 的最大吸附量分别为 104.79mg/g 和 39.27mg/g，巯基含量为 0.28mmol/g。与共缩合、共价接枝和插层制备的巯基改性蒙脱石相比，机械化学接枝制备的 BSH-MMT 虽然巯基含量较低，但具有更高或相当的 Hg 吸附能力。从所需的反应时间和所需的试剂来看，机械化学接枝法节省了时间，降低了成本。此外，机械化学接枝法是环保的，因为它既省去了酸活化步骤，又产生较少的化学废物。这种基于球磨的接枝方法的最大优点是一步合成，操作简单，具有大规模生产的潜力。从时间、成本、环境友好、应用前景等方面考虑，机械化学接枝技术为制备 BSH-MMT 提供了一条很有前途的途径。

表 6-9　制备巯基功能化蒙脱石类吸附材料的各种方法比较

巯基功能化蒙脱石类吸附材料	功能化		所需试剂	反应时间/h	巯基含量/(mmol/g)	最大吸附量（平衡时间;pH 值）/(mg/g)	
	技术	方法				Hg^{2+}	CH_3Hg^+
PCHs	冷凝	混合和搅拌	3-MPTS, TOES, HCl	108	0.7~2.9	100~602 (24h;1)	ND
Thiomont	共价接枝	回流	3-MPTS, CPTMO, HCl,甲苯, 乙醇,NaSH	102	3.2	65(pH=3)	ND

续表

巯基功能化蒙脱石类吸附材料	功能化		所需试剂	反应时间/h	巯基含量/(mmol/g)	最大吸附量（平衡时间；pH 值）/(mg/g)	
	技术	方法				Hg^{2+}	CH$_3$Hg$^+$
BHSH	共价接枝	酸激活然后反流	3-MPTS,HCl,甲苯	28	1.76	ND	ND
Ba-SH	共价接枝	回流	3-MPTS,甲苯	36	2.5	130(pH＝1)	ND
MEA-MONT	插层	离子交换	MEA	24	0.24～0.67	90～132(24h;3)	ND
Cys-Mt	插层	混合和搅拌	半胱氨酸	ND	ND	46(24h;4.4)	ND
BSH-MMT	机械化学接枝	球磨	3-MPTS,乙醇	12	0.28	104.79(6h;7)	39.27(6h;7)

注：ND 指未检测（not detected）。

6.6　主要结论

本案例结果表明，采用一步机械化学接枝法可成功制备 BSH-MMT。^{29}Si NMR、XPS、FTIR 和 XRD 结果表明，3-巯基丙基三甲氧基硅烷成功接枝到 MMT 表面的硅羟基上。BSH-MMT 具有更大的总比表面积、更多的硫和负电荷以及更多断裂的 Si—O 键，可以为 Hg 提供更多的活性结合位点。BSH-MMT 对 Hg^{2+} 和 CH$_3$Hg$^+$ 的吸附符合拟二级动力学（Hg^{2+}、CH$_3$Hg$^+$ 的 R^2 分别为 0.932、0.848）。Hg^{2+} 在 BSH-MMT 上的吸附等温线较适合 Freundlich 模型（$R^2＝0.970$），CH$_3$Hg$^+$ 吸附等温线较适合 Langmuir 模型（$R^2＝0.980$）。BSH-MMT 对 Hg^{2+} 的最大吸附量为 104.79mg/g，对 CH$_3$Hg$^+$ 的最大吸附量为 39.27mg/g，显著高于原始 MMT 的 14.80mg/g 和 4.14mg/g。由于—SH 对 Hg 的高亲和力，BSH-MMT 在 pH 值为 2～9 的范围内表现出高且稳定的吸附性能。腐殖酸的存在对 Hg^{2+} 的吸附有双重影响，但对 CH_3Hg^+ 的吸附影响较小。双配位巯基配位和表面吸附、配位是 BSH-MMT 的主要吸附机制，可能涉及静电吸引和离子交换。本研究表明，机械化学接枝是一种可持续、绿色的制备巯基蒙脱石的方法，具有操作简单、环境友好、成本低等优点。BSH-MMT 具有良好的吸附性能，有望成为吸附净化 Hg^{2+} 和 CH_3Hg^+ 污染水体的高效功能材料。

参考文献

[1] O'connor D，Hou D Y，Ok Y S，et al. Mercury speciation，transformation，and transportation in soils，atmospheric flux，and implications for risk management：A critical review [J]. Environment International，2019，126：747-761.

[2] Hakami O，Zhang Y，Banks C J. Thiol-functionalised mesoporous silica-coated magnetite nanoparticles for high efficiency removal and recovery of Hg from water [J]. Water Research，2012，46 (12)：3913-3922.

[3] Ijagbemi C O，Baek M H，Kim D S. Montmorillonite surface properties and sorption characteristics for heavy metal removal from aqueous solutions [J]. Journal of Hazardous Materials，2009，166 (1)：538-546.

[4] El Adraa K，Georgelin T，Lambert J F，et al. Cysteine-montmorillonite composites for heavy metal cation complexation：A combined experimental and theoretical study [J]. Chemical Engineering Journal，2017，314：406-417.

[5] Green R C. Adsorption of mercury(Ⅱ) from aqueous solutions by the clay mineral montmorillonite [J]. Bulletin of Environmental Contamination and Toxicology，2005，75 (6)：1137-1142.

[6] Tchinda A J，Ngameni E，Kenfack I T，et al. One-step preparation of thiol-functionalized porous clay heterostructures：Application to Hg(Ⅱ) binding and characterization of mass transport issues [J]. Chemistry of Materials，2009，21 (18)：4111-4121.

[7] Mercier L，Detellier C. Preparation，characterization，and applications as heavy metals sorbents of covalently grafted thiol functionalities on the interlamellar surface of montmorillonite [J]. Environmental Science & Technology，1995，29 (5)：1318-1323.

[8] Celis R，Hermosín M C，Cornejo J. Heavy metal adsorption by functionalized clays [J]. Environmental Science Technology，2000，34 (21)：4593-4599.

[9] Amrute A P，Zibrowius B，Schüth F. Mechanochemical grafting：A solvent-less highly efficient

method for the synthesis of hybrid inorganic-organic materials [J]. Chemistry of Materials, 2020, 32 (11): 4699-4706.

[10] Santos D G C V, Grassi T M, Abate G. Sorption of Hg(Ⅱ) by modified K10 montmorillonite: Influence of pH, ionic strength and the treatment with different cations [J]. Geoderma, 2015, 237-238: 129-136.

[11] Tran H N, You S J, Hosseini-Bandegharaei A, et al. Mistakes and inconsistencies regarding adsorption of contaminants from aqueous solutions: A critical review [J]. Water Research, 2017, 120: 88-116.

[12] Anirudhan T S, Bringle C D, Radhakrishnan P G. Heavy metal interactions with phosphatic clay: Kinetic and equilibrium studies [J]. Chemical Engineering Journal, 2012, 200-202: 149-157.

[13] Guerra D L, Silva E M, Lara W, et al. Removal of Hg(Ⅱ) from an aqueous medium by adsorption onto natural and alkyl-amine modified brazilian bentonite [J]. Clays & Clay Minerals, 2011, 59 (6): 568-580.

[14] Kónya J, Nagy N M. Sorption of dissolved mercury (Ⅱ) species on calcium-montmorillonite: an unusual pH dependence of sorption process [J]. Journal of Radioanalytical and Nuclear Chemistry, 2011, 288 (2): 447-454.

[15] Tonle I K, Ngameni E, Njopwouo D, et al. Functionalization of natural smectite-type clays by grafting with organosilanes: physico-chemical characterization and application to mercury (Ⅱ) uptake [J]. Physical Chemistry Chemical Physics, 2003, 5 (21): 4951-4961.

[16] Srivastava P, Singh B, Angove M. Competitive adsorption behavior of heavy metals on kaolinite [J]. Journal of Colloid and Interface Science, 2005, 290 (1): 28-38.

[17] Karlsson T, Skyllberg U. Bonding of ppb levels of methyl mercury to reduced sulfur groups in soil organic matter [J]. Environmental Science & Technology, 2003, 37 (21): 4912-4918.

[18] Chen C, Liu H, Chen T, et al. An insight into the removal of Pb(Ⅱ), Cu(Ⅱ), Co(Ⅱ), Cd (Ⅱ), Zn(Ⅱ), Ag(Ⅰ), Hg(Ⅰ), Cr(Ⅵ) by Na(Ⅰ)-montmorillonite and Ca(Ⅱ)-montmorillonite [J]. Applied Clay Science, 2015, 118: 239-247.

[19] Ervithayasuporn V, Chanmungkalakul S, Churinthorn N, et al. Modifying interlayer space of montmorillonite with octakis (3-(1-methylimidazolium) propyl) octasilsesquioxane chloride [J]. Applied Clay Science, 2019, 171: 6-13.

[20] Kulshrestha P, Giese Jr R F, Aga D S. Investigating the molecular interactions of oxytetracycline in clay and organic matter: Insights on factors affecting its mobility in soil [J]. Environmental Science and Technology, 2004, 38 (15): 4097-4105.

[21] Wang Y L, Li S X, Yang H. In situ stabilization of some mercury-containing soils using organically

modified montmorillonite loading by thiol-based material [J]. Journal of Soils and Sediments, 2019, 19 (4): 1767-1774.

[22] Tran L, Wu P, Zhu Y, et al. Comparative study of Hg(Ⅱ) adsorption by thiol- and hydroxyl-containing bifunctional montmorillonite and vermiculite [J]. Applied Surface Science, 2015, 356: 91-101.

[23] Han Y S, Yamanaka S. Preparation and characterization of microporous SiO_2-ZrO_2 pillared montmorillonite [J]. Journal of Solid State Chemistry, 2006, 179 (4): 1146-1153.

[24] Guimaraes A, Ciminelli V, Vasconcelos W. Smectite organofunctionalized with thiol groups for adsorption of heavy metal ions [J]. Applied Clay Science, 2009, 42 (3-4): 410-414.

[25] Sun Y, Liu Y, Lou Z, et al. Enhanced performance for Hg(Ⅱ) removal using biomaterial (CMC/gelatin/starch) stabilized FeS nanoparticles: Stabilization effects and removal mechanism [J]. Chemical Engineering Journal, 2018, 344: 616-624.

[26] Song Y, Jiang T, Liem-Nguyen V, et al. Thermodynamics of Hg(Ⅱ) bonding to thiol groups in suwannee river natural organic matter resolved by competitive ligand exchange, Hg $L_{Ⅲ}$-Edge EXAFS and ^{1}H NMR spectroscopy [J]. Environmental Science & Technology, 2018, 52 (15): 8292-8301.

[27] Li J, Liu Y, Ai Y, et al. Combined experimental and theoretical investigation on selective removal of mercury ions by metal organic frameworks modified with thiol groups [J]. Chemical Engineering Journal, 2018, 354: 790-801.

[28] Kwon C, Kang J, Noh S H, et al. First-principles prediction of universal relation between exchange current density and adsorption energy of rare-earth elements in a molten salt [J]. Journal of Industrial and Engineering Chemistry, 2019, 70: 94-98.

第**7**章

蒙脱石基环境功能材料固定化/
稳定化修复土壤汞污染案例

水和土壤中的汞（Hg）污染因其高毒性和食物链中的生物放大作用而备受关注。在本案例中，黏土矿物蒙脱石（Mt）通过 MEA 插层、3-巯基丙基三甲氧基硅烷（MPTS）酸活化共价接枝和 3-MPTS 机械化学接枝进行巯基功能化，制备了三种 Mt 基环境功能材料，这些材料主要用于研究 Hg 污染土壤的固定化/稳定化修复潜力与作用机理。

7.1 材料与方法

7.1.1 材料制备

采用 MEA 插层法、3-MPTS 酸活化共价接枝法和机械化学接枝法制备巯基功能化 Mt 的具体操作步骤如下。

① MEA 插层法。称取 5g Mt 置于锥形瓶中，用 50mL MEA 溶液处理以制备悬浮液（MEA 质量浓度为 1.0CEC，以 Mt 的称取质量×115cmol$^{(+)}$/kg 计），室温下以 200r/min 的速度振荡 24h，真空抽滤，用去离子水洗涤 3～4 次，收集滤饼，－60℃下真空冷冻干燥

（新芝 SCIENTZ-18N，中国），研磨后通过 100 目尼龙网筛备用[1]，所得样品命名为 ISH-Mt。

② 3-MPTS 酸活化共价接枝法。称取 5g Mt 置于玻璃培养皿中，用 12.5mL 硫酸（18%）在 95℃下活化 4h，随后用去离子水多次洗涤，调节 pH 值约为 7，105℃下干燥，得到酸活化 Mt；将酸活化 Mt 置于烧杯中，加入无水乙醇（与 Mt 的质量体积比为 1∶40），逐滴加入 3-MPTS（与 Mt 的质量体积比为 1∶1），室温下磁力搅拌 6h，真空抽滤，用乙醇洗涤以除去残留的 3-MPTS，用去离子水洗涤直至滤液 pH 值约为 7，收集滤饼，在 80℃下干燥，研磨后过 100 目尼龙网筛备用[2]，所得样品命名为 GSH-Mt。

③ 3-MPTS 机械化学接枝法。称取 3g Mt 置于玛瑙罐中，加入玛瑙球（与 Mt 的质量比为 100∶1），然后逐滴加入 3-MPTS（与 Mt 的质量体积比 1∶1.2），并加入无水乙醇（与 Mt 的质量体积比为 1∶40）和少量去离子水，将玛瑙罐置于球磨机（QM-3SP2，南京顺驰科技有限公司，中国）中以 300r/min 的速度球磨 12h，旋转方向每 4h 改变一次；球磨结束后，将混合物真空抽滤，用乙醇和去离子水洗涤以去除残留的 3-MPTS，收集滤饼，室温下风干，研磨后过 100 目尼龙网筛备用[3-4]，所得样品命名为 BSH-Mt。

7.1.2　实验设计

(1) 模拟 Hg 污染土壤的固定化修复实验

使用的土壤来自中国贵州省万山矿区的某农田（0～20cm 土层，旱地，pH=7.61）。将其风干并粉碎，使其通过尼龙网（<2mm）。土壤中 Hg 的初始含量为 1.82mg/kg，低于 GB 15618—2018 规定的旱地土壤风险筛查值（3.4mg/kg，pH>7.5）。将 2kg 土壤掺入 2L Hg^{2+} 溶液（200mg/L），然后在塑料袋中彻底均质化并陈化

14d。随后，将其风干并过筛（<2mm）以进一步培养。Mt、ISH-Mt 和 GSH-Mt 在 Hg 污染土壤中的添加剂量分别为 0.1%（质量分数，下同）、0.5% 和 1%。经过彻底均质化后，将土壤在（25±1）℃、含水量为 40%（质量分数）的塑料瓶中培养 28d（包括未经处理的土壤，标记为 CK）。在培养过程中，每 2d 使用称重法补充一次水分，在 7d、14d 和 28d 采集土壤样本，并风干以供进一步分析。

（2）Hg 污染水稻土壤的稳定化修复实验

供试土壤采自贵州省铜仁市万山 Hg 矿区周边稻田（109°14′E，27°30′N）的耕作层（0~20cm）。采矿、冶炼活动导致该土壤受到了严重的 Hg 污染，土壤 THg 含量为（5.27±0.95）mg/kg，超过农用地土壤污染风险筛查值 0.5mg/kg（GB 15618—2018）。去除土壤中的石头、植物根部和其他杂质，并在室温下风干，然后过 10 目尼龙网筛，将土壤彻底均质化后用于进一步分析。土壤的基本性质如下：pH 值 5.61，电导率 129.40μS/cm，阳离子交换容量 8.59cmol$^{(+)}$/kg，总氮 1.68g/kg，总磷 0.78g/kg，总钾 13.60g/kg，有机质 19.47g/kg。称取 200g 过 10 目尼龙网筛的 Hg 污染风干土壤，按照 0.1%（质量分数，下同）、0.5% 和 1% 的剂量加入 ISH-Mt、GSH-Mt、BSH-Mt 和 Mt，彻底混匀，一式三份，置于聚乙烯塑料瓶中，在淹水状态下（保持 2cm 以上覆水）培养 14d。同时设置对照（CK），即不加钝化材料，培养条件相同。因此本实验共计 13 个样本，即 CK、Mt（0.1%、0.5% 和 1%）、ISH-Mt（0.1%、0.5% 和 1%）、GSH-Mt（0.1%、0.5% 和 1%）和 BSH-Mt（0.1%、0.5% 和 1%）。培养结束后，将土壤样品取出，部分储存于 -80℃ 冰箱中用于微生物高通量分析，剩余部分于室温下风干，过筛，用于后续分析测定。

7.1.3　分析方法

（1）批处理吸附实验

实验条件和模型拟合同 6.1.3 小节。

（2）土壤分析

TCLP 毒性浸出实验：用 500.0mL 去离子水稀释 5.7mL 冰醋酸，再加入 64.3mL 浓度为 1.0mol/L 的 NaOH，再稀释至 1.0L，制得缓冲溶液，最终 pH 值为 4.93±0.05；浸出实验在（25±1）℃下进行，液固比为 20∶1，浸出 18h，然后在 40r/min 的端过端旋转机上进行平衡；操作结束后，将混合物离心（4000r/min，5min），过 0.45μm 滤膜后进一步测定 Hg 含量。

土壤 Hg 组分连续提取：Hg 组分定义为可交换态（EX，用 1mol/L 的 $MgCl_2$ 萃取）、碳酸盐结合态（CB，用 1mol/L 的 NaOAc 萃取）、铁锰氧化物结合态（OX，用 0.04mol/L 的 $NH_2OH \cdot HCl$ 萃取）、有机结合态（OM，用 0.02mol/L 的 HNO_3＋30％的 H_2O_2 萃取，然后再用 3.2mol/L 的 NH_4Ac 萃取）和残渣态（RS，用 HCl 和 HNO_3 的新鲜混合物消化）[5]。

Hg 含量测定：在水浴（95℃）中使用 HCl 和 HNO_3 的新鲜混合溶液（3∶1，体积比）进行土壤消化[6]，采用 AFS 8520（中国海光）原子荧光光谱法，按照中华人民共和国环境保护标准（HJ 694—2014）测定水溶液中 Hg 的浓度；有效态 Hg 采用 0.1mol HCl 和 0.01mol $Na_2S_2O_3$ 浸提，具体方法：称取 2.0g 过 100 目的风干土样置于 50mL 聚丙烯离心管中，HCl 浸提水土比为 10∶1，振荡 4h；振荡结束后以 4000r/min 的转速离心，上清液中 Hg 含量按照行业标准《水质　汞、砷、硒、铋和锑的测定　原子荧光法》(HJ 694—2014)

所述方法，使用原子荧光光度计 AFS85 20（海光，中国）测定。土壤有效态 Hg 的固定效率（也称钝化效率）χ 计算公式如下：

$$\chi = \frac{C_0 - C_a}{C_0} \times 100\%$$

式中，C_0 是培养结束后对照土壤中的可浸提态 Hg 含量，$\mu g/kg$；C_a 是培养结束后添加钝化材料土壤中的可浸提态 Hg 含量，$\mu g/kg$。

土壤理化性质：土壤 pH 值按土水比 1∶2.5 使用 PB-10 pH 计（Sartorius，德国）测定；土壤电导率（EC）采用电导率仪（雷磁，上海）测定；土壤碱解氮、有效磷、速效钾和有机质分别采用碱解扩散法、碳酸氢钠浸提-钼锑抗比色法、醋酸铵浸提-火焰光度法和重铬酸钾滴定法测定；土壤阳离子交换容量（CEC）采用三氯化六氨合钴浸提-分光光度法测定（HJ 889—2017）；土壤有效硫（AS）采用磷酸盐浸提，硫酸钡比浊法测定。

土壤微生物分析：本研究收集了巯基功能化 Mt（1%的添加量）处理的土壤样品进行细菌群落分析，采用 16S rRNA 高通量测序（V3～V4 可变区，F：ACTCCTACGGGAGGCAGCA，R：GGAC-TACHVGGGTWTCTAAT）在 Illumina 平台上进行，使用 QIIME 2 2019.4 分析微生物组生物信息；使用 q2-demux 插件对原始序列数据进行解离和质量过滤，然后使用 DADA2 去噪；扩增子序列变体（ASV）与 MAFFT 进行比对，并用于构建带有 FastTree 2 的系统发育关系。根据 Greengenes 13_8 99% OTU 参考序列，使用特征分类器插件中的 scikit-learn（sklearn）朴素贝叶斯（naive Bayes）分类器对 ASV 进行分类。α 多样性指数 [Chao1 指数、观测物种数（Observed species）、香农（Shannon）指数、辛普森（Simpson）指数、Faith's 发育多样性（PD）、皮洛（Pielou）均匀指数和 Good's 覆盖指数] 和组间差异分析 [维恩图和主要成分分析（PCA，基于 Euclidean 距离）] 参考前人文献计算和分析，标志物种采用线性判别分析效应大小 [linear discriminant analysis effect size，LEfSe；也称线性判别分析，LDA]。

数据分析与质量控制：采用 Excel 2019 处理数据，SAS 9.4 进行方差分析 [单因素方差分析（one way ANOVA），最小显著差异法（LSD）多重比较] 和相关分析，使用 Orgin 2021b 作图。

Hg 测定中所用玻璃器皿均在 20% HNO_3 溶液中浸泡 24h 后使用。所有实验采用样品重复（三次）、样品空白和标准物质进行质量控制。

7.2　模拟汞污染土壤的固定化修复潜力

7.2.1　修复材料的表面形貌与结构特征

如图 7-1 中（a）～（c）所示，MEA 插层后黏土矿物表面的不规则层状结构减少，而 3-MPTS 接枝后表面破碎，变得更加均匀。与 Mt 相比，在 ISH-Mt 中观察到新的元素 N 和 S，同时由于 MEA 阳离子的替代，Ca 和 Na 的含量降低。GSH-Mt 中也检测到元素 S，同时 C 含量显著增加，见图 7-1(d)～(f)。三种材料的特征元素 EDS 图显示在图 7-1(g)～(l) 中。N_2 吸附/解吸曲线表明 ISH-Mt 和 GSH-Mt 都是典型的介孔材料，ISH-Mt 和 GSH-Mt 的孔径主要分布在 0～20nm（图 7-2，书后另见彩插），平均孔径（D_a）分别为 5.81nm 和 6.31nm（表 7-1），均小于未处理 Mt 的 6.81nm，这是巯基改性剂堵塞孔道的结果。与未处理的 Mt 相比，MEA 插层略微降低了 S_{BET} 和 V_t，但 3-MPTS 表面接枝大大增加了 S_{BET}，这种变化主要源于介孔结构，且表面形态和多孔结构的变化分别与 MEA 插入层间后堵塞层间通道和接枝过程中酸活化导致的层状结构坍塌有关。巯基功能化前后氧化物的主要质量分数变化包括 SO_3 含量的增加和 CaO 含量的减少，这与元素分析结果一致（表 7-1）。在巯基功能化 Mt 和天然 Mt 之间观察到的元素及其氧化物的变化取决于改性剂的种类。此外，特定元素（C、N 和 S）含量的增加标志着巯基功能化 Mt 的成功制备。

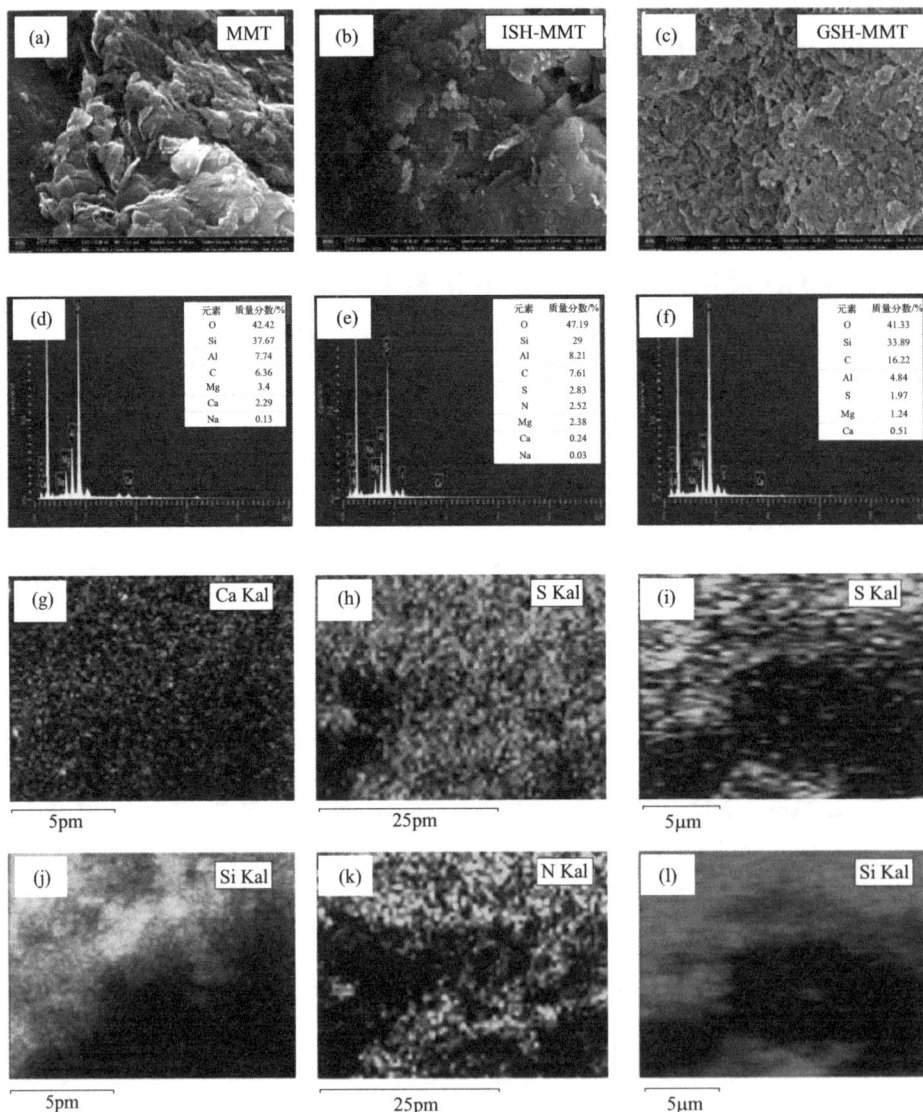

图 7-1　Mt、ISH-Mt 和 GSH-Mt 的 SEM-EDS 图

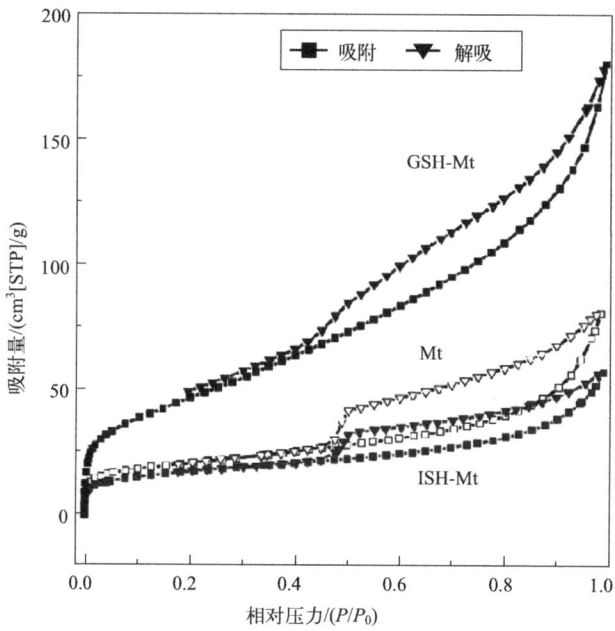

(a)

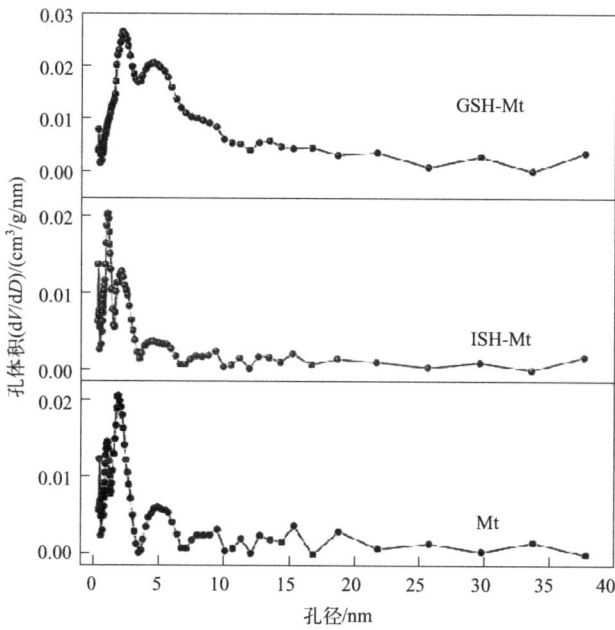

(b)

图 7-2　Mt、ISH-Mt 和 GSH-Mt 的 N₂ 吸附/解吸等温线（a）和孔径分布（b）

表 7-1 Mt、ISH-Mt 和 GSH-Mt 的孔隙结构和化学组成

项目	参数	Mt	ISH-Mt	GSH-Mt
孔隙结构	$S_{BET}/(m^2/g)$	73.6	61.2	174.7
	$S_{meso}/S_{micro}/(m^2/g)$	45.6/28.0	33.6/27.6	155.1/19.6
	$V_t/(cm^3/g)$	0.125	0.089	0.276
	$V_{meso}/V_{micro}/(cm^3/g)$	0.110/0.015	0.074/0.0145	0.260/0.016
	D_a/nm	6.81	5.81	6.31
有机元素 /% （质量分数）	C	0.40	2.37	2.48
	N	ND	1.19	ND
	H	2.18	2.04	2.22
	S	0.05	2.50	1.34
无机氧化物 /% （质量分数）	SiO_2	65.54	62.72	74.88
	Al_2O_3	17.65	17.07	12.45
	Fe_2O_3	5.35	4.49	2.43
	MgO	4.54	3.98	2.32
	CaO	4.16	1.50	1.16
	K_2O	0.95	0.85	0.83
	TiO_2	0.65	0.65	0.63
	Na_2O	0.48	0.34	0.34
	P_2O_5	0.23	0.24	0.03
	SO_3	0.15	7.96	4.85

注：S_{BET} 由 Brunauer-Emmett-Teller 方程计算的总比表面积（BET）；S_{meso} 由 Barret-Joyner-Halenda（BJH）计算的介孔表面积；S_{micro} 为从 S_{BET} 中减去 S_{meso} 得到的微孔表面积；V_t 相对压力为 0.982 时的总孔体积；V_{meso} 由 Barret-Joyner-Halenda（BJH）计算的介孔体积；V_{micro} 为 V_t 减去 V_{meso} 得到的微孔体积；D_a 为平均孔径；ND 为未检测到。

ISH-Mt 的 Zeta 电位值为 $-27.37 \sim -13.43mV$，而 GSH-Mt 的为 $-27.67 \sim -14.40mV$，在 pH 值为 2～9 时均为负值（图 7-3），这归因于 Mt 的永久负电荷（$-25.27 \sim -13.70mV$）。与 ISH-Mt 相比，GSH-Mt 在选定的 pH 值范围内显示出更多的负电荷，这可以为 Hg^{2+} 阳离子的吸附提供有利的环境。热重分析结果显示：在约 55.55℃ 和 120.63℃ 时，第一次急剧的质量损失（约 10.73%）对应于 Mt 层间吸附水的损失；而在约 627.95℃ 时，第二次质量损失（约 2.15%）对应于硅酸盐层的脱羟基。相比之下，巯基功能化样品表现

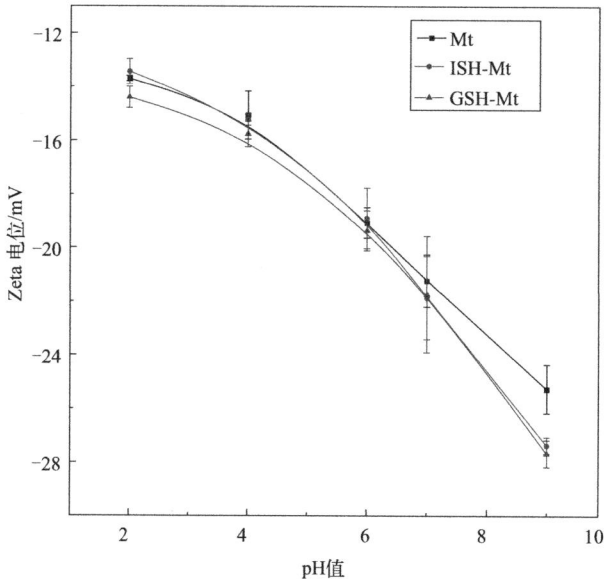

(a)

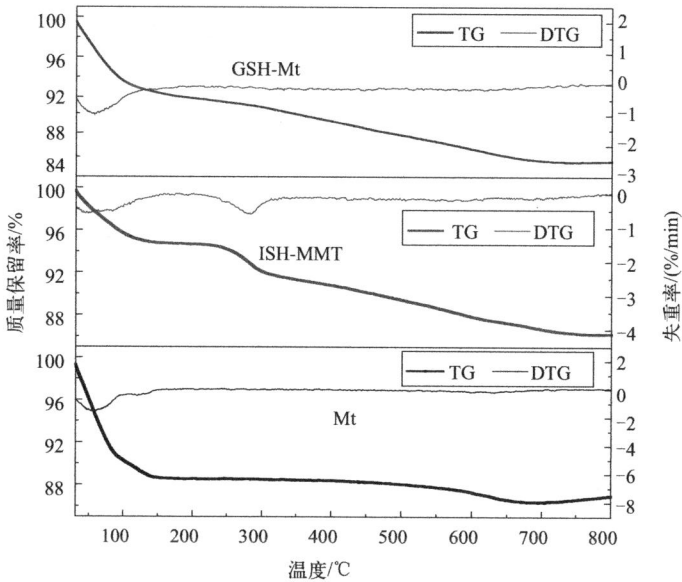

(b)

图 7-3　Mt、ISH-Mt 和 GSH-Mt 的 Zeta 电位图 （a）和热重曲线图 （b）

出更高的疏水性，因为 ISH-Mt 和 GSH-Mt 的第一阶段质量损失分别仅约为 4.93％和 7.42％。功能化样品的第二阶段质量损失 （约

8.49%和6.48%）远高于Mt，这归因于有机改性剂的降解。通过计算，改性剂的插层效率和接枝效率分别为54.87%和9.45%。

MEA插层后矿物层间距减小，d_{001}值从14.98Å变为14.08Å，归因于黏土矿物夹层的无机阳离子及水被水合程度较低的MEA阳离子替代（图7-4）。然而，GSH-Mt的XRD参数与天然Mt的XRD参

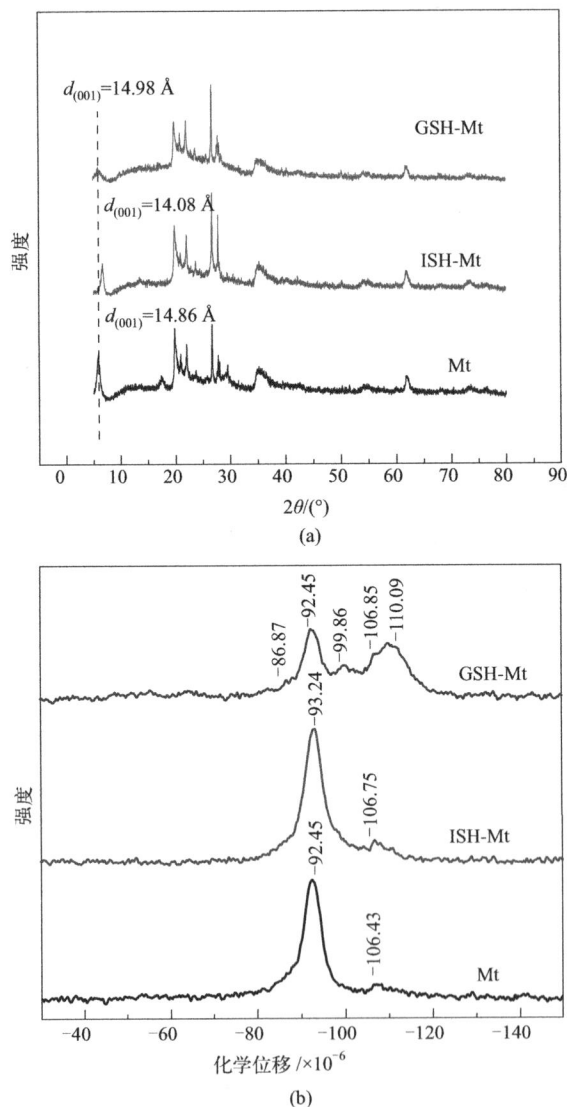

(a)

(b)

图7-4　Mt、ISH-Mt和GSH-Mt的X射线衍射图（a）和 ^{29}Si NMR图谱（b）

数几乎相同，这表明 3-MPTS 接枝过程几乎全部发生在外表面，而不是层间空间。在样品的傅里叶变换红外光谱中，在约 $3625cm^{-1}$ 处的峰与蒙脱石结构羟基的典型伸缩振动有关，$3420cm^{-1}$ 和 $1640cm^{-1}$ 附近的峰被指定为 υ（H—O—H）伸缩和变形带 δ（O—H），$1036cm^{-1}$ 和 $795cm^{-1}$ 附近的两个峰代表了 Si—O—Si 的不对称和对称伸缩振动，在约 $520cm^{-1}$ 和 $466cm^{-1}$ 处的两个峰属于 Si—O 的变形和弯曲振动，除了 $2928cm^{-1}$ 处较弱的—CH$_2$ 伸缩外，巯基功能化 Mt 和 Mt 之间的 FTIR 没有明显变化，包括在约 $2570cm^{-1}$ 处未观测到 S—H 伸缩振动特征峰。

^{29}Si-MAS NMR 显示-92.45×10^{-6} 和-106.43×10^{-6} 处的两个信号对应于 $Q^3[Si(OSi)_3OM]$（M 表示 Al、Mg 等）和 $Q^4[Si(OSi)_4]$，这是 Mt 的典型无机 Si 原子特征，对应于层状硅酸盐和石英中的 Si。ISH-Mt 的^{29}Si-MAS NMR 光谱由两个高分辨率的共振信号组成，分别位于-93.24×10^{-6} 和-106.75×10^{-6}，与 Mt 的共振信号几乎相同，表明 MEA 插层对矿物硅酸盐结构的影响较小。然而，在 MEA 插层后，Q^3 状态显示出较低的化学位移，为-93.24×10^{-6}，表明层状硅酸盐中 Si 原子结构的变化。对于 GSH-Mt，-86.87×10^{-6} 和-99.86×10^{-6} 处的新信号与 $Q^2[Si(OH)_2]$（Si 位于外表面边缘）和 $Q^3[Si(OSi)_3OM]$（表示层状硅酸盐 Si）Si 原子相关，这归因于酸活化预处理增强了矿物边缘和受损层状硅酸盐中的 Si 暴露。同时，光谱记录到-110.09×10^{-6} 处的新信号，该信号被定义为 $Q^4[Si(OSi)_4]$ 态 Si 原子，表明通过酸处理浸出无定形二氧化硅。然而，$T^2[RSi(OSi)_2(OH)]$ 和 $T^3[RSi(OSi)_3]$（归属于有机硅共振）没有明显的信号，这与梁等之前进行的 3-MPTS 接枝研究不同。XPS 结果表明，GSH-Mt 在 163.70eV、165.32eV 和 168.78eV 处的 S 2p 峰分别归属于—SH、C—S 和 S 氧化物，C 1s 在 290.43eV 处和 Si 2p 在 103.60eV 处的新峰分别对应—CH$_2$C(O)CH$_3$ 和硅烷链，这为

3-MPTS 的接枝提供了直接证据。

7.2.2 修复材料对 Hg^{2+} 的吸附固定性能

Hg^{2+} 在 ISH-Mt 和 GSH-Mt 上的吸附在 6h 时达到平衡，前 2h 的吸附速率很快（图 7-5，书后另见彩插）。表 7-2 列出了 Hg^{2+} 吸附的拟一级（PFO 模型，基于膜扩散理论）和拟二级（PSO 模型，基

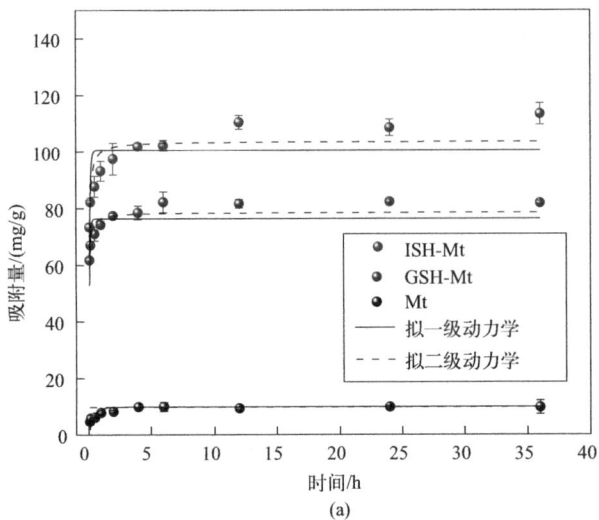

(a)

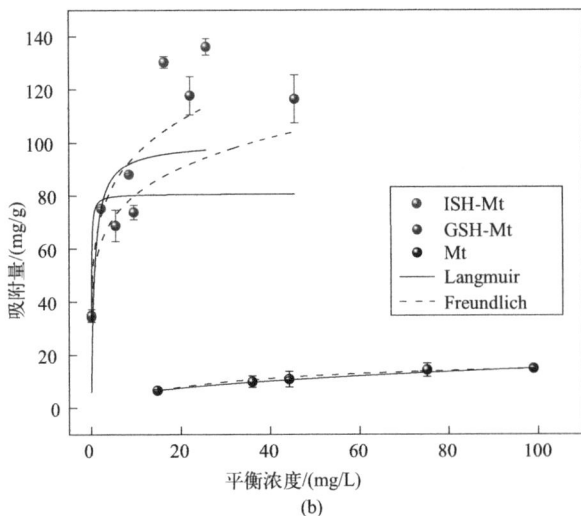

(b)

图 7-5　Hg^{2+} 在 ISH-Mt 和 GSH-Mt 上的吸附动力学曲线（a）和等温线（b）

于化学吸附的吸附速率限制步骤）动力学模型的拟合参数。PSO 模型比 PFO 模型（R^2 分别为 0.722 和 0.627）更好地拟合了 Hg^{2+} 在 ISH-Mt 和 GSH-Mt 上的吸附行为（R^2 分别为 0.879 和 0.930），表明化学吸附是限速步骤，而不是扩散过程[7]。PSO 模型拟合的 ISH-Mt 对 Hg^{2+} 的吸附 Q_m 为 103.69mg/g，远高于 GSH-Mt(78.52mg/g) 和 Mt(10.40mg/g)。此外，Hg^{2+} 在 ISH-Mt 和 GSH-Mt 上的吸附与 Freundlich 等温模型非常吻合（R^2 分别为 0.950 和 0.900），为非均相表面上的非理想吸附。Langmuir 等温模型拟合的 ISH-Mt 和 GSH-Mt 对 Hg^{2+} 的最大吸附量分别为 141.55mg/g 和 136.92mg/g，约为天然 Mt(19.95mg/g) 的 7 倍。

表 7-2　Hg^{2+} 吸附动力学和等温线模型拟合参数

模型	参数	Mt	ISH-Mt	GSH-Mt
拟一级动力学模型	K_1/h^{-1}	2.34 ± 0.53	11.99 ± 1.58	14.11 ± 1.85
	$Q_m/(\mathrm{mg/g})$	9.88 ± 0.12	101.51 ± 3.51	76.35 ± 1.72
	R^2	0.796	0.722	0.627
拟二级动力学模型	$K_2/(\mathrm{g/mg/h})$	0.45 ± 0.13	0.24 ± 0.03	0.46 ± 0.07
	$Q_m/(\mathrm{mg/g})$	10.40 ± 0.18	103.69 ± 1.88	78.52 ± 1.12
	R^2	0.879	0.93	0.879
Langmuir 等温模型	$K_L/(\mathrm{L/mg})$	0.03 ± 0.005	0.40 ± 0.35	0.16 ± 0.13
	$Q_m/(\mathrm{mg/g})$	19.95 ± 1.38	141.55 ± 26.21	136.92 ± 30.83
	R^2	0.979	0.769	0.721
Freundlich 等温模型	$K_F/[(\mathrm{mg/g})/(\mathrm{mg/L})^n]$	2.14 ± 0.31	60.50 ± 7.72	51.79 ± 9.31
	n	0.43 ± 0.03	0.24 ± 0.04	0.22 ± 0.06
	R^2	0.984	0.950	0.900

7.2.3　修复材料对 Hg 污染土壤的固定化修复性能

在本案例中，ISH-Mt 和 GSH-Mt 在 7～28d 对 Hg 污染土壤的固定化修复作用如图 7-6 所示。TCLP 渗滤液中的 Hg 浓度随着修复剂添加量的增加而降低，在 0.1%～1%（质量分数）的处理下表现出剂量效应。与未处理的土壤相比，施用天然 Mt 降低了土壤中 TCLP-Hg 浓度，随着稳定时间从 7d 延长到 28d，其稳定效率逐步提高。在 28d 时，Mt 使土壤中 TCLP-Hg 浓度降低了 61.2%～83.4%，但仍超过了美国环保局的 Hg 浸出标准（200μg/L）。相比之下，巯基

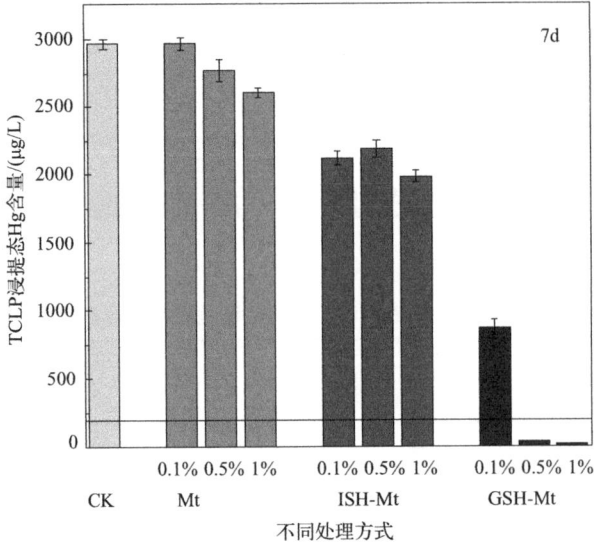

(a) 不同方式处理7d土壤中TCLP浸提态Hg含量

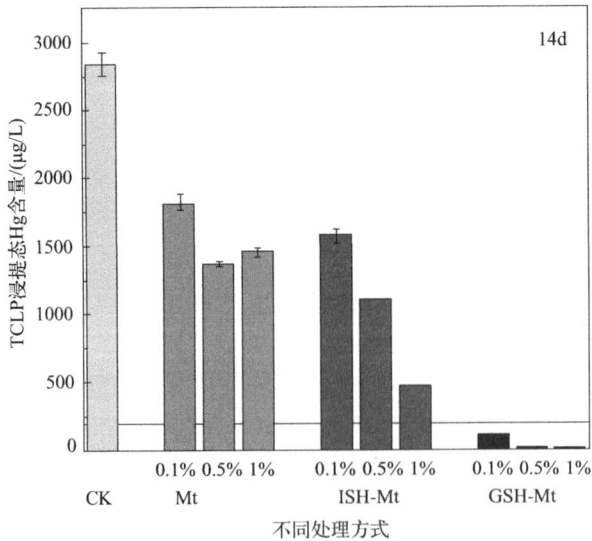

(b) 不同方式处理14d土壤中TCLP浸提态Hg含量

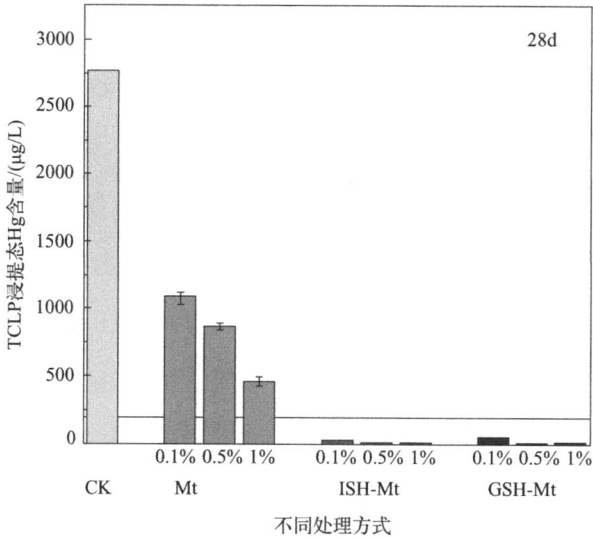

(c) 不同方式处理28d土壤中TCLP浸提态Hg含量

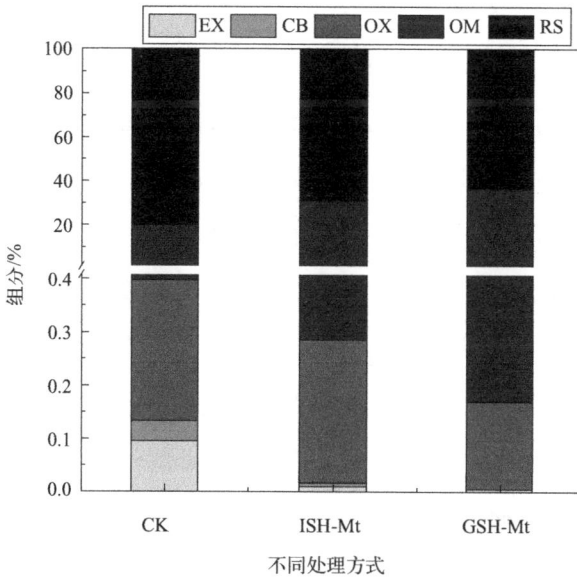

(d) ISH-Mt和GSH-Mt稳定28d土壤中汞分级提取组分

图 7-6　ISH-Mt 和 GSH-Mt 对汞污染土壤的固定化修复

EX 为可交换态，CB 为碳酸盐结合态，OX 为铁锰氧化物结合态，

OM 为有机结合态，RS 为残渣态

功能化的 Mt 对 Hg 污染的土壤表现出更好的稳定作用，在 ISH-Mt 处理下，土壤中 TCLP-Hg 浓度降低了 26.1%～99.8%，稳定 28d 后低于 TCLP 监管限值。GSH-Mt 对 TCLP-Hg 的降低作用在三种修复材料中最大，与未处理的土壤相比降低了 70.5%～99.8%。此外，在 GSH-Mt 以 0.5% 和 1% 的剂量处理 7d 后，土壤中 TCLP-Hg 浓度降至监管限值以下。即使在最低施用剂量下，GSH-Mt 处理 14d 后，TCLP-Hg 浓度也降至 200μg/L 以下。由于—SH 配位作用，疏基功能化大大增强了黏土矿物 Mt 固定化修复土壤 Hg 污染的能力[8]。因此，疏基功能化的 Mt 有效地减弱了土壤 Hg 的淋溶，在处理 28d 后，GSH-Mt 和 ISH-Mt 的稳定效率均达到最高。

在未经处理的土壤中，大部分 Hg 为残渣态（RS），其次是有机结合态（OM），可交换态（EX）、碳酸盐结合态（CB）和铁锰氧化物结合态（OX）的比例相当低。ISH-Mt 和 GSH-Mt 的施加将 EX 和 CB 组分（易于浸出）转化为更稳定的 OM 组分。ISH-Mt 的处理使 EX 和 CB 组分分别降低了 86.7% 和 90.9%，GSH-Mt 的处理分别降低了 95.4% 和 95.9%。同时，在 ISH-Mt 和 GSH-Mt 的处理下，OM 组分分别增加了 56.0% 和 87.2%。EX 和 CB 组分是可溶的，易于浸出，而 OM 组分更稳定，浸出率低。—SH 对 Hg 的螯合作用是疏基功能化 Mt 固定化土壤中 Hg 组分变化的原因，有机表面活性剂改性的疏基功能化 Mt 可以通过原位固定降低污染土壤中 Hg 的可利用性。另一项原位修复研究报告了类似的观察结果，即疏基功能化的氧化石墨烯/Fe-Mn 复合材料将更易迁移的 Hg 组分（EX 和 CB）转化为不易迁移的组分（OX、OM 和 RS）。

7.2.4　修复材料对 Hg 污染土壤的固定化修复机理

图 7-7 显示了吸附 Hg 前后 Si 2p 和 Hg 4f 的 XPS 光谱。负载 Hg

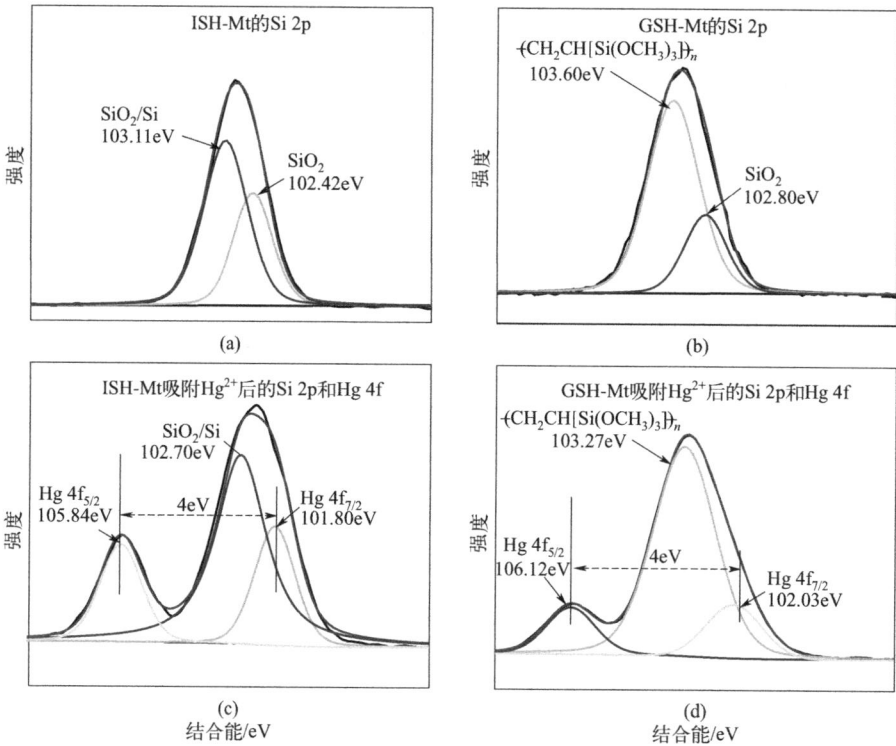

图 7-7　Hg^{2+} 吸附前 [(a) 和 (b)] 和吸附后 [(c) 和 (d)]

ISH-Mt 和 GSH-Mt Si 2p 和 Hg 4f 的 XPS 光谱

的 ISH-Mt 和 GSH-Mt 中 Si 2p 结合能的变化表明，由于 Hg^{2+} 的吸附，—SH 变成了—SHg。Hg^{2+} 吸附后，ISH-Mt（105.84eV）和 GSH-Mt（106.12eV）均检测到明显的 Hg $4f_{5/2}$ 峰。分离出峰间距为 4.0eV 的 Hg $4f_{7/2}$ 峰，这表明 Hg 以氧化态吸附在 ISH-Mt 和 GSH-Mt 上。Hg 吸附后 ISH-Mt 和 GSH-Mt 的 EXAFS 拟合结果见表 7-3，德拜-沃勒因子（σ^2）、边缘能量校正（ΔE_0）和拟合优度均值（R 因子）的值表明拟合结果较好。Hg^{2+} 与巯基中的 S 原子结合时，Hg—S 距离（R 因子）被确定，约为 2.30Å。ISH-Mt 和 GSH-Mt 吸附 Hg^{2+} 的 Hg—S 的配位数（C. N.）分别为 1.3 和 2.1，表明 Hg 与一个或两个 S 原子结合。C. N. 不同的可能原因与 ISH-Mt 和 GSH-Mt

中巯基的位置有关。对于 GSH-Mt，—SH 负载在矿物的外表面，这有利于形成两个配位结构，而 ISH-Mt 的巯基存在于层间，这有助于形成单配位结构[9]。

表 7-3　ISH-Mt 和 GSH-Mt 吸附 Hg^{2+} 产物的 $Hg\ L_{III}$ 边缘 EXAFS 拟合（$S_0^2 = 0.84$）

吸附剂	路径	C. N.	R/Å	$\sigma^2 \times 10^{-3}/Å^2$	ΔE_0/eV	R 因子
ISH-Mt	Hg-S	1.3±0.4	2.30±0.02	6.8±2.4	−9.6±2.4	0.013
GSH-Mt	Hg-S	2.1±0.5	2.32±0.02	14.3±3.8	−5.2±2.9	0.016

注：S_0^2 为减幅系数；C. N. 为配位数；R 为键长；σ^2 为德拜-沃勒因子；ΔE_0 为边缘能量校正；R 因子为拟合优度均值。

7.2.5　小结

与 MEA 插层相比，3-MPTS 表面接枝的巯基功能化显著改变了 Mt 表面形态，提高了总比表面积、总孔体积和负电荷量，改变了无机 Si 原子结构。巯基功能化显著提高了 Mt 对 Hg^{2+} 的吸附能力，Langmuir 模型得到的 ISH-Mt 和 GSH-Mt 的最大吸附量分别为 141.55mg/g 和 136.92mg/g，显著高于天然 Mt 的 19.95mg/g。Hg 污染土壤淋溶结果表明，ISH-Mt 和 GSH-Mt 对 Hg 具有较高的固定化修复能力，其中 GSH-Mt 固定速度比 ISH-Mt 快。土壤中的 Hg 从 EX 和 CB 组分（更易溶解）转移到 OM 组分（更加稳定）。XPS 和 EXAFS 表明，—SH 配位是 ISH-Mt 和 GSH-Mt 对 Hg 的主要吸附固定机制。然而，还需要进一步的研究来验证其在真实场景中的固定化修复性能。

7.3　汞污染水稻土壤的稳定化修复潜力

本案例将所制备的三种巯基功能化 Mt（即 ISH-Mt、GSH-Mt 和 BSH-Mt）作为钝化材料，研究其低剂量（0.1%～1%，质量分数）施加对稻田土壤（采自贵州省万山 Hg 矿周边的污染稻田）有效态 Hg 的钝化效果及其对土壤理化性质和微生物的影响，评估其用于 Hg 污染稻田土壤钝化修复的潜力。

7.3.1　土壤中有效态 Hg 含量

如图 7-8 所示，未经处理的稻田土壤中可浸提的有效态 Hg 含量非常低[10]，仅为 $1.51\mu g/kg$（HCl 浸提态）和 $21.98\mu g/kg$（$Na_2S_2O_3$ 浸提态），可见 $0.01mol\ Na_2S_2O_3$ 的浸提效率明显高于 $0.1mol\ HCl$。添加原始 Mt 和巯基功能化 Mt 作为钝化材料，不同程度地降低了 HCl-Hg 和 $Na_2S_2O_3$-Hg 的含量。随着钝化材料的添加量由 0.1% 增加至 1%，土壤中 Hg 的钝化效率逐步提高，存在明显的剂量效应。与 CK 相比，添加原始 Mt 仅使土壤中 HCl-Hg 和 $Na_2S_2O_3$-Hg 的含量分别降低 0.173%～5.54% 和 3.28%～10.76%，在 1% 的 Mt 处理下土壤浸提态 Hg 含量显著降低（$P<0.05$）。相比之下，ISH-Mt、GSH-Mt 和 BSH-Mt 处理土壤中的 HCl-Hg 和 $Na_2S_2O_3$-Hg 下降幅度较大，分别达到 5.13%～62.44% 和 8.03%～82.24%。在 1% 的 GSH-Mt 处理下观察到 HCl-Hg 的最大钝化效率，而在 1% 的 BSH-Mt 处理下 $Na_2S_2O_3$-Hg 的钝化效率最大，分别达到 62.44% 和 80.24%。此外，GSH-Mt 比 ISH-Mt 和 BSH-Mt 表现出更高的钝化效率，这可能与该钝化材料的—SH 含量更高、比表面积和孔体积更大有关。本研究表明，原始黏土矿物 Mt 对土壤中的有效态 Hg 有一定的固定能力，但钝化效率有限，因此需对其进行改性或者功能化。前人研究表明，巯基功能化可显著增强有机黏土对污染土壤中 Hg 的原位固定能力，随着固定材料的用量从 2% 增加到 8%，土壤中 Hg 的淋出浓度下降至 0.07mg/L，低于国家规定的危险废物淋出标准值 0.10mg/L（GB 5085.3—2007），固定效率达到 91.7%，这与本研究的结果一致。与原始 Mt 相比，—SH 的负载显著提高了 ISH-Mt、GSH-Mt 和 BSH-

Mt 对土壤中有效态 Hg 的钝化效率，且表现出明显的剂量效应。

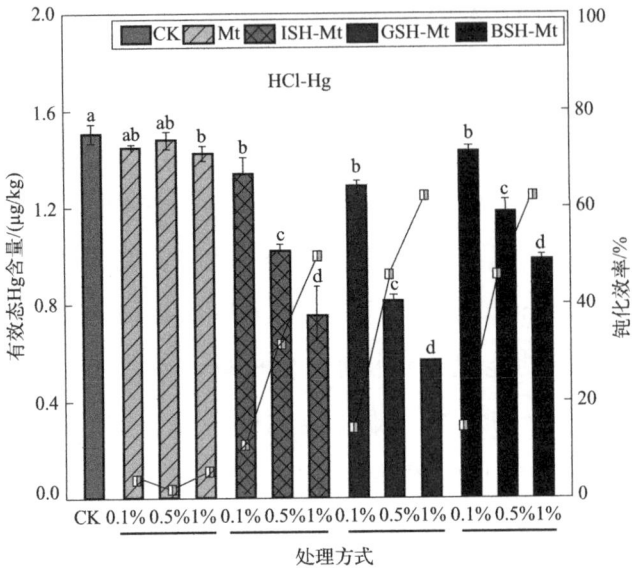

(a) 0.1molHCl浸提及其钝化效率

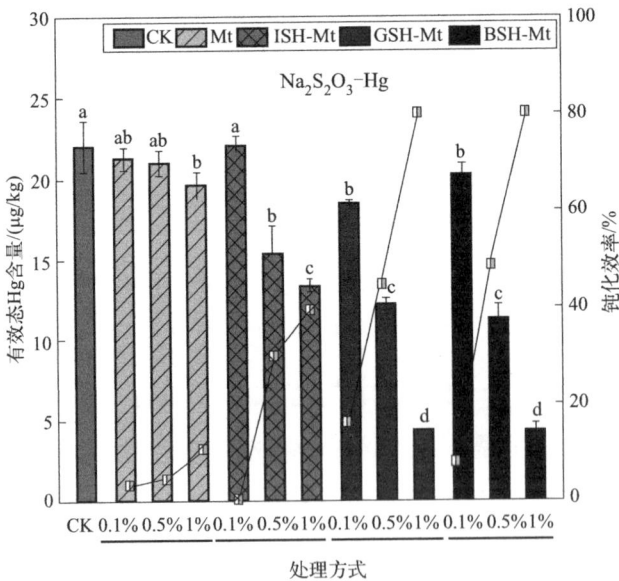

(b) 0.01molNa₂S₂O₃浸提及其钝化效率

图 7-8　钝化处理对稻田土壤有效态 Hg 含量的影响

相同颜色的柱上方不同的小写字母表明处理和对照之间存在显著差异（$P<0.05$）

7.3.2　土壤中 Hg 赋存形态

Tessier 连续提取结果表明，未经钝化处理的稻田土壤中的 Hg 绝大多数（97.72%）以残渣态（RS）组分存在，其次是有机结合态（OM）、铁锰氧化物结合态（OX）、碳酸盐结合态（CB）和可交换态（EX）组分（图 7-9）。土壤环境中不同形态 Hg 组分的流动性和毒性风险从低到高的顺序依次为 RS<OM<OX<CB<EX，EX 和 CB 组分是土壤中最不稳定和流动性最强的 Hg，很容易被甲基化或者直接被微生物、植物吸收；相比之下，OM 和 OX 组分具有中等流动性，对土壤微生物群落和植物具有潜在生物有效性，而 RS 组分是几乎没有生物有效性的不溶性 Hg。在本研究中，EX+CB 组分占土壤中总汞（THg）的比例很低（<0.1%），这与之前关于万山 Hg 矿区附近稻田土壤中 Hg 组分研究相似，矿区周边土壤中 Hg 物种调查的顺序提取结果显示，Hg 主要以残渣态存在于土壤中，仅有 0.3% 的 Hg 以生物可利用态存在，土壤中 THg 含量和理化性质共同决定了 Hg 的赋存形态。XAS 分析表明，低溶解度的 β-HgS 是万山矿区稻田土壤中残渣态 Hg 的主要物种，占比 68.4%～72.0%，而 α-HgS 仅占 7.0%～16.4%。与 CK 相比，ISH-Mt、GSH-Mt 和 BSH-Mt 的添加使 EX 组分占比显著降低了 55.12%～84.96%、65.00%～95.00% 和 57.50%～87.50%。CB 组分在巯基功能化 Mt 修复的土壤样品中也表现出相似的下降趋势，然而钝化材料不同程度地提高了 OX 组分和 OM 组分的占比，表明可溶性的 Hg 组分和流动性的 Hg 组分被固定，向较难迁移的组分转变[11-12]。与 CK 相比，ISH-Mt、GSH-Mt 和 BSH-Mt 修复土壤中的 OX 组分和 OM 组分分别增加了 43.46%～55.31% 和 13.06%～43.90%、15.06%～35.80% 和 31.10%～49.04%、11.85%～52.84% 和 12.27%～29.10%。总体而言，钝化材料的添加对 RS 组分的影响较小，可能与土壤培养的时间较短有

关。综上，巯基功能化 Mt 的添加将流动性高的 Hg 组分（EX 和 CB）转化为迁移性相对较低的组分（OX 和 OM），从而使土壤中 Hg 的可利用性降低。此外，有研究表明硫改性有机黏土使水溶态＋胃酸可溶态 Hg 组分含量增加了 6.7 倍，使难溶态 Hg 组分含量降低了 36%～63%，导致土壤中 Hg 的有效性显著增加，这可能与材料的施加导致土壤 pH 值下降（降幅 0.5～1.3 个单位）有关。因此，有必要研究巯基功能化 Mt 作为钝化材料对土壤理化性质的影响。

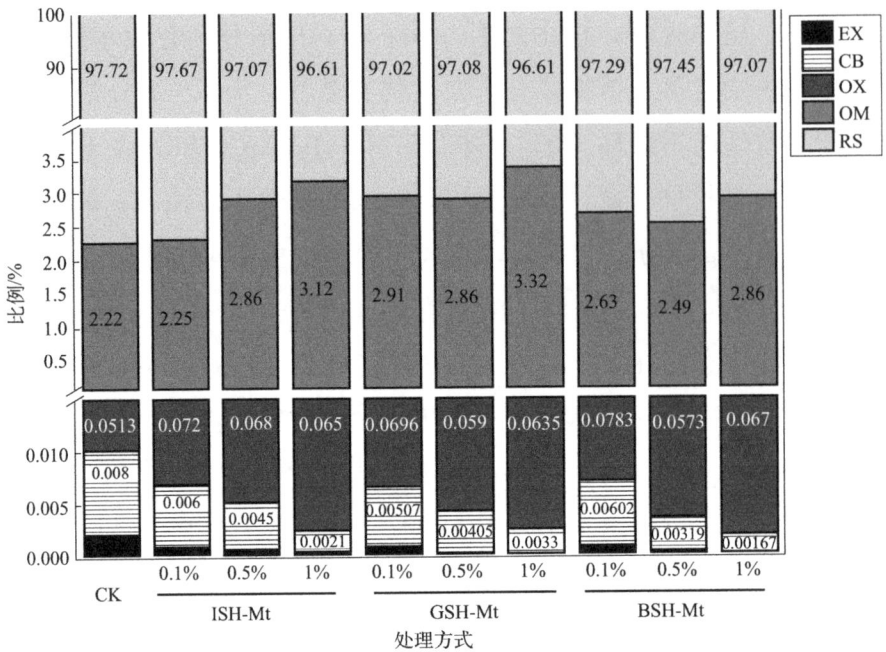

图 7-9 钝化处理对土壤中 Hg 形态分级的影响

7.3.3 土壤理化性质

原始 Mt 和巯基功能化 Mt 的添加对土壤有关理化性质的影响结果如表 7-4 所示。土壤 pH 值是影响土壤中 Hg 生物有效性的关键因素，例如，较高的 pH 值有利于铁锰氧化物结合态 Hg 的形成，较低的 pH 值有利于可溶性 Hg 的释放。由于原始 Mt 呈碱性，添加到土壤中后增加了土壤 pH 值（0.05～0.12 个单位）；然而巯基功能化 Mt 的添加对土壤 pH 值的影响不大（1% 的 ISH-Mt 处理除外），表明巯基功能化 Mt 不是通过调节土壤 pH 值来实现对 Hg 的钝化固定，且 GSH-Mt 和 BSH-Mt 的添加不会造成明显土壤酸化或碱化。黏土矿物 Mt 的 CEC 较高，层间富含水合阳离子，施加 Mt 使土壤 EC 和 CEC 分别显著增加了 3.99%～6.50% 和 0.98%～6.60%，并且随着添加量的增加表现出剂量效应。与原始 Mt 相比，巯基功能化 Mt 对土壤 EC 和 CEC 的影响表现出较大差异，取决于 ISH-Mt、GSH-Mt 和 BSH-Mt 自身的结构特点，如材料比表面积、阳离子交换量、所带电荷等。例如，通过 MEA 插层制备的 ISH-Mt 增强了土壤 EC 但降低了 CEC，这可能与 MEA 改性剂中铵离子的浸出有关，且该材料由 1.0CEC 的离子交换插层制备，材料本身的阳离子交换能力降低，最终导致土壤的 CEC 也降低。与之相反，GSH-Mt 的添加降低了土壤的 EC 但略微提高了 CEC，这可能与其多孔结构中较大的比表面积和孔体积提高了其对土壤盐基阳离子的截留程度有关，但 GSH-Mt 仍具备阳离子交换能力，可提高土壤的 CEC。然而，添加 BSH-Mt 后土壤的 EC 和 CEC 同步增加，土壤 CEC 的增加一方面表明土壤保肥能力得到提高，另一方面表明土壤对 Hg 的吸附或固定能力得到提高[13]。

表 7-4　钝化处理对土壤理化性质的影响

处理方式		pH 值	电导率/(μS/cm)	阳离子交换量/(cmol$^{(+)}$/g)	有效硫含量/(mg/kg)
CK		6.33±0.03b	136.33±0.72c	8.70±0.08b	8.96±0.35a
Mt	0.1%	6.45±0.06a	141.77±1.42b	8.78±0.25ab	8.92±0.40a
	0.5%	6.40±0.03ab	144.53±0.81a	9.00±0.26a	8.89±0.32a
	1%	6.38±0.09ab	145.20±1.80a	9.27±0.14a	9.12±0.26a
CK		6.33±0.03a	136.33±0.72d	8.70±0.08a	8.96±0.35d

处理方式		pH 值	电导率/(μS/cm)	阳离子交换量 /(cmol$^{(+)}$/g)	有效硫含量 /(mg/kg)
ISH-Mt	0.1%	6.32±0.05ab	149.77±2.89c	7.95±0.47b	9.42±0.16c
	0.5%	6.30±0.04ab	164.87±0.91b	8.31±0.14ab	11.20±0.51b
	1%	6.26±0.01b	175.87±0.76a	8.40±0.19ab	12.65±0.68a
CK		6.33±0.03a	136.33±0.72a	8.70±0.08a	8.96±0.35a
GSH-Mt	0.1%	6.30±0.08a	136.70±1.97a	8.62±0.07a	9.05±0.21a
	0.5%	6.33±0.02a	125.53±0.51b	8.99±0.27a	9.06±0.40a
	1%	6.36±0.07a	118.63±2.61c	9.01±0.36a	9.00±0.12a
CK		6.33±0.03b	136.33±0.72b	8.70±0.08b	8.96±0.35a
BSH-Mt	0.1%	6.33±0.01b	142.00±1.76a	9.05±0.18ab	8.92±0.40a
	0.5%	6.46±0.06a	140.67±1.70a	9.28±0.43a	8.96±0.30a
	1%	6.35±0.01b	140.43±1.00a	9.44±0.12a	9.12±0.26a

注：各指标的同一组数据（依次为 CK 与三个钝化处理）后不同英文小写字母表示存在显著差异（$P<0.05$）。

此外，与 CK 相比，ISH-Mt 处理土壤中 AS 含量显著增加（5.13%～40.09%），表明 MEA 改性剂可能存在淋出风险，将 ISH-Mt 用作田间土壤改良剂时，应进行必要的监测。随着 ISH-Mt 的添加量从 0.1% 增加至 1%，土壤 pH 值逐渐降低，1% ISH-Mt 处理的 pH 值降低幅度达显著水平。然而，GSH-Mt 和 BSH-Mt 对土壤中 AS 的影响不大，表明修复材料不是通过调节活性 S 元素含量从而实现对土壤中 Hg 的固定，而是通过—SH 的配位作用。此外，有研究认为，土壤中 AS 含量的增加可能通过形成 HgS 或有机硫配位态 Hg 抑制 Hg 的迁移，但也可能导致土壤中 Hg 甲基化程度的增加，这需要进一步通过盆栽和大田实验验证。

7.3.4　土壤细菌群落

（1）细菌群落多样性与组间差异

土壤细菌群落通常比真菌群落对重金属污染更为敏感，因此本研

究分析了对照与巯基功能化 Mt［1%（质量分数）的添加剂量］钝化
处理后的土壤细菌群落差异。饱和的稀疏曲线和平缓的丰度等级曲线
（图 7-10，书后另见彩插）表明 16S rRNA 高通量测序结果充分代表
了土壤细菌群落，且 Good's 覆盖指数值为 0.945~0.953（图 7-11，
书后另见彩插），表明土壤样品中的绝大多数微生物物种均被检出。
与 CK 相比，巯基功能化 Mt 的添加未显著（$P>0.05$）改变细菌群

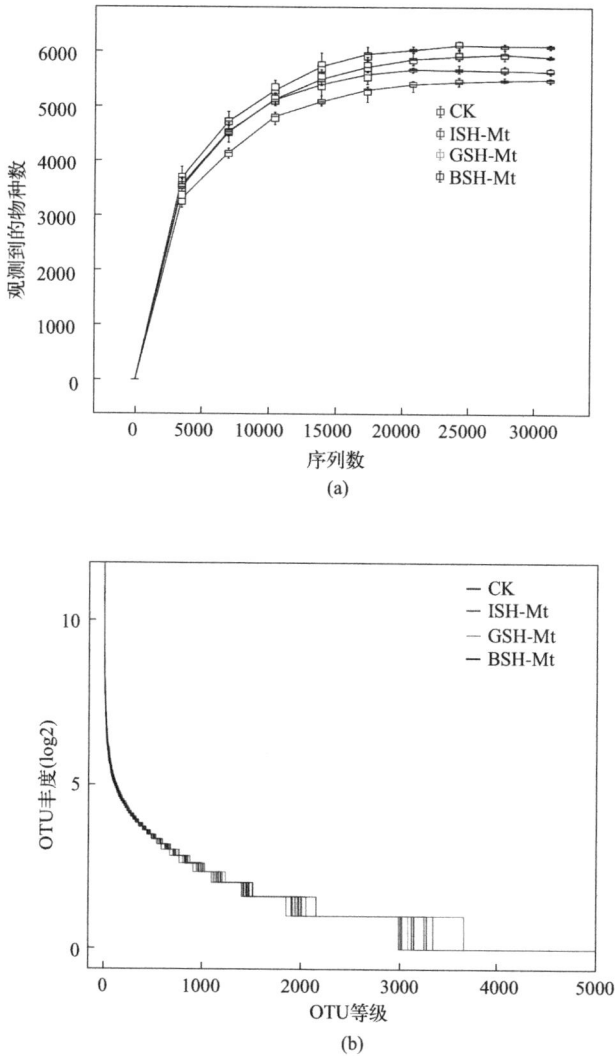

(a)

(b)

图 7-10　对照与钝化处理土壤细菌群落测序的稀疏曲线（a）和丰度等级曲线（b）

落 α 多样性指数，其中钝化处理轻微降低了观测物种数（observed species）和 Chao 1 指数，但提高了香农（Shannon）指数、辛普森（Simpson）指数和皮洛（Pielou）均匀指数，表明钝化材料的添加有利于细菌群落的多样性和均匀性，但不利于其丰富度。研究表明，土壤细菌群落 α 多样性指数受土壤中 THg 和有效态 Hg 含量的影响，如随着外源 Hg 浓度从 0.5mg/kg 增加到 500mg/kg，细菌群落的丰富度（Chao 1 指数和 ACE）和均匀度指数 ［香农（Shannon）指数和辛普森（Simpson）指数］逐渐降低；而活性炭的添加降低了 Hg 的生物有效性，从而提高了土壤细菌群落的 α 多样性指数。

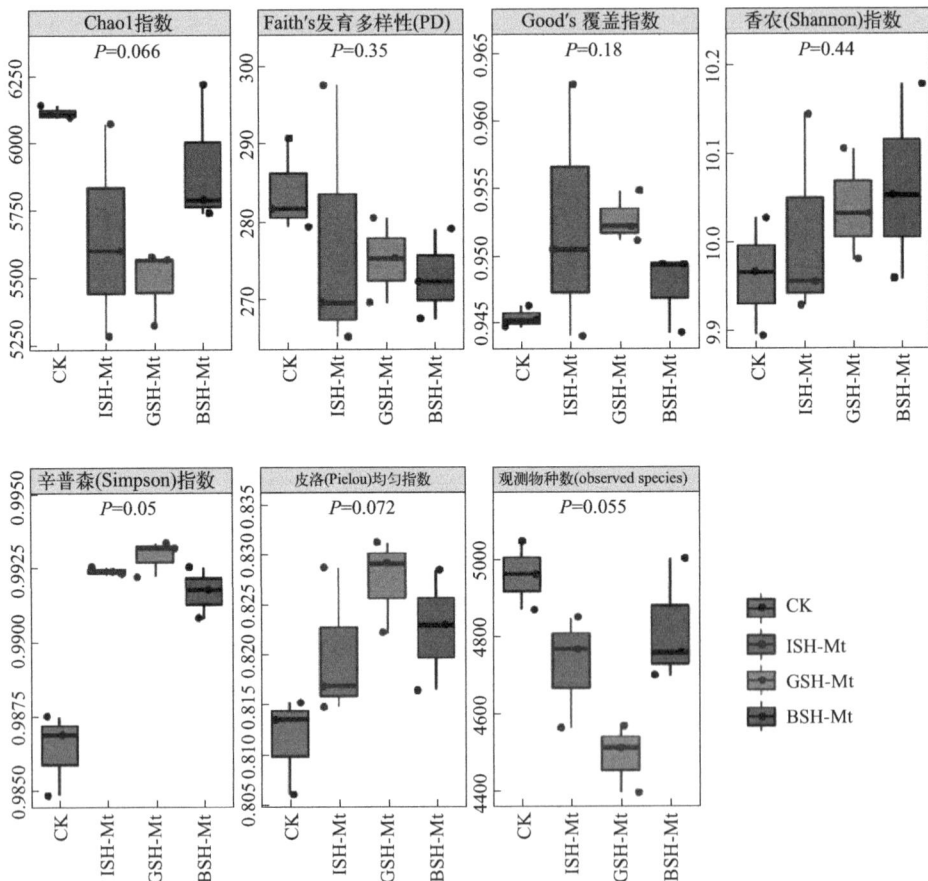

(a)

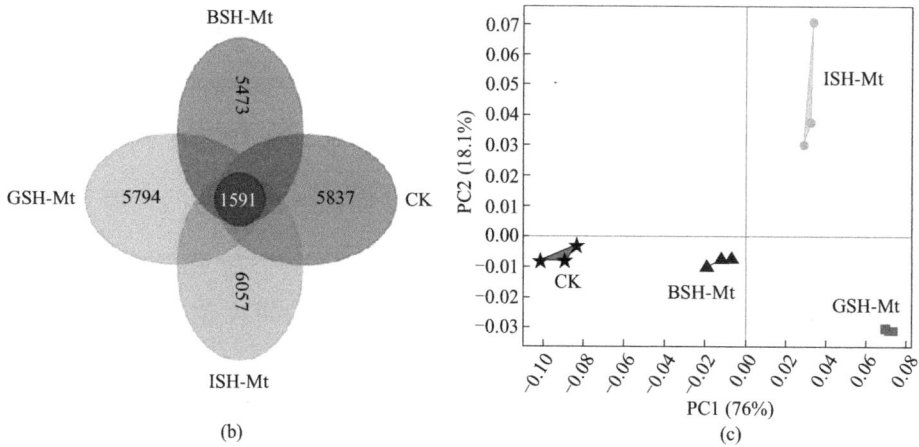

图 7-11　对照与钝化处理土壤细菌群落的 α 多样性指数（a）、

维恩图（b）和主要成分分析（c）

然而，本案例中巯基功能化 Mt 的添加对细菌群落的丰富度和均匀度指数表现出双重影响，这可能与材料自身的结构和理化特性有关。

维恩图 [图 7-11(b)] 显示，对照与钝化处理土壤中存在 1591 个共有 ASV，CK、ISH-Mt、GSH-Mt 和 BSH-Mt 处理中分别存在 5837 个、6057 个、5794 个和 5473 个特有 ASV，以 ISH-Mt 处理的特有 ASV 数量最多。PCA 结果 [图 7-11（c）] 显示，主成分 1（PC1）和主成分 2（PC2）可以解释 94.1%的细菌群落组成变异，其中 ISH-Mt 处理和 GSH-Mt 处理与 CK 明显分离，BSH-Mt 处理与 CK 处于同一象限。PCA 中的象限划分和轴值范围表明，BSH-Mt 处理土壤的细菌群落组成与 CK 相似，而 ISH-Mt 处理和 GSH-Mt 处理与 CK 则表现出较大的细菌群落组间差异。

（2）细菌群落组成与结构

由图 7-12（书后另见彩插）可知，土壤中的优势门为变形菌门

（Proteobacteria）、酸 杆 菌 门（Acidobacteria）和 放 线 菌 门（Acti-nobacteria）占总相对丰度的 62.88%～72.68%，它们在不同类型的土壤中均为优势门。研究指出，Proteobacteria 和 Actinobacteria 是万山 Hg 矿周边林地和耕地土壤中最为丰富的门水平微生物。本研究发现，巯基功能化 Mt 的钝化处理大幅度提高了变形菌门、厚壁菌门（Firmicutes）、拟杆菌门（Bacteroidetes）和 Rokubacteria 的相对丰度，显著降低了 Acidobacteria、Actinobacteria 和疣微菌门（Verru-comicrobia）的相对丰度，而绿弯菌门（Chloroflexi）和芽单胞菌门（Gemmatimonadetes）的相对丰度几乎不受钝化材料的影响。细菌优势门的相对丰度变化可能与土壤中 Hg 的有效性和土壤理化性质（如

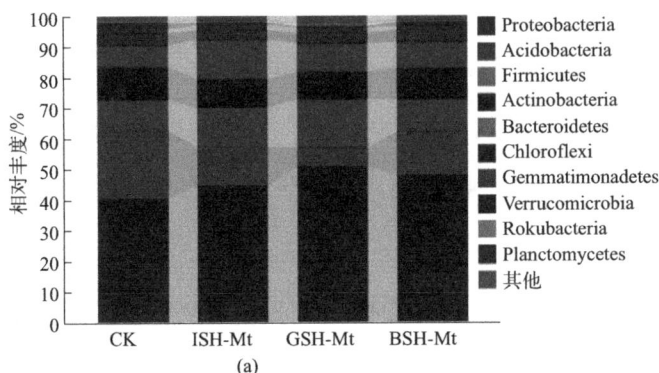

(a)

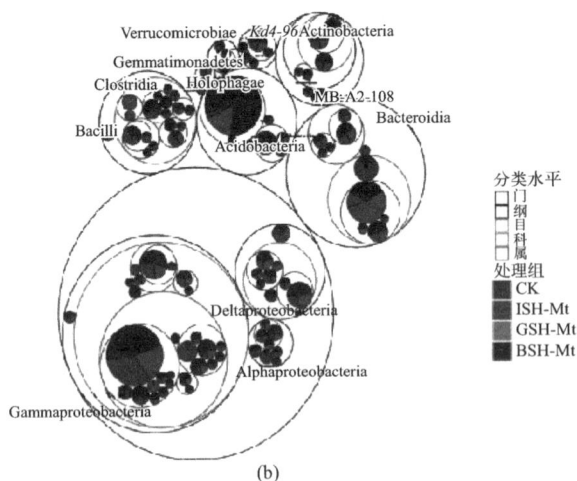

(b)

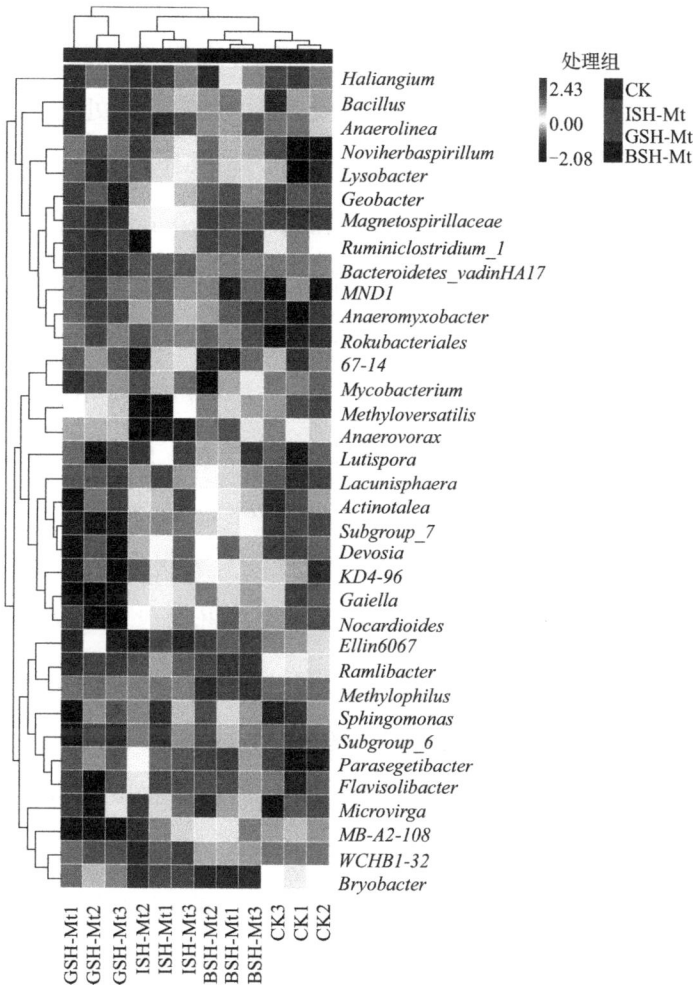

(c)

图 7-12　对照与钝化处理土壤的门水平（前 10）（a）和属水平（前 35）
细菌群落组成（b）以及相对丰度前 100 的 ASVs 分类等级树（c）

CEC）的改变有关。此外，相对丰度前 100 的 ASV 主要分配到 Alphaproteobacteria、Deltaproteobacteria、Gammaproteobacteria 和 Bacteroidia 分类水平，这与前 10 的优势门的相对丰度结果一致。

稻田土壤中的 MeHg 主要由 Deltaproteobacteria、Firmicutes 和 Methanomicrobia 等产生，因此本研究分析了钝化处理与对照土壤的细菌群落在属水平（前 35）的组成差异，以确定材料的添加是否增加了土壤中甲基化微生物的相对丰度。与 CK 相比，BSH-Mt 处理的土壤中表现出相似的细菌优势属组成，而 GSH-Mt 处理则表现出较大差异。总体而言，巯基功能化 Mt 的钝化处理降低了 *Devosia*、*Methyloversatilis*、*Lacunisphaera* 和 *Actinotalea* 的相对丰度，而属水平微生物的增加幅度则因钝化材料的种类而异。ISH-Mt 的处理大幅增加了 2 个属（*WCHB1-32* 和 *Bryobacter*）的相对丰度，BSH-Mt 的处理增加了 7 个属（*Methylophilus*、*Ellin6067*、*Ramlibacter* 和 *Parasegetibacter* 等）的相对丰度，GSH-Mt 则增加了 11 个属（*Bacillus*、*Anaerolinea*、*Noviherbaspirillum*、*Lysobacter* 和 *Geobacter* 等）的相对丰度。与 ORNL 数据库比对，本案例中的优势属中仅有 2 个属 *Anaerolinea* 和 *Geobacter* 为甲基化微生物[14-16]。与对照相比，ISH-Mt 和 BSH-Mt 的处理未显著改变 *Anaerolinea* 和 *Geobacter* 的相对丰度，而 GSH-Mt 的处理使这两个属的相对丰度分别增加 222.59% 和 343.51%，表明钝化材料 GSH-Mt 的添加可能导致土壤中 Hg 的甲基化风险增加。除了相对丰度前 35 的优势属之外，钝化处理对其他甲基化预测微生物在属水平上的相对丰度影响结果见表 7-5。总体而言，巯基功能化 Mt 钝化处理增加了 3 个属 *Clostridium*、*Desulfitobacterium* 和 *Nitrospira* 的相对丰度，降低了 *Bacteroides*、*Desulfovibrio*、*Desulfosporosinus* 和 *Dethiobacter* 等 4 个属的相对丰度，然而由于这些属的相对丰度非常低，其对 Hg 甲基化的影响可能很小。

表 7-5　钝化处理对土壤甲基化微生物（预测）属水平相对丰度（%）的影响

属	门	CK	ISH-Mt	GSH-Mt	BSH-Mt
Anaerolinea	Chloroflexi	2.43×10^{-3}	7.81×10^{-4}	7.85×10^{-3}	4.32×10^{-3}
Bacteroides	Bacteroidetes	1.79×10^{-4}	4.11×10^{-5}	1.42×10^{-4}	3.06×10^{-5}

属	门	CK	ISH-Mt	GSH-Mt	BSH-Mt
Clostridium	Firmicutes	8.24×10^{-4}	1.31×10^{-3}	1.80×10^{-3}	9.21×10^{-4}
Desulfitobacterium	Firmicutes	6.90×10^{-5}	1.06×10^{-4}	1.26×10^{-4}	8.40×10^{-5}
Nitrospira	Nitrospirae	1.06×10^{-3}	1.80×10^{-3}	3.12×10^{-3}	1.80×10^{-3}
Desulfosporosinus	Firmicutes	1.92×10^{-4}	1.29×10^{-4}	1.20×10^{-4}	4.23×10^{-4}
Desulfovibrio	Proteobacteria	8.25×10^{-5}	0	3.03×10^{-4}	0
Dethiobacter	Firmicutes	8.01×10^{-5}	0	0	0
Geobacter	Proteobacteria	5.70×10^{-4}	6.32×10^{-4}	7.66×10^{-4}	4.24×10^{-4}
Ruminococcaceae_uc	Firmicutes	1.09×10^{-3}	1.10×10^{-3}	1.90×10^{-3}	1.01×10^{-3}

注：属水平甲基化微生物通过与 ORNL 数据库比对获得（https://www.esd.ornl.gov/programs/rsfa/data.shtml）。*Acetivibrio*、*Alkaliphilus*、*Deferrisoma*、*Desulfobacterium*、*Desulfobacula*、*Desulfobulbus*、*Desulfocarbo*、*Desulfococcus*、*Desulfofustis*、*Desulfomicrobium*、*Desulfomonile*、*Desulfopila*、*Desulfotignum*、*Ethanoligenens*、*Geopsychrobacter*、*Leptolinea*、*Pelobacter*、*Smithella*、*Spirochaeta_g1*、*Syntrophorhabdus* 和 *Syntrophus* 等甲基化微生物属在本研究中未检出。

（3）差异物种分析

当 LDA 阈值＞3.6 时，在对照土壤和 ISH-Mt、GSH-Mt 和 BSH-Mt 处理的土壤中分别发现了 9 个、13 个、15 个和 3 个标志物种，3 种巯基功能化 Mt 对土壤中标志物种的影响依次为 GSH-Mt＞ISH-Mt＞BSH-Mt（图 7-13，书后另见彩插）。其中，GSH-Mt 处理土壤中的标志物数量最多，且在属水平标志物中发现甲基化微生物 *Geobacter*；ISH-Mt 处理的标志物数量次之，而 BSH-Mt 处理的标志物种最少，但均未发现甲基化微生物物种。上述结果表明钝化材料 GSH-Mt 的添加可能导致稻田土壤 MeHg 含量的增加，有可能使 MeHg 在稻米中的健康暴露风险增大，但需要进一步的实验进行验证。综上，相比于 ISH-Mt 和 BSH-Mt，钝化材料 GSH-Mt 的添加对土壤细菌群落的组成影响较大，且可能存在土壤 Hg 甲基化程度增加的风险。

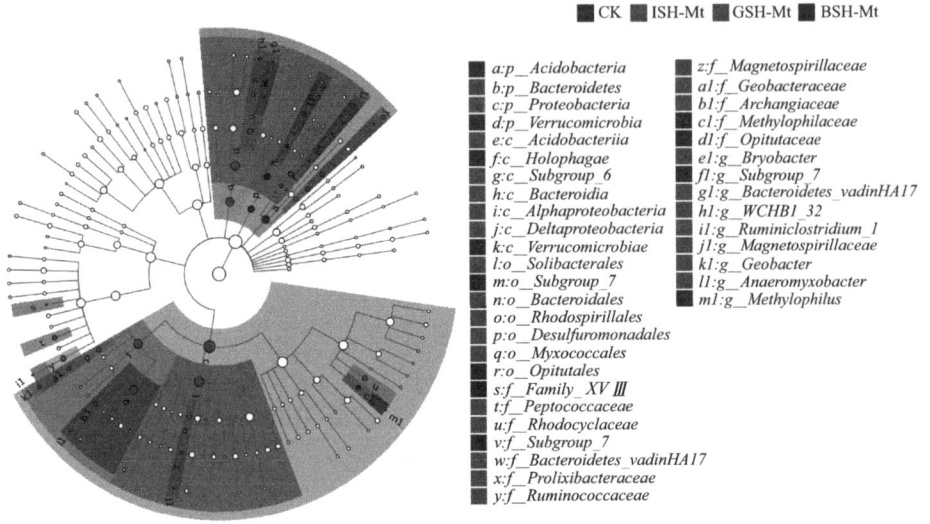

| | CK | ISH-Mt | GSH-Mt | BSH-Mt |

a:p__ Acidobacteria
b:p__ Bacteroidetes
c:p__ Proteobacteria
d:p__ Verrucomicrobia
e:c__ Acidobacteriia
f:c__ Holophagae
g:c__ Subgroup_6
h:c__ Bacteroidia
i:c__ Alphaproteobacteria
j:c__ Deltaproteobacteria
k:c__ Verrucomicrobiae
l:o__ Solibacterales
m:o__ Subgroup_7
n:o__ Bacteroidales
o:o__ Rhodospirillales
p:o__ Desulfuromonadales
q:o__ Myxococcales
r:o__ Opitutales
s:f__ Family_XVⅢ
t:f__ Peptococcaceae
u:f__ Rhodocyclaceae
v:f__ Subgroup_7
w:f__ Bacteroidetes_vadinHA17
x:f__ Prolixibacteraceae
y:f__ Ruminococcaceae

z:f__ Magnetospirillaceae
a1:f__ Geobacteraceae
b1:f__ Archangiaceae
c1:f__ Methylophilaceae
d1:f__ Opitutaceae
e1:g__ Bryobacter
f1:g__ Subgroup_7
g1:g__ Bacteroidetes_vadinHA17
h1:g__ WCHB1_32
i1:g__ Ruminiclostridium_1
j1:g__ Magnetospirillaceae
k1:g__ Geobacter
l1:g__ Anaeromyxobacter
m1:g__ Methylophilus

(a) 标志物种分类学

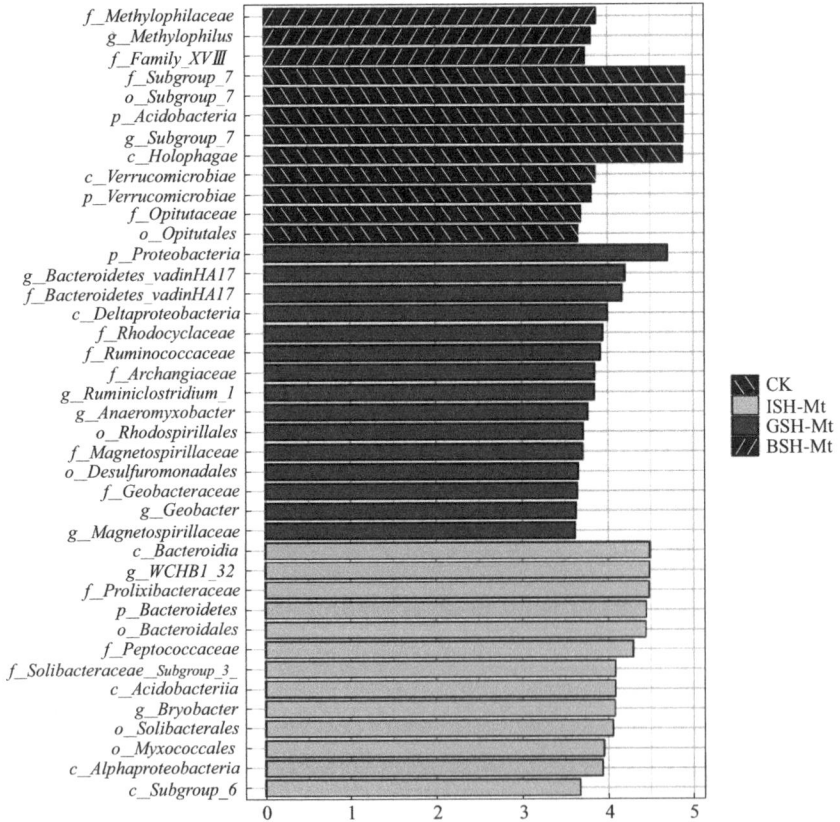

(b) LDA柱状图

图 7-13　对照与钝化处理土壤细菌群落的 LEfSe 分析

184

7.3.5　小结

原始 Mt 对稻田土壤中的有效态 Hg 具有一定的钝化能力，但相比之下，负载—SH 的巯基功能化 Mt 的钝化效率更高。添加 ISH-Mt、GSH-Mt 和 BSH-Mt（0.1%～1%，质量分数）显著降低了稻田土壤 HCl 和 $Na_2S_2O_3$ 浸提态 Hg 含量，降幅分别为 5.13%～62.44% 和 8.03%～82.24%，且钝化效率随着修复剂用量由 0.1% 增加至 1% 表现出明显的剂量效应。由于—SH 对土壤中 Hg 的配位固定，ISH-Mt、GSH-Mt 和 BSH-Mt 的施加显著降低了可交换态和碳酸盐结合态 Hg 的比例，促使迁移性高的 Hg 组分（EX 和 CB）转化为迁移性相对较低的组分（OX 和 OM），从而使土壤中 Hg 的有效性降低。ISH-Mt 的添加导致土壤 pH 值显著降低、AS 含量显著增加，表明该材料可能存在土壤酸化和改性剂溶出风险；而 GSH-Mt 和 BSH-Mt 处理对土壤的 AS 影响不大，且显著增加了土壤的 CEC，表明土壤对 Hg 的固定能力增大。巯基功能化 Mt 未显著影响土壤细菌群的 α 多样性指数，其中 GSH-Mt 的处理对门和属水平的细菌群落组成影响较大，且大幅度增加了土壤甲基化微生物的相对丰度，可能导致土壤甲基化程度增加。综上，三种巯基功能化 Mt 均可高效降低土壤中有效态 Hg 含量，但需进一步研究修复材料对稻米 Hg 吸收积累的钝化阻控效应，并综合分析修复材料施加的土壤环境效应。

参考文献

[1] Celis R，Hermosin M C，Cornejo J. Heavy metal adsorption by functionalized clays [J]. Environmental Science & Technology，2000，34（21）：4593-4599.

[2] Huang Y，Tang J，Gai L，et al. Different approaches for preparing a novel thiol-functionalized graphene oxide/Fe-Mn and its application for aqueous methylmercury removal [J]. Chemical Engineering Journal，2017，319：229-239.

[3] Huang Y, Gong Y, Tang J, et al. Effective removal of inorganic mercury and methylmercury from aqueous solution using novel thiol-functionalized graphene oxide/Fe-Mn composite [J]. Journal of Hazardous Materials, 2019, 366: 130-139.

[4] Amrute A P, Zibrowius B, Schuth F. Mechanochemical grafting: a solvent-less highly efficient method for the synthesis of hybrid inorganic-organic materials [J]. Chemistry of Materials, 2020, 32 (11): 4699-4706.

[5] Tessier A, Campbell P, Bisson M. Sequential extraction procedure for the speciation of particulate trace metals [J]. Analytical Chemistry, 1979, 51 (7): 844-851.

[6] Wang Y, He T, Yin D, et al. Modified clay mineral: A method for the remediation of the mercury-polluted paddy soil [J]. Ecotoxicology and Environmental Safety, 2020, 204: 111121.

[7] Chen C, Liu H, Chen T, et al. An insight into the removal of Pb(Ⅱ), Cu(Ⅱ), Co(Ⅱ), Cd (Ⅱ), Zn(Ⅱ), Ag(Ⅰ), Hg(Ⅰ), Cr(Ⅵ) by Na(Ⅰ)-montmorillonite and Ca(Ⅱ)-montmorillonite [J]. Applied Clay Science, 2015, 118: 239-247.

[8] Huang Y, Wang M, Li Z, et al. In situ remediation of mercury-contaminated soil using thiol-functionalized graphene oxide/Fe-Mn composite [J]. Journal of Hazardous Materials, 2019, 373: 783-790.

[9] Qian J, Skyllberg U, Frech W, et al. Bonding of methyl mercury to reduced sulfur groups in soil and stream organic matter as determined by X-ray absorption spectroscopy and binding affinity studies [J]. Geochimica et Cosmochimica Acta, 2002, 66 (22): 3873-3885.

[10] 高令健, 毛康, 张伟, 等. 贵州万山汞矿区稻田土壤汞的分布及污染特征 [J]. 矿物岩石地球化学通报, 2021, 40 (1): 148-154.

[11] 冯新斌, 陈玖斌, 付学吾, 等. 汞的环境地球化学研究进展 [J]. 矿物岩石地球化学通报, 2013, 32 (5): 503-530.

[12] 王祖波, 何天容. 不同硒化修复剂对稻田汞污染修复效果研究 [J]. 中国环境科学, 2019, 39 (10): 4254-4261.

[13] 陈芬, 余高, 吴涵茜, 等. 中药渣生物有机肥对镉-汞复合污染土壤的钝化效果 [J]. 浙江大学学报 (农业与生命科学版), 2020, 46 (6): 737-747.

[14] Liu J, Wang J, Ning Y, et al. Methylmercury production in a paddy soil and its uptake by rice plants as affected by different geochemical mercury pools [J]. Environment International, 2019, 129: 461-469.

[15] 孟其义, 钱晓莉, 陈森, 等. 稻田生态系统汞的生物地球化学研究进展 [J]. 生态学杂志, 2018, 37 (5): 1556-1573.

[16] 谷春豪, 许怀风, 仇广乐. 汞的微生物甲基化与去甲基化机理研究进展 [J]. 环境化学, 2013, 32 (6): 926-936.

≡ 第 **8** 章 ≡

蒙脱石基环境功能材料钝化
修复土壤-水稻系统汞污染案例

汞（Hg）是一种具有持久性和毒性的污染物，特别是具有极端神经毒性和生殖毒性的甲基汞（MeHg），因其在水生和陆生食物链中的生物积累和生物放大作用，其导致全球健康问题在世界范围内引起了越来越多的关注[1-2]。历史上，几起导致数千人死亡的严重人类中毒事件都是由接触 MeHg 引起的，例如日本臭名昭著的水俣病事件和伊拉克的种子中毒事件。据估计，2010 年中国与 MeHg 摄入相关的健康风险评估为胎儿智商（IQ）人均下降 0.14 点，致命性心脏病发作导致 7360 人死亡[3]。对于以大米为主食的国家的居民来说，大米消费是公认的除海洋鱼类摄入外的另一个主要 MeHg 暴露途径[4-5]。在中国，超过 2/3 的人口以大米为主食，在 Hg 生产或用于工业活动的一些地理区域，人通过大米摄入 Me-Hg 的风险相对较高。例如，在 Hg 污染严重的中国贵州省万山矿区，大米消费占当地居民每日 MeHg 可能摄入量的 94%～96%。万山矿区稻谷中总汞（THg）含量高达 $569\mu g/kg$，显著超过中国国家限量标准 $20\mu g/kg$，其中 MeHg 的含量为 $145\mu g/kg$。尽管最新的同位素示踪研究表明[6]，糙米中的一小部分 MeHg 来自大气中的二甲基汞，但有确凿证据表明[7]，稻米中的 MeHg 主要来自水稻土壤，而不是植物合成。因此，对 Hg 污染的水稻土壤进行修复以抑制微生物甲基化，这对降低与水稻摄入相关的 MeHg 化风险至关重要。

土壤修复剂已被证明是一种有效的、低成本的原位修复 Hg 污染水稻土的策略。迄今为止，用于减少水稻中 THg 和 MeHg 积累的有效修复剂包括有机材料（如改性生物炭、纳米活性炭和农业堆肥）、无机材料（如硒、硫、硫化铁和富含碳酸钙的黏土矿物）和无机-有机杂化材料（如巯基配体改性黏土）。开发和应用廉价、高效、环保的修复剂是修复含 Hg 水稻土的关键。本案例以天然、丰富、廉价的黏土矿物蒙脱土（montmorillonite，Mt）为基体，制备了对 Hg 具有良好结合能力的巯基接枝的杂化材料。将采用传统的 3-巯基丙基三甲氧基硅烷（3-MPTS）共价接枝方法和 3-MPTS 机械化学接枝绿色技术制备的材料分别命名为 CG-Mt 和 MG-Mt。两者对 Hg 污染的水体和土壤均表现出优异的吸附性能和固定化潜力。因此，CG-Mt 和 MG-Mt 将成为固定化修复 Hg 污染水稻土的土壤改良剂，从而进一步减少 THg 和 MeHg 在水稻籽粒中的生物积累。

虽然施用修复剂能有效缓解 THg 和 MeHg 在稻米中的积累，但缺乏从水稻生长和土壤质量（土壤理化性质、酶活性和微生物群落）的角度对修复效果进行综合评价的研究。本案例的目标是探讨低剂量（0.1%～1%，质量分数）巯基化 Mt 对以下几方面的影响。①水稻中 THg 和 MeHg 的积累及其暴露健康风险。②土壤中 Hg 及其组分的有效性。③土壤中 MeHg 含量及其相关功能基因。④土壤理化性质、酶活性和细菌群落。预计本案例将为全面评价土壤修复剂对水稻中 THg 和 MeHg 积累的修复效果及其抑制机制提供全面的见解（图 8-1）。

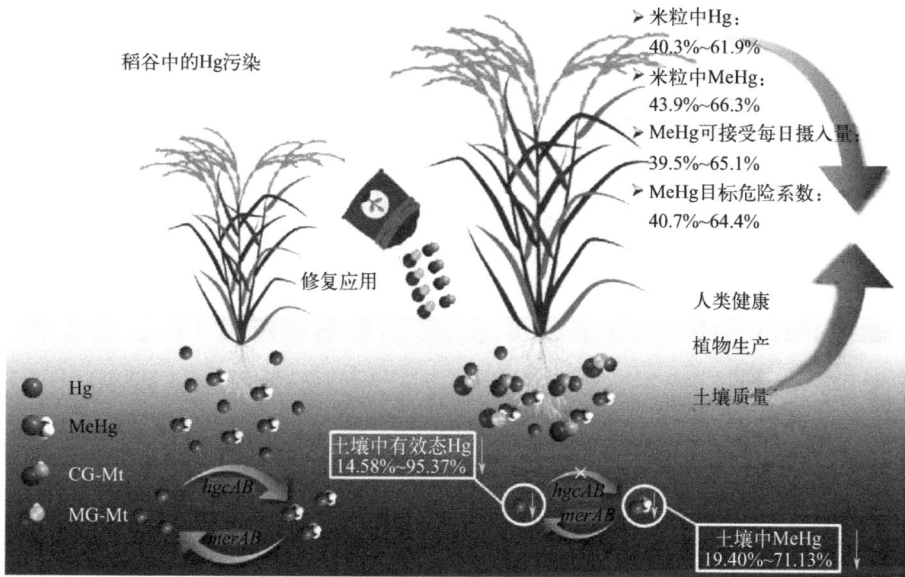

图 8-1　巯基化 Mt 钝化阻控稻米中 THg 和 MeHg 积累的机理示意图

8.1　材料与方法

8.1.1　土壤改良剂的制备与表征

（1）3-MPTS 酸活化共价接枝法制备 CG-Mt

称取 100g Mt 置于玻璃培养皿中，用 250mL 硫酸（18%）在 95℃下活化 4h，随后用去离子水多次洗涤，调节 pH 值约为 7，105℃下干燥，得到酸活化 Mt；将酸化后的 Mt 置于烧杯中，加入 800mL 无水乙醇（与 Mt 的质量体积比为 1∶40），逐滴加入 100mL 3-MPTS（与 Mt 的质量体积比为 1∶1），室温下磁力搅拌 6h，真空抽滤，用乙醇洗涤以除去残留的 3-MPTS，用去离子水洗涤直至滤液 pH 值约为 7，收集滤饼，在 80℃下干燥，研磨后过 100 目尼龙网筛备用，所得样品命名为 CG-Mt。

（2）MPTS 机械化学接枝法制备 MG-Mt

未经提纯的原始蒙脱石（Mt）经高能球磨法制备出巯基功能化蒙脱石（MG-Mt）。首先将 20g Mt 与玛瑙球混合，Mt 与玛瑙球的质量比为 1∶100，放入玛瑙罐（2000mL）中；然后加入水、乙醇和 3-MPTS（与 Mt 的质量体积比为 1∶1.2∶38∶0.8）的混合溶液；球磨机（QM-3SP2，中国）以 300r/min 的速度运行 12h（每 4h 改变一次旋转方向），球磨结束后，将混合物转移到布氏漏斗中，在真空过滤下用乙醇和去离子水洗涤（3 次或 4 次）以去除残留的 3-MPTS；收集滤饼，室温下风干，研磨后过 100 目尼龙网筛备用，所得样品命名为 MG-Mt。

扫描电子显微镜和能量色散光谱（SEM-EDS）在 SU-8020 上进行，工作条件为 15kV 和 150mA。N_2 吸附/解吸等温线在 77K 的气体 ASAP 2020 吸附分析仪上进行。用元素分析仪测定材料中 C、N、H、S 的元素含量。根据元素 S 的含量，计算 CG-Mt 和 MG-Mt 中巯基的含量。

8.1.2　盆栽实验设计

首先将受污染的水稻土（2.5kg）、土壤改良剂（原始 Mt、CG-Mt 和 MG-Mt）和相应剂量的基肥在塑料袋中彻底混合，然后转移到塑料盆中（使用前用 5% 硝酸和去离子水清洗；大小：$\phi 17cm \times H 18cm$），在水稻移植前在淹水条件下稳定两周。土壤改良剂的施用量分别为 0、0.1%（质量分数，下同）、0.5% 和 1%。因此，本研究纳入了 10 个处理，即无改良土壤（CK），Mt、CG-Mt 和 MG-Mt 添加量分别为 0.1%、0.1%、0.5% 和 1%。水稻（中早 35）于 2021 年 4 月 20 日开始育苗，5 月 12 日将 3 株根茎长相近的幼苗移栽到每个塑料盆中。在水稻生长期，定期用去离子水进行灌溉，以保持覆盖的水分直到收获（2021 年 8 月 15 日）。收获后，将水稻的地上部分分成穗、茎和叶。将土壤从盆中移除，小心地将根组织分开。根、茎和叶组织在通风的地方风干，而穗则冻干。干燥的穗被分为穗轴、稻壳和稻米。用电动研磨机（管磨机控制，德国 IKA 公司）将糙米碾磨成粉末，用于 THg 和 MeHg 的分析。将采集的土壤样品均混匀，然后分为 3 个子样品。①真空冷冻干燥机冻干子样品用于 THg 和 MeHg 的分析。②风干子样品进行物理化学性质和酶的分析。③在 $-20℃$ 下进行细菌群落测序。

8.1.3　样品分析测定

（1）土壤和水稻中 THg 含量测定

将 0.25g 土壤样品用 10mL 新鲜王水（HCl/HNO$_3$，体积比为 3：1）在 95℃ 水浴中消化 3h；0.1g 米粉用 10mL 浓 HNO$_3$ 在 95℃ 下消化 3h。

（2）土壤有效态 Hg 提取与形态分级提取

土壤有效态 Hg 采用 0.1mol HCl 和 0.01mol Na$_2$S$_2$O$_3$（土壤与浸提液的质量体积比为 1：10）提取。按照四步法连续提取 Hg 形态，分别为不稳定态（Fc1）、腐殖质配位态（Fc2）、元素态和晶体氧化物结合态（Fc3）以及硫化态和难溶态（Fc4）[8]。Fc1，准确称取 0.5g 已过 100 目筛的风干土样，然后置于 50mL 聚丙烯离心管中，加入 20mL 0.2mol HNO$_3$ 溶液，样品通过涡旋振荡器充分混匀，于 50℃ 水浴超声提取 2h，以 4000r/min 的速度离心 10min，使用 PTFE 滤膜过滤，上清液待测；Fc2，将 10mL 0.1mol Na$_4$P$_2$O$_7$ 加入第一步剩下的残留物中，涡旋充分混匀，旋转振荡 16h 后，以 4800r/min 的速度离心 15min，取上清液过滤，用水稀释至 50mL，用浓盐酸调节 pH 值至 3±1，待测；Fc3，将 20mL 50％（体积分数）的 HNO$_3$ 溶液加入离心管中的残留物中，将样品充分混匀，旋转振荡 21h 后，以 4000r/min 的速度离心 10min，提取上清液待测；Fc4，将 10mL 0.03mol KI 的 50%（体积分数）的 HCl 溶液加入残留物中，样品涡旋混匀，于 70℃ 超声水浴提取 45min，以 4000r/min 的速度离心 10min，提取上清液待测。

（3）土壤和水稻中 MeHg 含量的测定

采用饱和的 2mol $CuSO_4$-HNO_3 溶液萃取 0.2g 土壤样品，大米粉用 25% 的 KOH-甲醇溶液在 75℃ 下消化 3h；然后，用二氯甲烷萃取，$NaBEt_4$ 乙基化后，用全自动烷基 Hg 分析仪 MERX（Brooks，美国）测定。采用气相色谱-冷蒸汽原子荧光光谱法（GC-CVAFS，Brooks Rand model Ⅲ，美国）测定 MeHg 的含量。

（4）土壤理化性质的测定

土壤 pH 值、电导率（EC）和溶解有机碳（DOC）含量分别采用 PB-10 pH 仪（德国缝通）、电导率仪（中国盛科）和总碳分析仪测定。土壤氧化还原电位（Eh）的测量使用便携式氧化还原电位（ORP）电极（Mettetle 托莱多，瑞士）。采用碱水解扩散法、钼锑抗比色法、火焰光度法和硫酸钡浊度法对土壤中速效氮（AN）、速效磷（AP）、速效钾（AK）和有效硫（AS）进行测定。采用重铬酸钾滴定法和三氯化六甲胺钴溶液分光光度法测定了土壤有机质（SOM）和阳离子交换能力（CEC）。土壤过氧化氢酶（CAT）、脱氢酶（DHA）、芳基硫酸酯酶（ASF）和荧光素二乙酸酯（FDA）水解酶采用酶联免疫吸附测定（ELISA）根据操作手册（科铭，中国）进行测定。

（5）土壤微生物高通量测序和实时荧光定量 PCR

土壤总基因组 DNA 的提取使用 Omega M5635-02 Mag-Bind 土壤 DNA 试剂盒。16S rRNA 高通量测序（V3～V4 可变区，

F：ACTCCTACGGGAGGCAGCA，R：GGACTACHVGGGTWTCTAAT）在 Illumina 平台上进行，使用 QIIME 2 2019.4 分析微生物组生物信息学。使用 q2-demux 插件对原始序列数据进行解离和质量过滤，然后使用 DADA2 去噪。扩增子序列变体（ASV）与 MAFFT 进行比对，并用于构建带有 FastTree2 的系统发育关系。根据 Greengenes 13_8 99% OTU 参考序列，使用特征分类器插件中的 scikit-learn（sklearn）朴素贝叶斯（naive Bayes）分类器对 ASV 进行分类。

8.1.4　质量控制和统计分析

质量控制采用平行重复、空白样品和标准对照品。采用认证材料 GB W07311、SRM 2586、GB W(E)100561 和 NIST 1570a 监测消解和测定，Hg 回收率为 $90.5\% \sim 112.3\%$。MeHg 测定采用标准品 ERM-CC 580 和 TORT-3 进行质量控制，回收率为 $83.9\% \sim 112\%$。土壤性状采用 SAS（v9.4，USA）进行单因素方差分析，多均值比较采用最小显著（$P < 0.05$）差异法。采用结构方程模型（SEM），利用 R 软件（"lavaan"软件包）评估土壤有效态 Hg 和功能基因对 THg 和 MeHg 生物积累的直接和间接影响。模型拟合参数：$\chi^2 = 8.29$，$df = 6$，$P = 0.22$，CFI$=0.99$，AIC$=265.20$，BIC$=298.83$。

土壤有效态 Hg 的钝化率计算公式见 7.1.3 节。

8.2　土壤改良剂表征

与原始 Mt 相比，巯基功能化的 Mt 表面形貌更粗糙、碎片化和无序（图 8-2）。CG-Mt 和 MG-Mt 的总比表面积和总孔体积分别为 $174.70 m^2/g$ 和 $0.28 cm^3/g$、$125.01 m^2/g$ 和 $0.41 cm^3/g$，远远大于

Mt（73.60m^2/g 和 0.13cm^3/g）（表 8-1）。通过定量元素分析，CG-Mt 和 MG-Mt 中—SH 的含量分别为 0.42mmol/g 和 0.38mmol/g。巯基功能化的 Mt 由于其多孔结构和接枝的—SH 基团，在 Hg 的物理和化学结合方面优于原始 Mt。

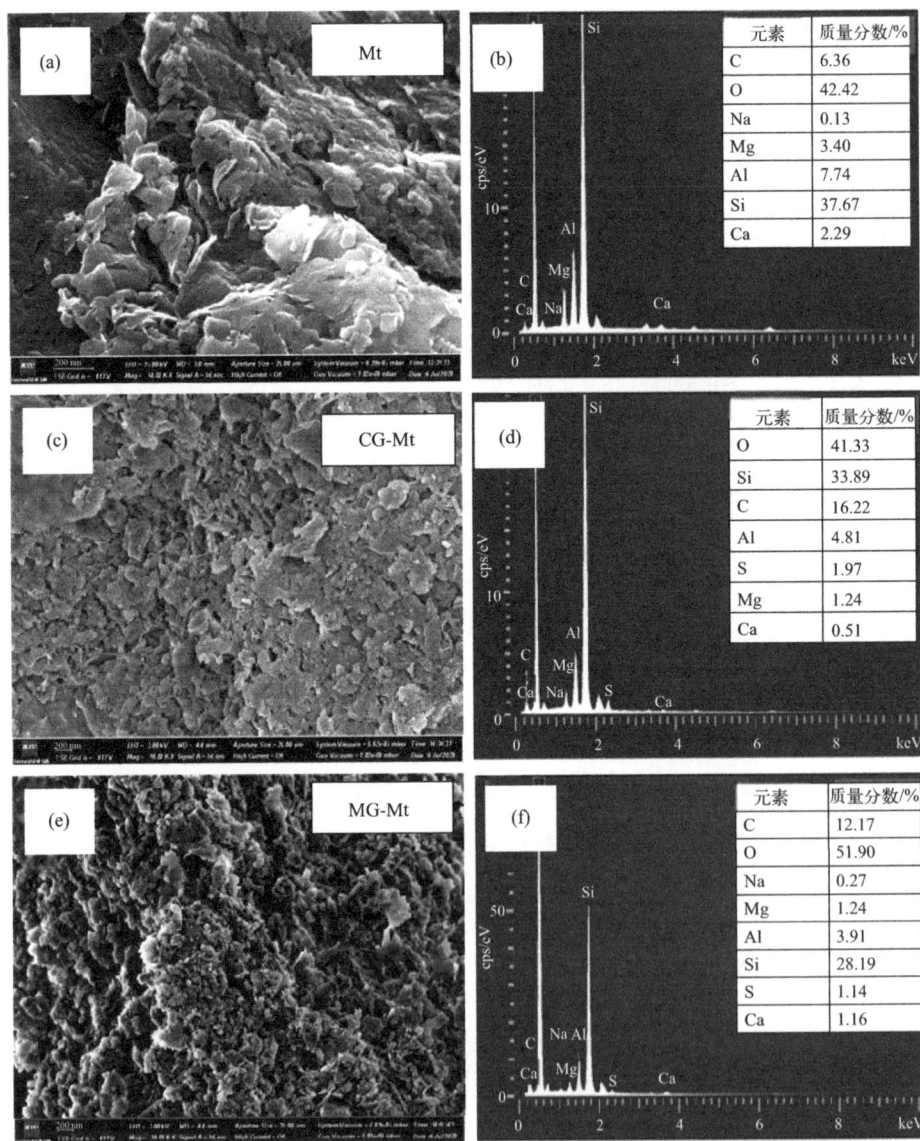

图 8-2　改良剂 Mt［(a)、(b)］、CG-Mt［(c)、(d)］和 MG-Mt［(e)、(f)］的 SEM-EDS 图

表 8-1　MT、CG-Mt 和 MG-Mt 的多孔结构及元素分析

修复剂		Mt	CG-Mt	MG-Mt
多孔结构	SSA/(m²/g)	73.60	174.70	125.01
	TPV/(cm³/g)	0.13	0.28	0.41
	APD/nm	6.81	6.31	12.96
元素分析	C 的质量分数/%	0.40	2.48	2.35
	H 的质量分数/%	2.18	2.22	2.38
	S 的质量分数/%	0.05	1.34	1.20
—SH 含量/(mmol/g)		ND	0.42	0.38

注：SSA 为 Brunauer-Emmett-Teller（BET）方程计算的总比表面积；TPV 为相对压力为 0.982 时的总孔体积；APD 为平均孔径；ND 表示未检测到。

8.3　土壤汞的钝化效应

8.3.1　土壤中有效态汞含量

研究发现，在受到污染的土壤中，Hg 主要以残留组分存在，而有效形态所占比例很小[7]。在本研究中，水稻土壤受到严重的 Hg 污染，THg 高达 5.60mg/kg。然而，我们使用 $Na_2S_2O_3$ 和 HCl 进行浸提，发现有效态 Hg 含量非常低，分别为 26.36μg/kg 和 2.41μg/kg，与 HCl 相比，$Na_2S_2O_3$ 浸提剂对 Hg 的浸提效果更好（图 8-3）。通过添加修复材料进一步探讨修复材料对土壤中有效态 Hg 的固定作用，结果表明未经处理的蒙脱石（Mt）效果并不显著，相反，施用修复材料 CG-Mt 和 MG-Mt（0.1%～1%）能够显著（$P<0.05$）降低 HCl 和 $Na_2S_2O_3$ 可浸提 Hg 的含量。随着 CG-Mt 和 MG-Mt 施用量从 0.1%（质量分数，下同）增加到 1% 后，在两种浸提剂作用下的钝化效率均表现出相同的增加趋势，分别达到 14.58%～95.04% 和 27.07%～95.37%。在 1% 的 MG-Mt 处理下，$Na_2S_2O_3$-Hg 和

HCl-Hg 达到最大钝化效率，分别为 95.37％ 和 59.39％。巯基功能化 Mt 的钝化效率随着施用剂量的增加表现出明显的剂量效应 [图 8-3(a)]。

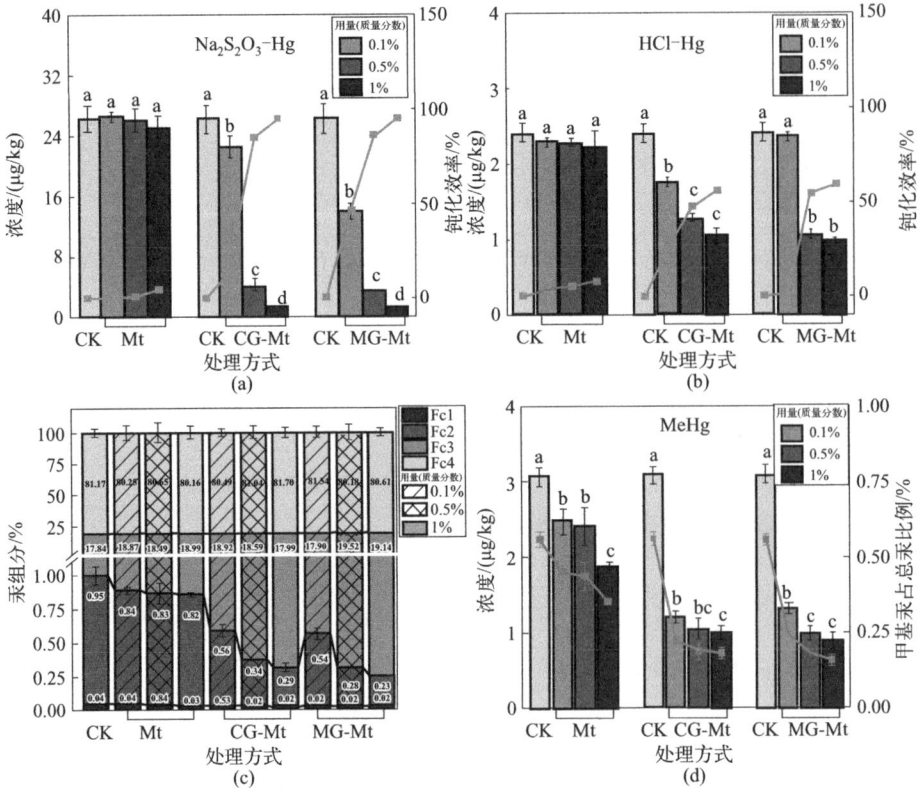

图 8-3　Mt、CG-Mt 和 MG-Mt 对土壤中 $Na_2S_2O_3$ 可提取 Hg 浓度 （a）

和 HCl 可提取 Hg 浓度 （b）、Hg 组分 （c） 和 MeHg 浓度 （d） 的影响

同一组条形柱（依次为 CK 与三个钝化处理）上的不同小写字母表示存在显著差异（$P<0.05$）

　　CG-Mt 和 MG-Mt 之所以表现出较高的钝化效率，这可能与原始蒙脱石的巯基功能化方式以及所制备材料自身的物理化学性质、结构特征有关，如 CG-Mt 和 MG-Mt 的比表面积和孔体积较大，且—SH 负载于材料的外表面，更易于捕获固定土壤中不稳定态 Hg。结果表明，巯基功能化显著提高了 Mt 矿物对土壤中 Hg 的固定能力，这与

—SH 对土壤中游离态和弱结合态 Hg 的高效配位有关。Wang 等人研究了类似的固定化效应，即—SH 改性黏土矿物由于巯基配位降低了水稻土壤中的有效态 Hg 含量[9]。

8.3.2　土壤中甲基汞含量

在未处理的水稻土壤中，MeHg 的含量为 $3.08\mu g/kg$，仅占土壤 THg 的 0.056%。与对照组相比，所有改良处理均显著（$P<0.05$）降低了土壤中 MeHg 含量，降幅在 $19.40\%\sim71.13\%$ 之间 [图 8-3(d)]，MeHg/THg 比值的降低代表 Hg 甲基化潜力降低。由 CK 的 0.056% 降至 $0.045\%\sim0.016\%$，以 MG-Mt 处理降幅最大，且随着钝化材料的剂量增加表现出剂量效应。这些结果表明，巯基（—SH）的负载显著增强了黏土矿物钝化材料对土壤中 MeHg 生成的抑制作用，稻米中 MeHg 含量在很大程度（约 85%）上取决于土壤中 MeHg 含量，这意味着土壤中 MeHg 含量的降低可以有效减少稻米中 MeHg 的积累和降低 MeHg 暴露风险。然而不同形态的 S（如有机态谷胱甘肽、无机态 SO_4^{2-} 和单质态 S）对土壤中 Hg 甲基化的影响存在显著性差异，如研究表明施加负载—SH 的麦饭石可显著降低土壤中可交换态和特殊吸附态的 Hg 含量，从而抑制了土壤中 Hg 的甲基化，同时降低土壤孔隙水中 THg 和 MeHg 的含量，提高土壤对 THg 和 MeHg 的固定能力，有效阻控了土壤中 Hg 和 MeHg 向水稻的迁移；蔡章棣的研究发现有机 S 形态（谷胱甘肽）的施加显著增加了稻田土壤中 MeHg 的产生和溶出，土壤固相中 MeHg 增加（$87.36\%\sim212.48\%$），而土壤溶液中 MeHg 的增幅高达 $4380.00\%\sim5890.30\%$。LI 等人的研究指出在水稻生长前期，无机 S 形态（SO_4^{2-}）的施加导致土壤氧化还原电位（Eh）降低，溶解铁和溶解有机碳（DOC）含量增加，促进了稻田土壤中 HgS 的溶解，增加了土壤中 MeHg 的产生及其在水稻中的富集，而在生长后期添加的效果

则相反[10]。通过 Hg L$_{\text{III}}$ XANES 研究发现，单质 S 的添加增加了土壤中有机结合态 Hg（S—Hg—SR）的含量，降低了以 HgS 形式存在的 Hg 的比例，提高了 Hg 的净甲基化水平，导致土壤和稻米中 MeHg 含量的显著增加。上述研究表明，钝化材料中 S 的存在形态决定了 S 对土壤中 Hg 甲基化的影响，如有机态的活性—SH 具有抑制作用，而无机态的 S（SO_4^{2-} 和单质 S）则具有促进作用。

8.4　水稻籽粒中总汞和甲基汞的阻控效应

8.4.1　稻米中总汞与甲基汞含量

在本章修复案例中，CK 米粒中 THg 含量相对较高，达到 $70.7\mu g/kg$，这一数值是中国国家食品安全标准 GB 2762—2017 规定的限量值 $20\mu g/kg$ 的 3.5 倍。通过 CG-Mt 和 MG-Mt 的处理，THg 的含量分别显著（$P<0.05$）降低了 40.3%～61.9% 和 43.9%～62.3% ［图 8-4(a)］。相比之下，除了 0.1% 的 Mt 外，所有修复处理均显著（$P<0.05$）降低了 CK 中的 MeHg 含量，与 CK 相比降低 22.0%～66.3% ［图 8-4(b)］。随着修复剂用量从 0.1% 增加到 1%，在 CG-Mt 和 MG-Mt 处理中均有明显的修复剂用量效应。这一现象在以往的研究中已有报道，例如，纳米活性炭在施用量为 1%（质量分数，下同）和 3% 时将稻米中 THg 含量降低了 47% 和 63%；在稻壳生物炭用量为 3%（质量分数）时，稻谷中的 THg 和 MeHg 含量明显低于用量为 0.6% 的[11]。与 Mt 相比，巯基功能化的 CG-Mt 和 MG-Mt 在减少稻粒中 THg 和 MeHg 积累方面表现出更高的效率，这主要归因于修复剂中存在—SH。当添加特定基团和材料时，例如巯基改性麦饭石、硒改性生物炭和富硫生物炭等修复剂对水稻中 Hg 积累的抑制作用变得更强，它们在减少 Hg 积累方面比原始形式的 Mt 更有效[12]。

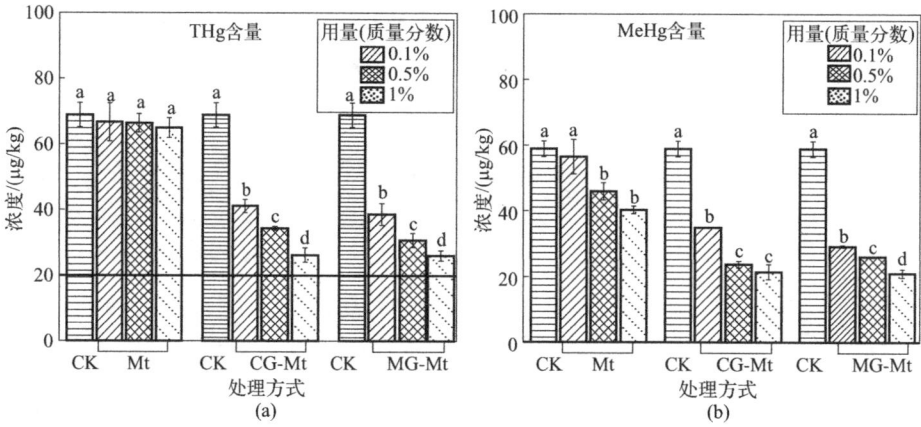

图 8-4　Mt、CG-Mt 和 MG-Mt 修复剂对稻米中 THg（a）和 MeHg（b）积累的影响

条形上的不同小写字母表示处理间差异显著（$P<0.05$）

8.4.2　植物生长和生物量

　　水稻移栽分蘖期的生长情况如图 8-5 和图 8-6 所示。与 CK 和 Mt 处理相比，CG-Mt 和 MG-Mt 处理增加水稻的分蘖数量，并提前了分蘖时间。这一现象可能与这些处理降低 Hg 的生物有效性，从而减轻

图 8-5　玻璃温室中水稻的盆栽实验（移栽后 3d）

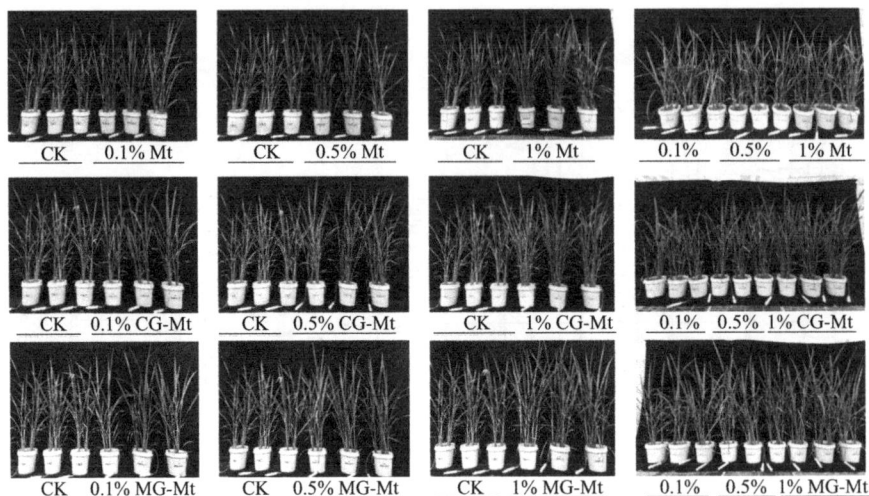

图 8-6　分蘖期水稻生长图

其毒性有关。在最高施用量为 1‰时（表 8-2），所有修复剂均显著
（$P<0.05$）促进了植物生长和粮食产量，这可能是由于具有较大阳离
子交换容量的 Mt 基材料减轻了 Hg 的毒性，并改善了土壤养分状况。

表 8-2　修复剂 Mt、CG-Mt 和 MG-Mt 对水稻生物量和产量的影响

处理方式		地上生物量 /(g/盆)	地下生物量 /(g/盆)	穗数 /盆	产量 /(g/盆)
CK		40.40±1.74a	3.09±0.06b	11.67±1.15ab	17.68±0.67b
Mt	0.1%	44.63±0.16a	3.63±0.38a	14.67±1.53a	20.44±1.15a
	0.5%	35.33±2.69b	2.50±0.12c	10.67±1.53b	16.07±1.69b
	1%	44.97±3.68a	3.64±0.22a	13.00±2.65ab	21.32±1.91a
CK		40.40±1.74c	3.09±0.06bc	11.67±1.15b	17.68±0.67b
CG-Mt	0.1%	41.90±3.95c	2.83±0.53c	10.67±0.67b	19.20±1.52b
	0.5%	51.84±3.58b	4.20±0.88ab	18.33±4.16a	20.34±5.00b
	1%	62.16±1.94a	4.32±0.63a	16.67±1.15a	29.31±1.04a
CK		40.40±1.74b	3.09±0.06b	11.67±1.15bc	17.68±0.67b
MG-Mt	0.1%	40.30±2.78c	2.49±0.30b	11.00±1.00c	18.10±1.36b
	0.5%	53.18±3.06a	4.21±0.20a	14.00±1.73ab	27.60±2.97a
	1%	53.03±0.34a	4.40±0.70a	15.33±1.53a	23.25±3.41a

注：1. 谷物中 MeHg 的总和是通过将谷物 MeHg 浓度乘以谷物生物量来计算。

2. 每个指标的同一组数据中的不同小写字母（CK 和 3 次固定化处理）表示差异显著（$P<0.05$）。

　　为了阐明水稻生物量的增加是否会通过生物稀释效应降低稻米中 MeHg 的浓度，将水稻籽粒的 MeHg 含量与谷物生物量相乘，计算稻米中 MeHg 的总和（表 8-3）。与 CK 相比，CG-Mt 和 MG-Mt 的处理显著降低了水稻籽粒中 MeHg 的总量，降幅达到 30.90％～53.94％，这表明水稻土壤中 MeHg 向水稻植株转移量减少。此外，在土壤向水稻迁移 MeHg 有限的情况下，籽粒生物量的增加必然导致稻米中 MeHg 浓度的生物稀释。因此，修复处理下水稻中 MeHg 浓度的降低不仅是由于土壤中 MeHg 向水稻植株迁移总量的减少，而且是由于水稻生物量增加所引起的生物稀释效应，且前者占主导地位。

表 8-3　基于 MeHg 浓度和谷物生物量的稻米中 MeHg 积累的结果

处理方式		产量 /(g/盆)	稻米中 MeHg 浓度 /(μg/kg)	稻米中 MeHg 的总和 /(μg/盆)
CK		17.68±0.67b	58.93±2.36a	1.04±0.07ab
Mt	0.1％	20.44±1.15a	56.50±5.23a	1.16±0.13a
	0.5％	16.07±1.69b	45.95±2.69b	0.74±0.06b
	1％	21.32±1.91a	40.31±1.15b	0.86±0.10b
CK		17.68±0.67b	58.93±2.36a	1.04±0.07a
CG-Mt	0.1％	19.20±1.52b	34.99±0.18b	0.67±0.05b
	0.5％	20.34±5.00b	23.72±1.04c	0.48±0.10c
	1％	29.31±1.04a	21.48±2.27c	0.63±0.09c
CK		17.68±0.67b	58.93±2.36a	1.04±0.07a
MG-Mt	0.1％	18.10±1.36b	29.24±0.36b	0.53±0.05c
	0.5％	27.60±2.97a	26.05±0.20c	0.72±0.07b
	1％	23.25±3.41a	21.02±1.27d	0.49±0.08c

注：每个指标的同一组数据中的不同小写字母（CK 和 3 次固定化处理）表示差异显著（$P < 0.05$）。

8.5　稻米健康风险评估

水稻籽粒是土壤中 MeHg 的生物富集器官，MeHg 的生物积累因子比无机 Hg 高数百倍（高达 4000 倍）。在本案例中，稻米中 MeHg 含量达到了 $21.0\sim58.9\mu g/kg$ 的高水平，占稻米中 THg 的 $2.0\%\sim85.5\%$。其中，稻米 MeHg 的生物累积因子为 $19.17\sim28.61$，这一数值远高于 THg 的生物累积因子（$0.0047\sim0.0126$）（表 8-4）。通过每日允许摄入量（ADI）和目标危害商（THQ）评估水稻中 THg 和 MeHg 摄入的健康暴露风险，结果表明，施加修复剂 CG-Mt 和 MG-Mt 能显著（$P<0.05$）降低 ADI 和 THQ 值，降幅分别为 $39.5\%\sim65.1\%$ 和 $40.7\%\sim64.4\%$。然而，MeHg 的 ADI 和 THQ 值远高于推荐限值 $0.1\mu g/(kg\cdot d)$ 和 1，说明在修复后通过水稻饮食仍然存在较高的 MeHg 非致癌性暴露风险。对于以稻米为主食的当地居民，尤其是长期接触 MeHg 的低水平暴露人群，特别是孕妇，这一问题应予以关注。

尽管在盆栽实验条件下，巯基功能化 Mt 可有效降低水稻籽粒中 Hg 积累量及 Hg 健康暴露风险，但在复杂多变的实际田间生产条件下，修复剂的确切适用性仍需进一步研究。在修复实践中，修复剂的固定化通常需要与叶面喷洒、低积累品种栽培和植物修复等技术相结合，以便更有效地修复复合和重度 Hg 污染的水稻土壤。此外，在田间应用中，应更加关注巯基功能化 Mt 修复 Hg 污染水稻土的稳定性、成本和环境效应，以确保修复措施的长期有效性和经济可行性。

表8-4 Mt, CG-Mt 和 MG-Mt 修复剂对稻米中 THg 和 MeHg 生物积累的影响及其健康风险评估

处理方式		THg			MeHg			
		BF	ADI /[μg/(kg·d)]	THQ	BF	比例(%)	ADI /[μg/(kg·d)]	THQ
Mt	CK	0.0126±0.0007a	0.51±0.03a	0.89±0.05a	19.17±1.35a	85.51%	0.43±0.02a	4.33±0.17a
	0.1%	0.0122±0.0011a	0.49±0.04a	0.86±0.07a	22.90±3.54a	85.07%	0.42±0.04a	4.15±0.38a
	0.5%	0.0121±0.0005a	0.49±0.02a	0.86±0.04a	19.25±2.90a	69.18%	0.34±0.02b	3.38±0.20b
	1%	0.0119±0.0005a	0.48±0.02a	0.84±0.04a	21.29±0.19a	62.01%	0.30±0.01b	2.96±0.08b
CG-Mt	CK	0.0126±0.0007a	0.51±0.03a	0.89±0.05a	19.17±1.35b	85.51%	0.43±0.02a	4.33±0.17a
	0.1%	0.0075±0.0004b	0.30±0.01b	0.53±0.03b	28.61±0.59a	85.1%	0.26±0.00b	2.57±0.01b
	0.5%	0.0063±0.0001c	0.25±0.00c	0.44±0.01c	22.81±1.75b	68.99%	0.17±0.01c	1.74±0.08c
	1%	0.0048±0.0004d	0.19±0.02d	0.34±0.03d	21.27±2.02ab	81.91%	0.16±0.02c	1.58±0.17c
MG-Mt	CK	0.0126±0.0007a	0.51±0.03a	0.89±0.05a	19.17±1.35c	85.51%	0.43±0.02a	4.33±0.17a
	0.1%	0.0071±0.0006b	0.28±0.02b	0.50±0.04b	22.04±0.73bc	75.63%	0.21±0.00b	2.15±0.03b
	0.5%	0.0056±0.0004c	0.23±0.02c	0.40±0.03c	26.11±2.28a	84.65%	0.19±0.00c	1.91±0.01c
	1%	0.0047±0.0003c	0.19±0.01c	0.34±0.02c	23.79±1.79ab	80.83%	0.15±0.01d	1.54±0.09d

注：BF 是指生物累积因子；ADI [μg/(kg·d)] 是指每日允许摄入量；THQ 是指目标危险商数；比例（%）是指 MeHg 与 THg 的比率；每个指标（CK 和 3 次固定化处理）在同一组数据中的不同小写字母表示显著差异（$P<0.05$）。

8.6 钝化修复机理

8.6.1 土壤中的汞组分

在土壤 Hg 分级提取（SEP）的结果中［图 8-3(c)］，土壤中 Hg 组分呈现出以下顺序：Fc4（HgS 和难降解物质）＞Fc3（与结晶氧化物结合的元素 Hg)＞Fc2（与腐殖质中黄腐酸结合的 Hg）＞Fc1（不稳定的 Hg 物种）。与 CK 相比，CG-Mt 和 MG-Mt 的应用降低了 Fc2 的比例，增加了 Fc3 的比例，而 Fc1 和 Fc4 的变化很小。Fernández-Martínez 和 Rucandio 指出，Fc1 作为土壤中迁移性最强的有效态 Hg 组分，包含对植物和微生物具有生物利用度的水溶性、弱吸附性和高可溶性的 Hg。然而，在本案例土壤中的 Fc1 组分占比很小，并且在 CK 和改良处理之间检测到的变化也很小。Fc2 组分是 Hg 与腐殖质配位形成的 Hg 组分，在一定程度上可控制 Hg 在土壤中的迁移，Fc1 和 Fc2 也是容易被植物吸收和被微生物甲基化的 Hg 组分。然而，有研究表明与有机质结合的 Hg 具有很高的甲基化潜力，这增加了土壤-水稻系中 MeHg 暴露的风险。Fc3 组分主要包括土壤中的元素态 Hg 和晶体氧化物结合态 Hg。而 Fc4 则是土壤中最稳定的 Hg 组分，包括 HgS 和难降解物质，其迁移性和毒性最低。通常，具有高不溶性和无效性的 Fc3 和 Fc4 组分被认为是不可用的 Hg 种类。然而，纳米颗粒 HgS 或具有晶体缺陷的纳米晶体 HgS 与 Hg^{2+} 具有相似或更高的甲基化速率。

该案例中应用 CG-Mt 和 MG-Mt 修复剂可有效降低抑制 Hg 甲基化的 Fc2 组分的含量，土壤有效态 Hg 含量和潜在甲基化 Hg 分数的降低是导致 MeHg 降低的主要原因。此外，这两种修复剂增加了 Fc3 组分的比例，有效阻控了土壤中 Hg 和 MeHg 向水稻的迁移。CG-Mt 和 MG-Mt 对土壤中有效态 Hg 的固定机制为—SH 与 Hg 的强结合和多孔结构的表面配位（或晶格固定），通过改变土壤中 Hg 的化学形态分布，可以更有效地管理和减少 Hg 对环境和人类健康的潜在风险。

8.6.2　土壤汞循环功能基因

土壤作为 Hg 循环的关键环节，其微生物群落对 Hg 的转化和迁移起着决定性作用。Hg 在土壤中的循环涉及多种微生物过程，包括 Hg 的还原、甲基化和去甲基化[13-14]，这些过程由特定的功能基因控制。*hgcAB* 基因作为甲基化调控的关键基因，包含驱动甲基转移的 *hgcA* 和负责电子转移的 *hgcB*，这些基因对已在硫酸盐还原菌（SRB）和铁还原菌（IRB）、产甲烷菌和其他 Hg 甲基化菌中得到广泛证实，并已被用作生物标志物，以推断微生物产生 MeHg 的能力和甲基化微生物的丰度。有机 Hg 裂解酶（*merB*）能够破坏 C—Hg 键生成甲烷（CH_4），而 Hg 还原酶（*merA*）则将 Hg^{2+} 还原为 Hg^0。在稻田土壤中，硫酸盐还原菌（SRB）通过其代谢活动可以影响土壤中 Hg 的形态转化，与 Hg 的甲基化、去甲基化和还原过程密切相关。*dsrAB* 序列是编码异化硫酸盐还原酶，可以通过定量分析 *dsrAB* 基因的复制数来评估 SRB 的存在和活性。

为了深入探究修复剂的添加对土壤微生物 Hg 甲基化和去甲基化的影响，本案例聚焦于功能基因 *hgcAB*、*dsrAB*、*merB* 和 *merA* 的定量分析（图 8-7）。在修复后的土壤样品中，*hgcAB* 的基因复制数范围为 $1.2 \times 10^6 \sim 2.9 \times 10^7$，显著低于 CK 的 3.6×10^7。添加修复剂后土壤样品的甲基化水平有所降低，尤其是 CG-Mt 和 MG-Mt 的处理效果更为显著，这可能与生物有效态 Hg 含量的降低有关。添加修复剂后观察到 *hgcAB* 和 *dsrAB* 的变化不一致，这说明并不是所有的 SRB 都能将无机 Hg 转化为 MeHg。在改良土壤样品中 *merB* 和 *merA* 基因复制数均不同程度增大，这表明微生物促进了 MeHg 去甲基化的过程，这一结论得到了变形菌门（Proteobacteria）丰度增加的支持。修复土壤中 MeHg 的降低归因于生物有效态 Hg 含量的变化以及 *hgcAB*、*merB* 和 *merA* 基因复制的丰度变化。尽管如此，仍需进行更详细的研究来解释在修复剂添加条件下 *merB* 和 *merA* 过表达的具体原因。

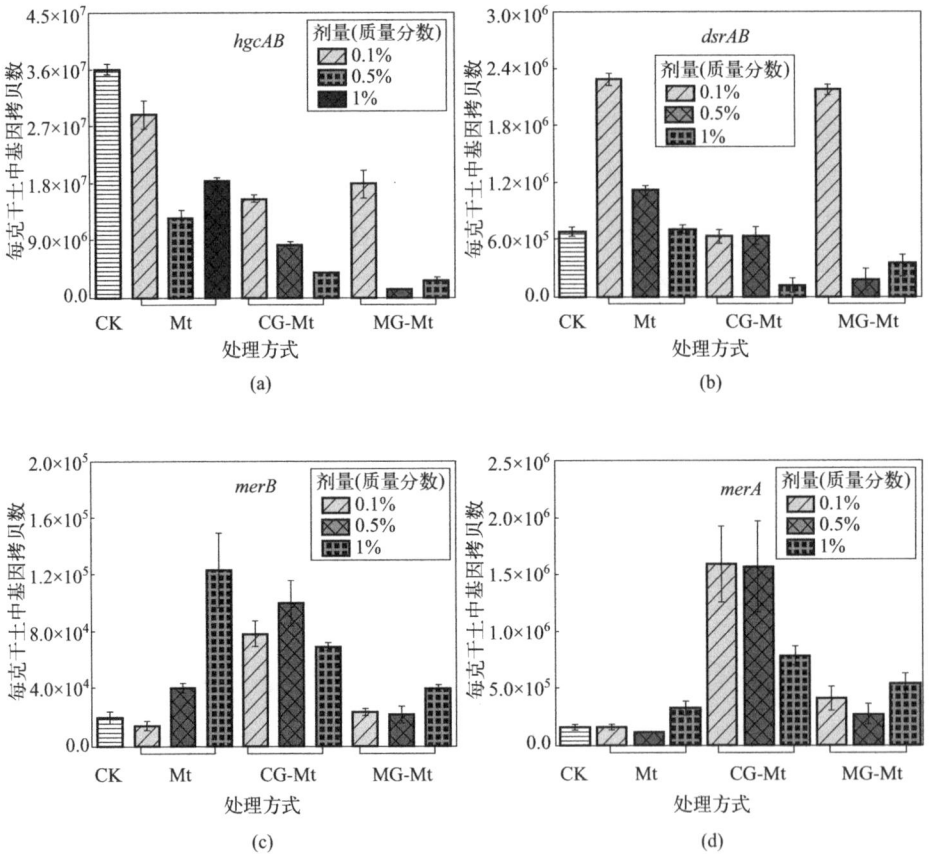

图 8-7　Mt、CG-Mt 和 MG-Mt 修复对土壤样品中 *hgcAB*（a）、*dsrAB*（b）、

merB（c）和 *merA*（d）基因复制数的影响

结构方程模型（SEM）分析结果表明，土壤中有效态 Hg、MeHg 以及特定功能基因（包括 *hgcAB*、*dsrAB*、*merB* 和 *merA*）共同解

释了水稻籽粒中 THg 和 MeHg 96% 的含量变化 [图 8-8(a)]。土壤中有效态 Hg（路径系数 $=0.23$；$P<0.05$）、MeHg（路径系数 $=0.54$；$P<0.01$）和 $merA$ 对稻米中 THg 含量具有直接的正向影响；而土壤中有效态 Hg（路径系数 $=0.37$；$P<0.05$）、土壤 MeHg（路径系数 $=0.64$；$P<0.01$）、$hgcAB$（路径系数 $=0.19$；$P<0.01$）和 $dsrAB$（路径系数 $=0.24$；$P<0.01$）对稻谷中 MeHg 含量具有直接的正向影响。此外，土壤中有效态 Hg（路径系数 $=0.37$；$P<0.01$）和 $hgcAB$（路径系数 $=0.41$；$P<0.01$）对土壤中 MeHg 含量具有直接的正向影响，而 $dsrAB$（路径系数 $=-0.06$）、$merA$（路径系数 $=-0.02$）和 $merB$（路径系数 $=-0.27$；$P<0.01$）则对土壤中 MeHg 含量具有直接的负向影响。通过计算各变量对水稻籽粒中 THg 和 MeHg 积累的标准化总效应 [图 8-8(b)和(c)]，发现土壤有效态 Hg 对水稻中 THg 含量的正向影响最为显著，其次是土壤和稻谷中的 MeHg 含量。土壤中的 MeHg、有效态 Hg 和 $hgcAB$ 基因是决定稻谷中 MeHg 含量的主要因素。综合分析结果表明，通过添加改良剂引起的土壤中有效态 Hg 的变化，直接抑制了水稻籽粒中 THg 和 MeHg 的积累，并且通过调节土壤中 MeHg 及其相关功能基因的表达，间接影响了这些形态 Hg 在水稻中的积累。

8.6.3　土壤微生物

在本案例中，深入探讨了土壤细菌群落结构的分析结果以及在施加修复剂后对土壤微生物群落组成的影响。Good's 覆盖指数是评估微生物群落采样充分性的一个重要指标，细菌群落的 Good's 覆盖指数范围在 0.965～0.976 之间，说明 16S rRNA 高通量测序结果能够很好地反映土壤细菌群落结构。α 多样性指数是衡量群落多样性的常用指标，包括 Chao 1 指数、观测物种数（observed species）、香农

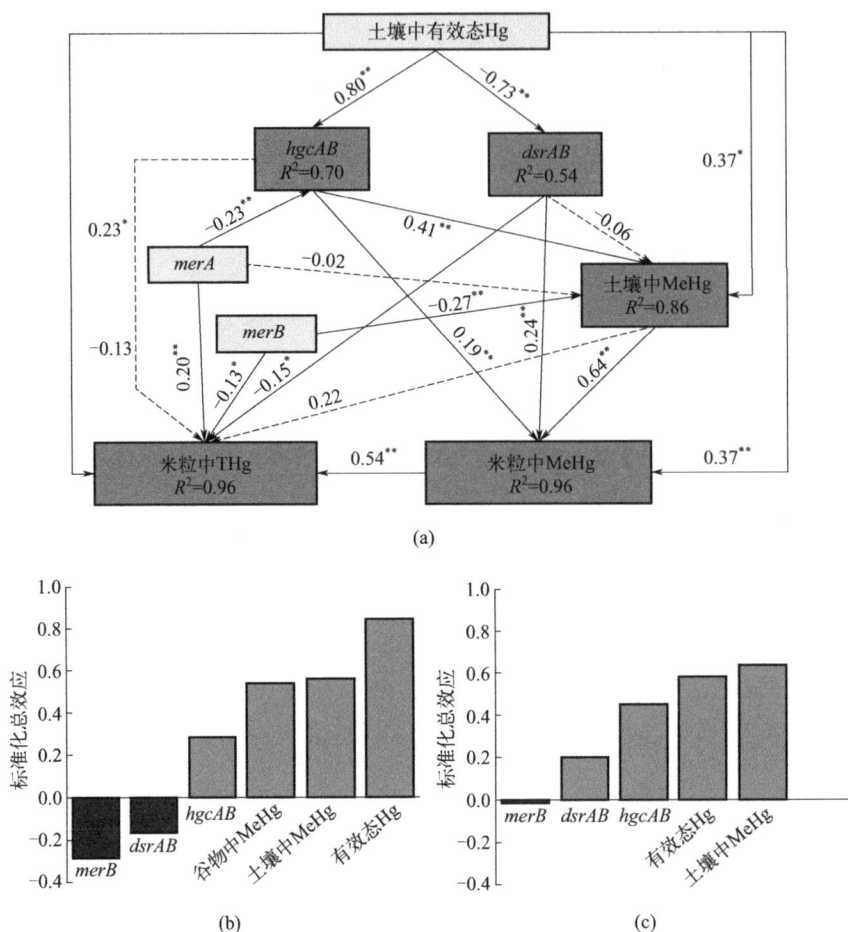

图 8-8　土壤中有效态 Hg 和功能基因对水稻籽粒中 THg 和 MeHg 生物积累的直接和
间接影响（a），SEM 得出的 THg（b）和 MeHg（c）生物积累的标准化总效应

箭头的粗细表示关系的强度；箭头旁的数字为通径系数；＊代表 $P < 0.05$；＊＊代表 $P < 0.01$

（Shannon）指数、辛普森（Simpson）指数和 Faith's 发育多样性
（PD）等（表 8-5）。与 CK 相比，添加修复剂对这些指数的影响不显
著（$P > 0.05$），这表明修复剂对土壤中微生物的干扰很小。通过组
间差异分析，发现 CG-Mt 和 MG-Mt 修复的土壤样品与 CK 相比，细
菌群落存在差异，但这种差异并不显著（图 8-9）。

表 8-5　修复土壤样品和 CK 中细菌群落的丰富度和多样性指数

处理方式		Chao 1 指数	观测物种数（observed species）	香农（Shannon）指数	Faith's 发育多样性（PD）	辛普森（Simpson）指数	Good's 覆盖指数
CK		5067.90±308.65a	4175.17±267.32a	10.89±0.12a	285.33±13.76a	0.999a	0.968a
Mt	0.1%	4786.62±314.12a	3991.07±286.93a	10.81±0.10a	273.61±18.67a	0.999a	0.970a
	0.5%	4895.01±152.89a	4086.17±52.51a	10.83±0.02a	281.99±3.21a	0.999a	0.969a
	1%	5269.57±50.92a	4336.60±75.11a	10.92±0.04a	291.26±6.66a	0.999a	0.965a
CK		5067.90±308.65a	4175.17±267.32a	10.89±0.12a	285.33±13.76a	0.999a	0.968a
CG-Mt	0.1%	5241.44±355.76a	4286.83±286.83a	10.90±0.07a	294.72±16.09a	0.999a	0.966a
	0.5%	4926.79±244.89a	4075.57±159.16a	10.86±0.04a	267.67±7.54a	0.999a	0.969a
	1%	5179.10±1008.37a	4174.57±580.90a	10.82±0.12a	272.31±24.58a	0.999a	0.966a
CK		5067.90±308.65a	4175.17±267.32a	10.89±0.12a	285.33±13.76a	0.999a	0.968a
MG-Mt	0.1%	4818.13±105.77a	4013.17±81.56a	10.79±0.03a	280.39±14.57a	0.999a	0.970a
	0.5%	4933.99±88.87a	4060.03±67.05a	10.87±0.03a	269.80±6.60a	0.999a	0.969a
	1%	4532.80±1063.77a	3793.73±750.37a	10.75±0.29a	253.51±46.25a	0.999a	0.972a

注：Kruskal-Wallis 用于显著性检验，$P>0.05$。

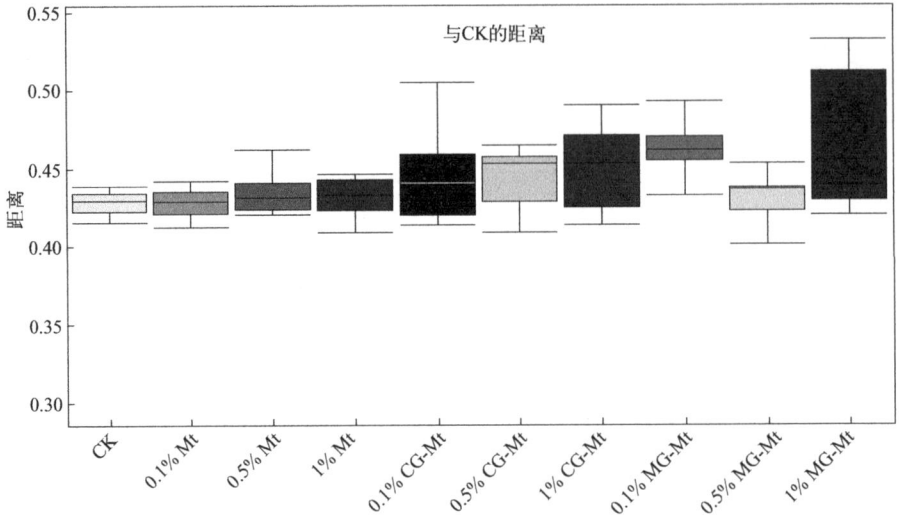

图 8-9 修复土壤样品与 CK 之间细菌群落的差异

Anosim 检验，$P > 0.05$

非度量多维尺度分析（NMDS）是一种常用的群落结构分析方法，Mt 处理土壤中的细菌群落与 CK 接近［图 8-10（书后另见彩插）(a)］。在 NMDS 中，CG-Mt 和 MG-Mt 处理（尤其是最高添加量）与 CK 分开，这表明 CK 和巯基功能化 Mt 改性土壤之间的土壤微生物群落差异较大，表明修复剂的使用可能在一定程度上改变了土壤中微生物群落的结构。同时 CG-Mt 和 MG-Mt 处理之间也存在明显差异，这表明不同修复方法之间存在内在差异。

通过前 10 个门和前 35 个属来分析微生物群落组成的差异［图 8-10(b) 和 (c)］，发现变形菌门、绿弯菌门、酸杆菌门和放线菌门是主要的微生物门类，它们占前 10 门的 80% 以上，这与对万山 Hg 矿周围土壤中微生物的调查结果相似。与 CK 相比，修复剂的添加对变形菌门的相对丰度影响不大，但在修复剂处理下，酸杆菌门和芽孢杆菌门的相对丰度分别增加了 4.3%～19.1% 和 1.4%～16.2%。相比之下，在改良土壤中，绿弯菌门和 Patescibacteria 的相对丰度分别降低了 8.1%～15.1% 和 13.8%～42.8%。改良剂的特性也会影响土壤微生物。例如，有机改良活性炭将主要门从厚壁菌门变为拟杆菌门和变形菌门。由于酸杆菌门和绿弯菌门对 Hg 污染敏感，有效态 Hg 的减少可能会增加酸杆菌门的丰度。除了土壤中可用和潜在甲基化的 Hg 组分外，甲基化和去甲基化微生物在土壤中扮演着重要角色，它们是决定土壤净 MeHg 含量的关键因素。相对于 CK，应用高剂量的修复剂使放线菌门的相对丰度增加了 13.7%～30.7%，这可能有助于其包含的 *merA* 基因对 MeHg 进行还原性去甲基化。MG-Mt 的添加使拟杆菌门的相对丰度增加了 2.8%～24.4%，这一门类被确定为

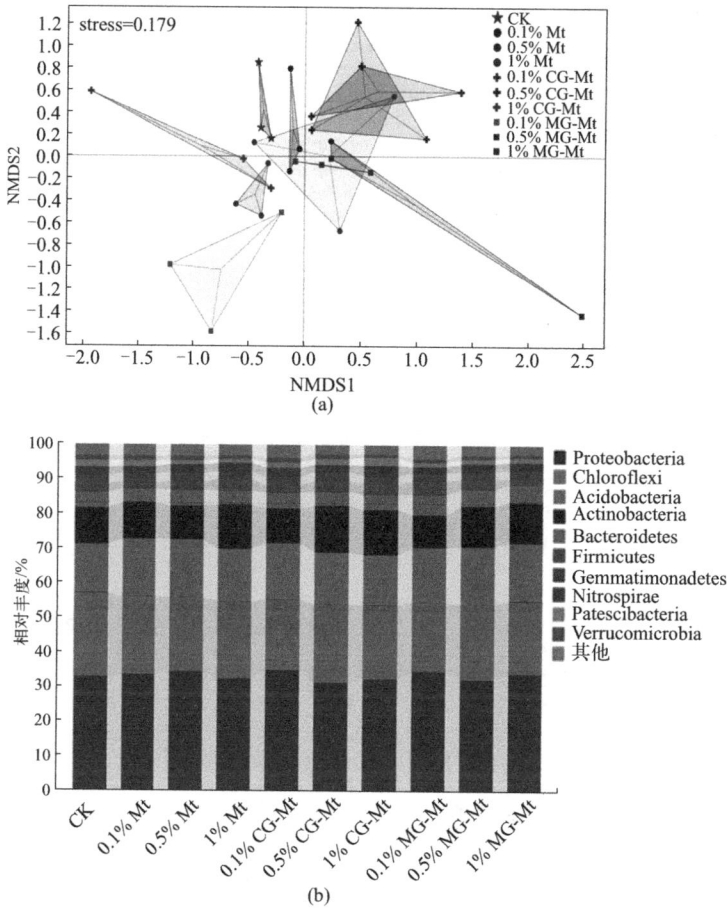

图 8-10

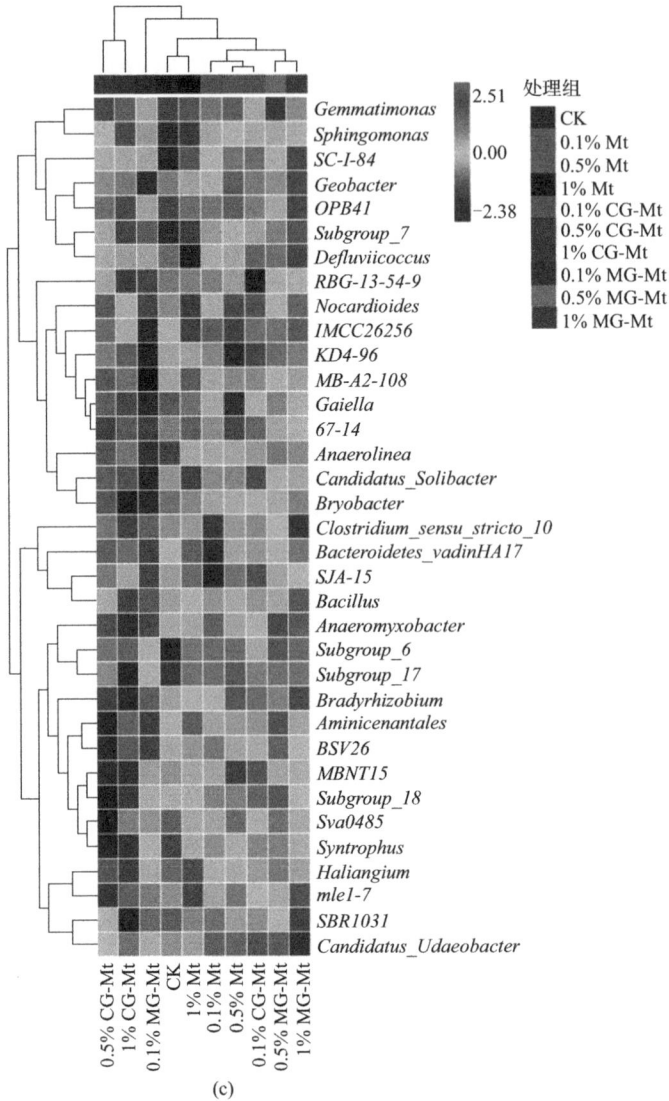

图 8-10　对照和改良土壤样品的 NMDS 分析（a）、前 10 个门的

相对丰度（b）和前 35 个属的聚类热图（c）

将 MeHg 转化为 CH_4 的潜在携带 *merB* 基因菌门。

通过前 35 个属来分析微生物群落组成的差异。在前 35 个属中，地杆菌属（*Geobacter*）、厌氧绳菌属（*Anaerolinea*）、梭菌属（*Clostridium*）、异常球菌属（*Defluviicoccus*）和互养菌属（*Syntrophus*）

被鉴定为含有 $hgcAB$ 的甲基化体，这些属的相对丰度顺序为 $Geobacter > Anaerolinea > Clostridiu > Defluviicoccus > Syntrophus$。添加修复剂增强了 $Geobacter$ 和 $Defluviicoccus$ 的相对丰度，同时降低了 $Anaerolinea$ 和 $Clostridium$ 的丰度。$Geobacter$ 不仅具有 Hg 甲基化的能力，而且具有通过生物途径降解 MeHg 的能力，这可能导致本案例中 MeHg 含量的降低。改良土壤中与甲基化和去甲基化相关的主要微生物门和属的变化通过抑制 MeHg 的产生和促进 MeHg 的降解来共同调节净 MeHg 含量。

8.7　土壤改良效应

8.7.1　土壤理化性质

土壤理化性质对 Hg 在土壤中的迁移、甲基化及其在水稻中的积累有着重要影响。Hg 是一种全球性污染物，其在土壤中的环境行为受到多种因素的影响，包括土壤 pH 值、氧化还原电位（Eh）、电导率（EC）、阳离子交换容量（CEC）、有效硫（AS）、有机碳（DOC）、速效养分等。在本案例中，我们探讨了改良剂对土壤 Hg 行为的影响（表 8-6），表明土壤修复剂（CG-Mt 和 MG-Mt）的施用可改变土壤理化性质，进而影响 Hg 的环境行为和生物有效性，减少 Hg 对环境和人类健康的潜在风险。

pH 值的变化对土壤中 Hg 的形态和生物有效性具有潜在影响。与对照（CK）相比，由于黏土矿物的碱性特性，施用黏土矿物改良剂（Mt）使土壤 pH 值略有升高。而 CG-Mt 在 $0.1\% \sim 1\%$ 的施用量范围内，显著（$P < 0.05$）降低了土壤 pH 值，降低了 $0.14 \sim 0.42$ 个单位，这表明在修复剂制备过程中其硫酸成分可能对土壤构成酸化的潜在风险。与 CG-Mt 相比，MG-Mt 对土壤 pH 值的影响较小，这表明 MG-Mt 对水稻中 THg 和 MeHg 积累的抑制作用可能不是通过 pH 值依赖机制介导的。

表8-6 Mt、CG-Mt 和 MG-Mt 修复材料对土壤理化指标的影响

处理方式		pH值	Eh值/(mV)	电导率/(μS/cm)	阳离子交换容量/(cmol$^{(+)}$/kg)	有效硫含量/(mg/kg)	有机碳含量/(mg/kg)
CK		6.16±0.01a	142.80±8.93c	48.79±1.31c	9.07±0.81c	8.32±0.36a	19.41±1.03a
Mt	0.1%	6.19±0.03ab	152.63±15.55bc	60.03±4.33b	10.17±0.70b	7.25±0.31b	19.83±1.52a
	0.5%	6.15±0.04a	162.27±10.32b	98.15±5.49a	10.64±0.65a	6.46±0.21c	20.14±0.48a
	1%	6.22±0.03b	187.33±18.52a	93.00±7.85a	10.62±0.94a	6.92±0.41bc	21.27±2.30a
CK		6.16±0.01a	142.80±8.93b	48.79±1.31c	9.07±0.81b	8.32±0.36ab	19.41±1.03bc
CG-Mt	0.1%	6.02±0.02b	143.47±3.56b	92.40±8.89a	9.32±0.15b	6.67±0.21c	21.30±1.03a
	0.5%	5.94±0.01c	144.07±6.76b	79.41±7.86b	10.35±0.19a	7.35±0.54bc	19.95±0.14ab
	1%	5.74±0.04d	169.43±7.84a	95.09±4.33a	10.32±0.81a	8.60±0.80a	18.16±0.77c
CK		6.16±0.01a	142.80±8.93b	48.79±1.31d	9.07±0.81c	8.32±0.36a	19.41±1.03a
MG-Mt	0.1%	6.14±0.05a	138.40±4.96b	124.37±11.41a	9.82±0.64b	8.57±0.31a	21.05±0.70a
	0.5%	6.10±0.02a	156.07±6.21ab	78.89±1.55c	10.13±0.46b	8.43±0.16a	20.07±1.51a
	1%	6.12±0.02a	186.57±8.40a	91.98±5.62b	11.81±0.56a	8.90±0.81a	17.87±1.55a

注：Eh值是在2021年8月10日（收获前6天）确定；每个指标（CK和3次固定化处理）同一组数据中的不同小写字母表示差异显著（$P<0.05$）。

土壤氧化还原电位（Eh）的变化会直接或间接影响重金属形态，从而决定重金属的毒性，它也是影响 Hg 甲基化的关键因素。该案例中修复剂的施用显著（$P<0.05$）提高了土壤 Eh，增幅在 $0.4\%\sim31.2\%$，较高的 Eh 条件有助于抑制甲基化微生物的活性并促进氧化去甲基化，最终抑制土壤中 MeHg 的生成。通过提高土壤 Eh 来抑制 MeHg 的生成，是降低 Hg 对环境和人类健康风险的有效策略。

土壤的电导率（EC）反映了土壤总盐含量，为可溶态的阴阳离子之和，其增加有助于提高土壤肥力，促进水稻对养分的吸收。阳离子交换容量（CEC）较高，土壤保水保肥能力较强，对重金属阳离子的吸附能力也较强。修复剂的施用显著提高土壤的 EC 和 CEC，原始 Mt 的增幅分别为 $23.03\%\sim101.16\%$ 和 $12.01\%\sim17.23\%$，CG-Mt 和 MG-Mt 的增幅分别为 $62.77\%\sim94.89\%$ 和 $2.62\%\sim14.05\%$，$61.69\%\sim154.90\%$ 和 $8.13\%\sim30.03\%$。

土壤有效硫（AS）直接参与植物生长和土壤结构的维持，而有机碳（DOC）则是土壤微生物活动和土壤结构形成的基础。在土壤有效硫含量方面，施用 Mt 显著（$P<0.05$）降低了土壤有效硫含量，这可能与水稻正常生长过程中硫的消耗量增加有关。相比之下，CG-Mt 和 MG-Mt 总体上维持了土壤有效硫含量，这两种处理方式中有少部分—SH 可能降解以供应土壤有效硫。此外，巯基功能化 Mt 对 DOC 的影响表现出双重效应，即低施加剂量（0.1%）下增加，高剂量（1%）下明显降低。DOC 的降低有助于降低土壤中 Hg 的生物可利用性，抑制其向水稻迁移，这与生物炭等有机改良剂的效果不同，后者通常能够增加土壤中 DOC 含量。

在土壤速效养分方面，速效氮（AN）、速效磷（AP）含量的变化不显著，AN 小幅增加，而速效钾（AK）含量明显下降，尤其是在施用 CG-Mt 和 MG-M 时，钝化处理促进水稻生物量的增加进而加速了对土壤 K 的消耗。这种下降可能是由于修复剂中暴露的硅氧四面体固定了 K^+，土壤中可利用的钾减少。

8.7.2 土壤酶活性

监测修复剂对土壤中关键酶活性的影响至关重要。土壤酶作为土壤生物活性的重要指标，其活性的变化可以反映土壤健康状况和营养循环的状态[15]。在该案例中，除了 MG-Mt 的最高剂量外，添加修复剂对脲酶活性的影响不显著 [图 8-11(a)]，这意味着施用 MG-Mt 可能会随着脲酶活性的增加而改善土壤质量。脲酶活性的提升有助于加速尿素的分解，释放出植物生长所用的氮素，从而促进植物生长。施用 Mt 和 MG-Mt 后，土壤蔗糖酶和芳基硫酸酯酶活性略有增加

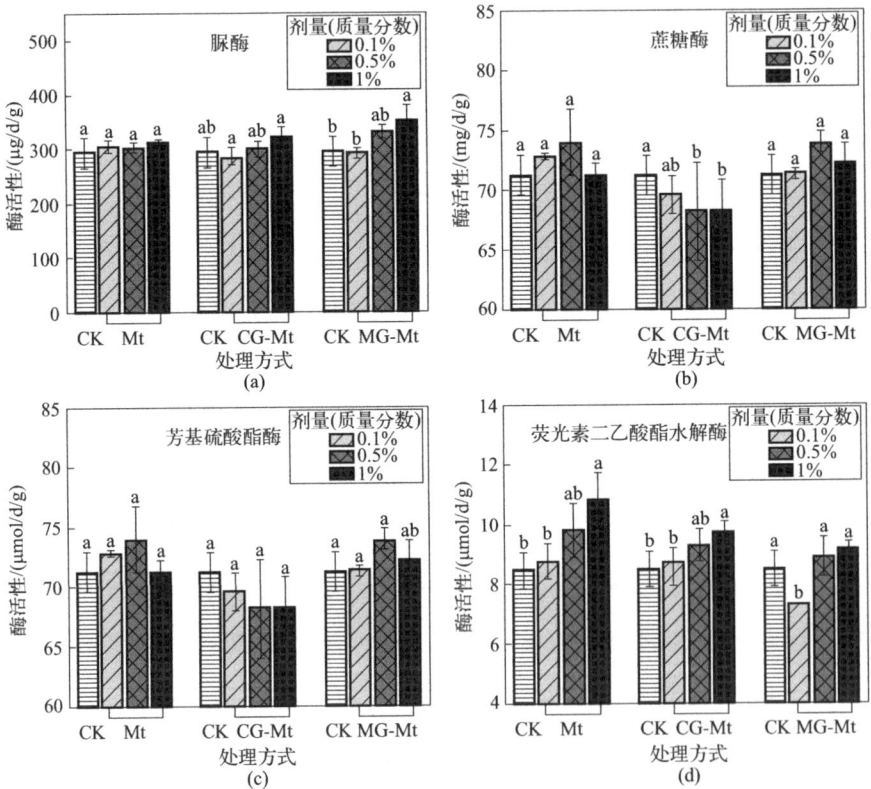

图 8-11　Mt、CG-Mt 和 MG-Mt 修复剂对土壤脲酶（a）、蔗糖酶（b）、芳基硫酸酯酶（c）和荧光素二乙酸酯水解酶（d）活性的影响

同一组条形柱（依次为 CK 与三个钝化处理）上的不同小写字母表示存在显著差异（$P < 0.05$）

［图 8-11(b) 和(c)］。与 CK 相比，CG-Mt 的处理分别降低了这两种酶的活性，降幅分别为 10.6%～17.8% 和 2.3%～4.2%。因此，施用 CG-Mt 可能会对土壤健康产生不利影响，因为 CG-Mt 抑制了与土壤硫和碳转化相关的关键酶的活性。在土壤荧光素二乙酸酯水解酶活性（代表土壤总微生物活性）方面［图 8-11(d)］，除了 0.1% 的 MG-Mt 处理外，施用修复剂的土壤荧光素二乙酸酯水解酶活性比未添加改剂的土壤提高 2.5%～14.9%。土壤酶活性的增加反映了添加修复剂可以缓解 Hg 胁迫，从而改善土壤质量。从土壤环境质量的角度来看，MG-Mt 作为一种潜在的土壤修复剂，在环保性和土壤质量改善方面展现出比 CG-Mt 更大的潜力。

8.7.3　Pearson 相关分析

在土壤中，有效态 Hg（通过 HCl 和 $Na_2S_2O_3$ 提取）和 MeHg 的含量与稻米中的 THg 和 MeHg 积累之间存在显著的（$P < 0.01$）正相关性（图 8-12，书后另见彩插），这表明土壤中可提取的 Hg 能够准确反映水稻系统中 Hg 的有效性。此外，土壤的 pH 值和速效钾（AK）与土壤及水稻中的 Hg 和 MeHg 含量也显示出显著的（$P < 0.01$）正相关性，这可能是因为土壤 pH 值的降低以及巯基化 Mt 对钾离子（K^+）的晶格固定作用。相反，土壤的阳离子交换容量（CEC）、铁硫比和有机质含量与土壤-水稻系统中的 Hg 和 MeHg 含量呈负相关性，这表明这些指标可能有助于固定土壤中的有效态 Hg，限制其甲基化过程以及向水稻的转移。例如，对万山矿区周边进行的实地调查表明，在影响水稻中 THg 和 MeHg 积累的土壤性质中，速效钾（AK）是一个重要指标。土壤微生物群落的结构和功能受到土壤性质的影响，包括 pH 值、阳离子交换容量（CEC）、土壤有机质（SOM）、有效养分供应、重金属含量以及有效形态的含量。

在本案例中，Mantel 测试结果表明土壤 pH 值和速效钾（AK）显著（$P<0.05$）影响细菌群落的组成。

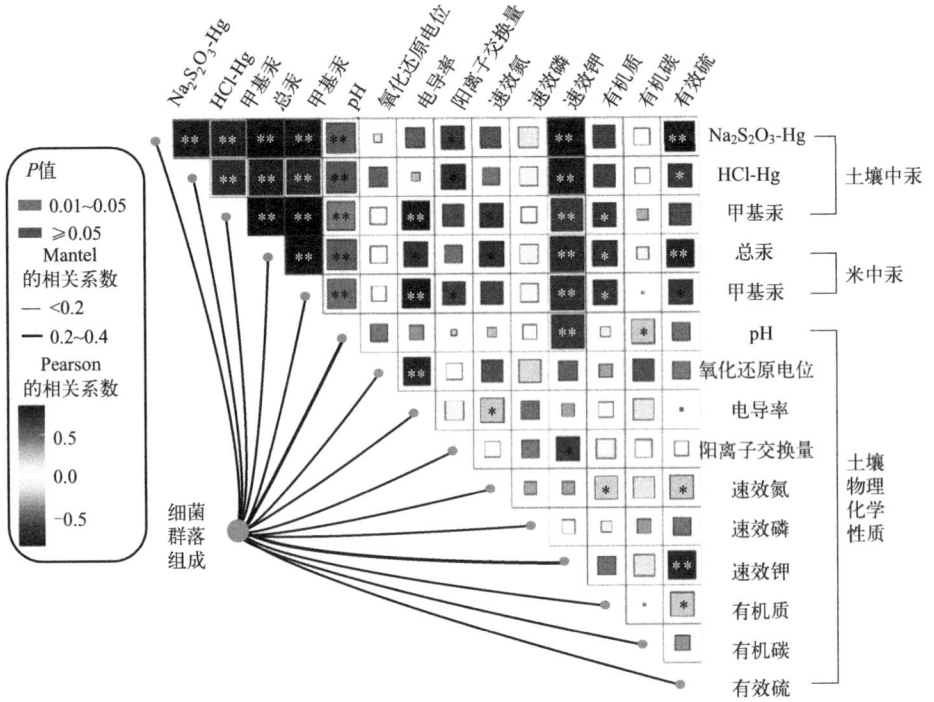

图 8-12　土壤环境因子与土壤和水稻中 Hg 的 Pearson

相关性分析及其与土壤细菌群落组成的关系

＊为显著差异（$P<0.05$）；＊＊为极显著差异（$P<0.01$）

8.8　主要结论

本案例结果表明，在严重 Hg 污染的水稻土壤中施用低剂量（0.1%～1%，质量分数）的 CG-Mt 和 MG-Mt 可有效抑制稻谷中 THg 和 MeHg 的积累并减少其相关的健康风险。巯基功能化修复剂的添加显著降低了土壤有效态 Hg 含量，并通过化学键合和表面配位将潜在的移动组分转化为稳定形式。此外，修复剂还降低了 *hgcAB*

丰度，提高了 *merB* 和 *merA* 丰度，通过调节甲基化和去甲基化共同降低了土壤中 MeHg 含量。此外，与 CK 相比，土壤修复剂促进了水稻生长、提高了产量。然而，CG-Mt（共价接枝蒙脱石）的施用导致土壤酸化，蔗糖酶和芳基硫酸酯酶的活性显著降低。从土壤健康的角度来看，通过机械化学接枝制备的 MG-Mt 被证明是一种绿色、有效且有前途的 Hg 污染水稻土壤钝化修复剂。然而，在土壤、水和空气等复杂多变的 Hg 污染的田间条件下，应综合研究 MG-Mt 对水稻土中 Hg 污染的修复效果和适用性。

参考文献

[1] Zhang H, Feng X, Larssen T, et al. In inland China, rice, rather than fish, is the major pathway for methylmercury exposure [J]. Environmental Health Perspectives, 2010, 118 (9): 1183-1188.

[2] Xu J, Bravo A, Lagerkvist A, et al. Sources and remediation techniques for mercury contaminated soil [J]. Environment International, 2015, 74: 42-53.

[3] Chen L, Liang S, Liu M, et al. Trans-provincial health impacts of atmospheric mercury emissions in China [J]. Nature Communications, 2019, 10 (1): 1484.

[4] Horvat M, Nolde N, Fajon V, et al. Total mercury, methylmercury and selenium in mercury polluted areas in the province Guizhou, China [J]. Science of the Total Environment, 2003, 304 (1-3): 231-256.

[5] Meng B, Feng X, Qiu G, et al. The process of methylmercury accumulation in rice (*Oryza sativa* L.) [J]. Environmental Science & Technology, 2011, 45 (7): 2711-2717.

[6] Wang Z, Sun T, Driscoll C T, et al. Mechanism of accumulation of methylmercury in rice (*Oryza sativa* L.) in a mercury mining area [J]. Environmental Science & Technology, 2018, 52 (17): 9749-9757.

[7] Bao Z D, Wang J X, Feng X B, et al. Distribution of mercury speciation in polluted soils of Wanshan mercury mining area in Guizhou [J]. Chin J Ecol, 2011, 30 (5): 907-913.

[8] Fernández-Martínez R, Rucandio I. Assessment of a sequential extraction method to evaluate mercury mobility and geochemistry in solid environmental samples [J]. Ecotoxicology and Environmental Safety, 2013, 97: 196-203.

［9］　Wang Y，He T，Yin D，et al. Modified clay mineral：A method for the remediation of the mercury-polluted paddy soil ［J］. Ecotoxicology and Environmental Safety，2020，204：111121.

［10］　蔡章棣. 有机硫影响稻田土壤甲基汞的产生 ［J］. 农业环境科学学报，2021，40（7）：1942-1947.

［11］　Wang J，Shaheen S M，Anderson C W N，et al. Nanoactivated carbon reduces mercury mobility and uptake by *Oryza sativa* L：mechanistic investigation using spectroscopic and microscopic techniques ［J］. Environmental Science & Technology，2020，54（5）：2698-2706.

［12］　Man Y，Wang B，Wang J，et al. Use of biochar to reduce mercury accumulation in *Oryza sativa* L：A trial for sustainable management of historically polluted farmlands ［J］. Environment International，2021，153：106527.

［13］　Parks J M，Johs A，Podar M，et al. The genetic basis for bacterial mercury methylation ［J］. Science，2013，339（6125）：1332-1335.

［14］　Zhou X Q，Hao Y Y，Gu B，et al. Microbial communities associated with methylmercury degradation in paddy soils ［J］. Environmental Science & Technology，2020，54（13）：7952-7960.

［15］　Lee S H，Kim M S，Kim J G，et al. Use of soil enzymes as indicators for contaminated soil monitoring and sustainable management ［J］. Sustainability，2020，12（19）：8209.

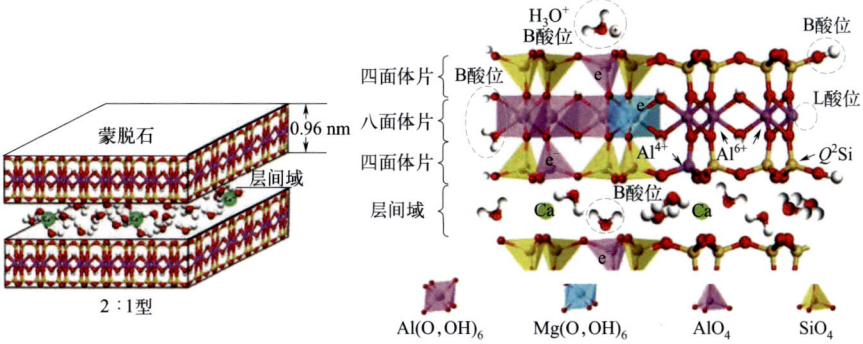

图 1-1　黏土矿物蒙脱石的结构示意图[2]

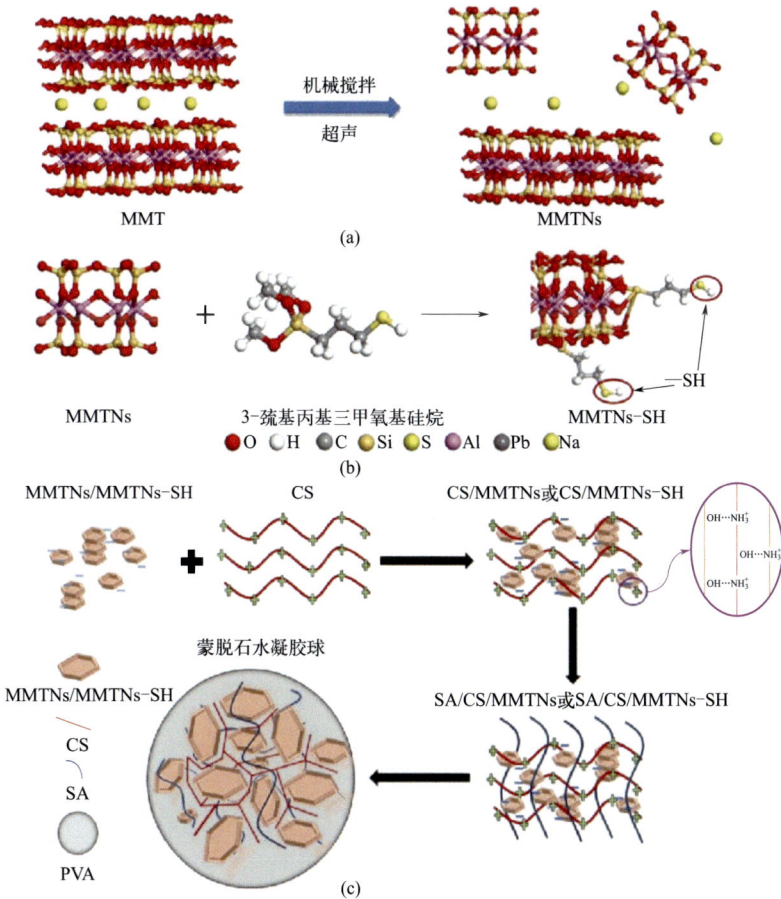

图 5-8　巯基官能化蒙脱土纳米片基水凝胶球的制备[18]

(a)蒙脱土二维纳米片的剥离过程示意图；(b)纳米蒙脱石片的巯基改性过程示意图；

(c)蒙脱土纳米片经改性或未改性后制备水凝胶球的过程示意图

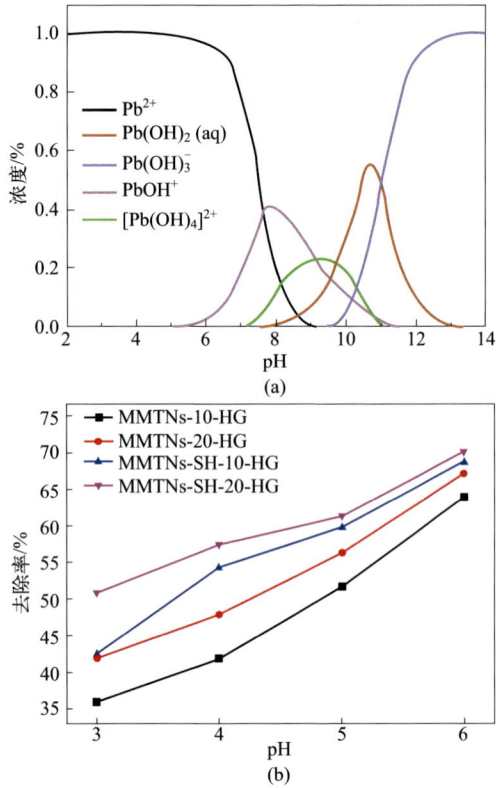

图 5-9　Visual MINTEQ 软件模拟在不同 pH 值下 Pb 的存在

形式（a）和不同初始 pH 值下材料 Pb^{2+} 去除率（b）[18]

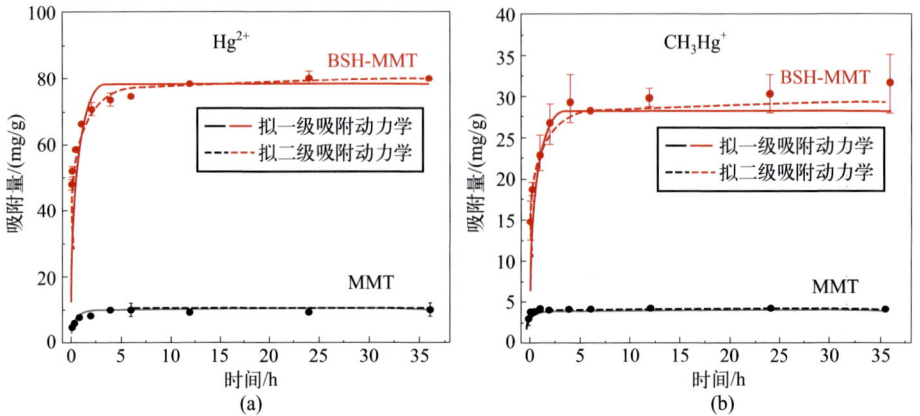

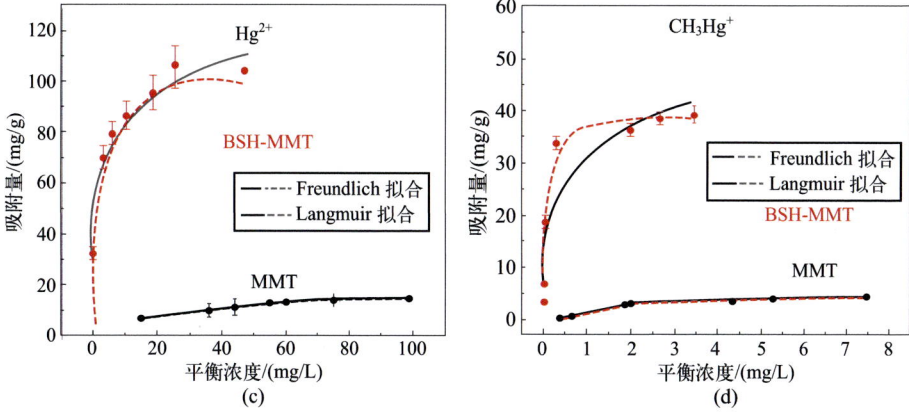

图 6-2　MMT 和 BSH-MMT 对 Hg^{2+} 和 CH$_3$Hg$^+$ 的吸附

（a）、（b）为吸附动力学拟合，（c）、（d）为吸附等温线

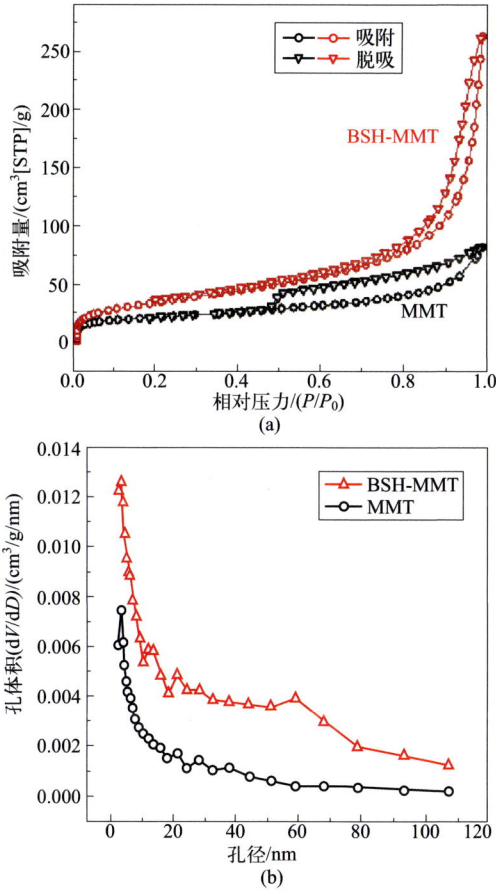

图 6-6　MMT 和 BSH-MMT 的 N$_2$ 吸附/脱附等温线（a）和孔径分布（b）

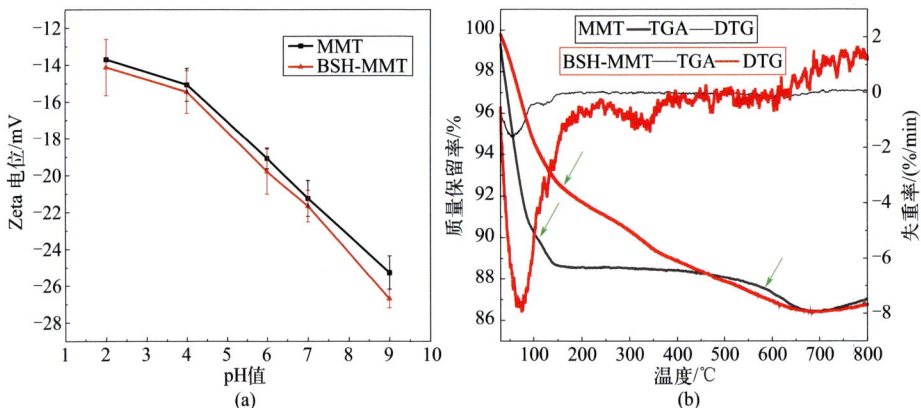

图 6-10 MMT 和 BSH-MMT 的 Zeta 电位图(a)和 TGA/DTG 曲线图(b)

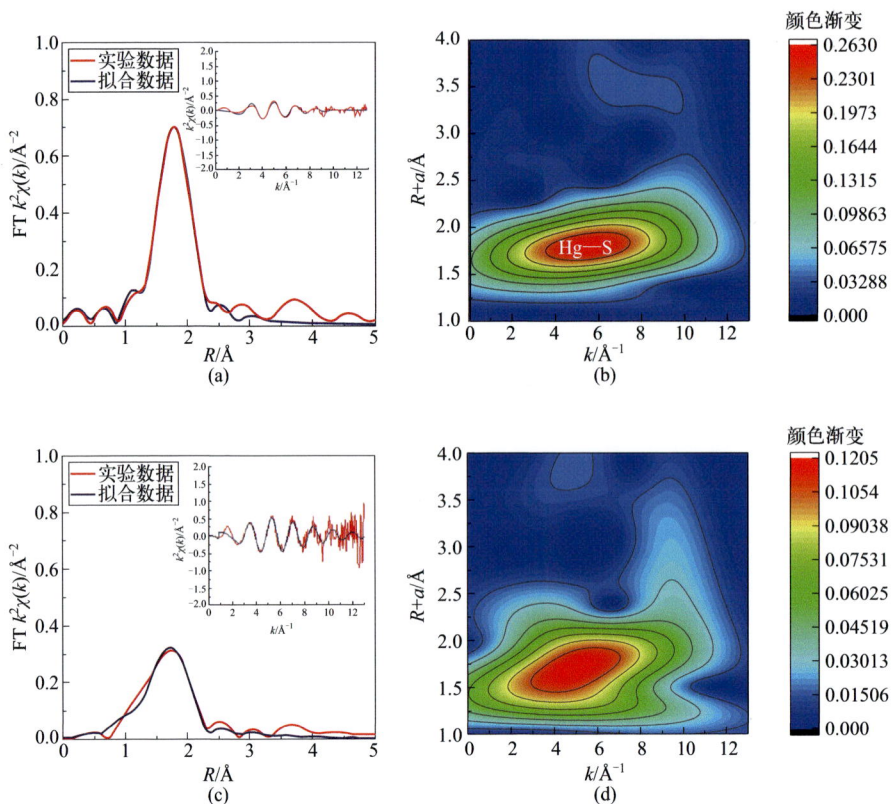

图 6-13 Hg^{2+}[(a) 和 (b)] 和 CH$_3$Hg$^+$ [(c) 和 (c)] 负载的 BSH-MMT 的 k^2

加权 EXAFS 谱 (镶嵌图)、相应的傅里叶变换幅度和小波变换图

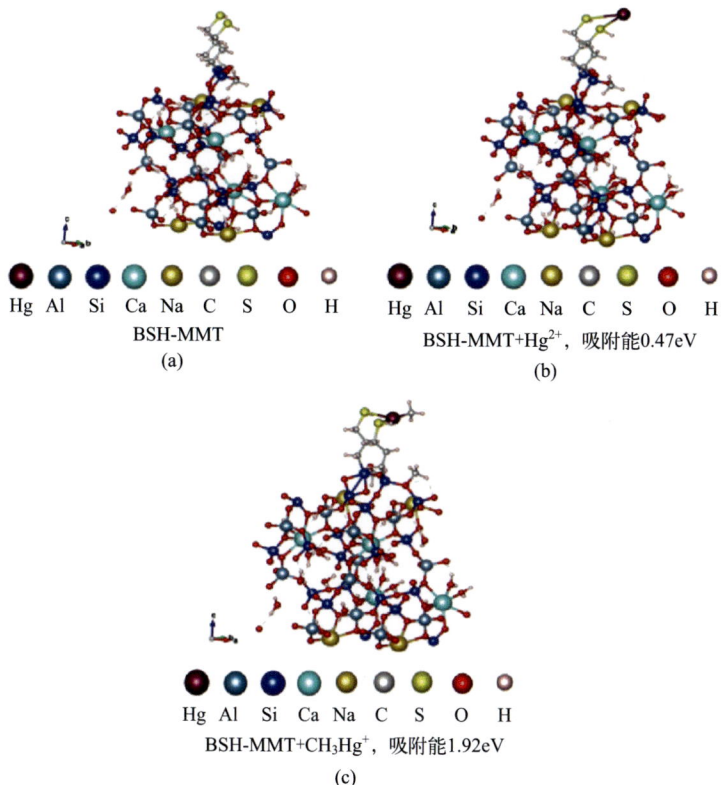

Hg Al Si Ca Na C S O H
BSH-MMT
(a)

Hg Al Si Ca Na C S O H
BSH-MMT+Hg^{2+}，吸附能0.47eV
(b)

Hg Al Si Ca Na C S O H
BSH-MMT+CH$_3$Hg$^+$，吸附能1.92eV
(c)

图 6-14　BSH-MMT（a）的优化结构，BSH-MMT＋Hg^{2+}（b）

和 BSH-MMT＋CH$_3$Hg$^+$（c）的最优吸附构型

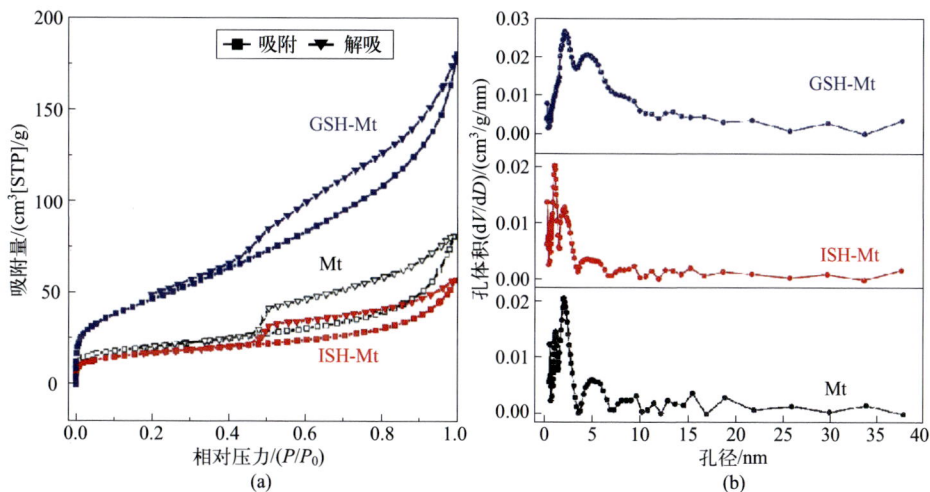

图 7-2　Mt、ISH-Mt 和 GSH-Mt 的 N$_2$ 吸附/解吸等温线（a）和孔径分布（b）

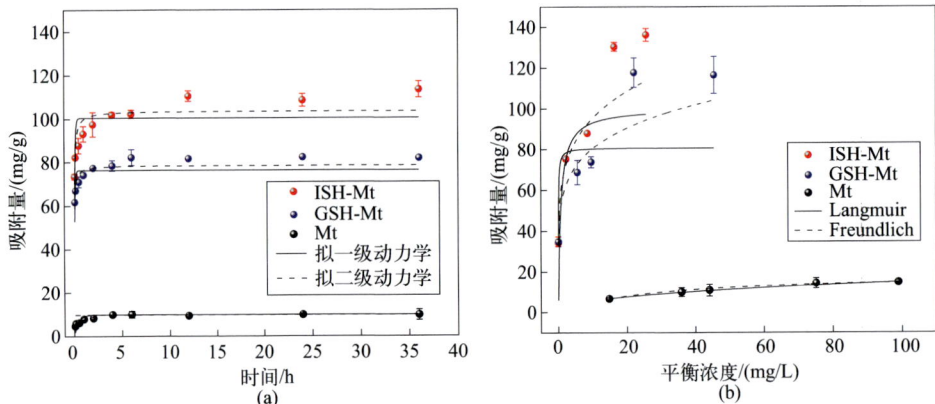

图 7-5　Hg^{2+} 在 ISH-Mt 和 GSH-Mt 上的吸附动力学曲线（a）和等温线（b）

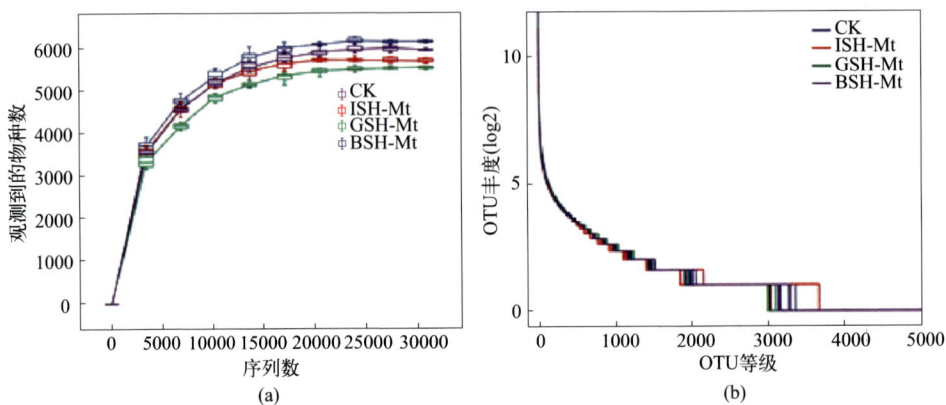

图 7-10　对照与钝化处理土壤细菌群落测序的稀疏曲线（a）和丰度等级曲线（b）

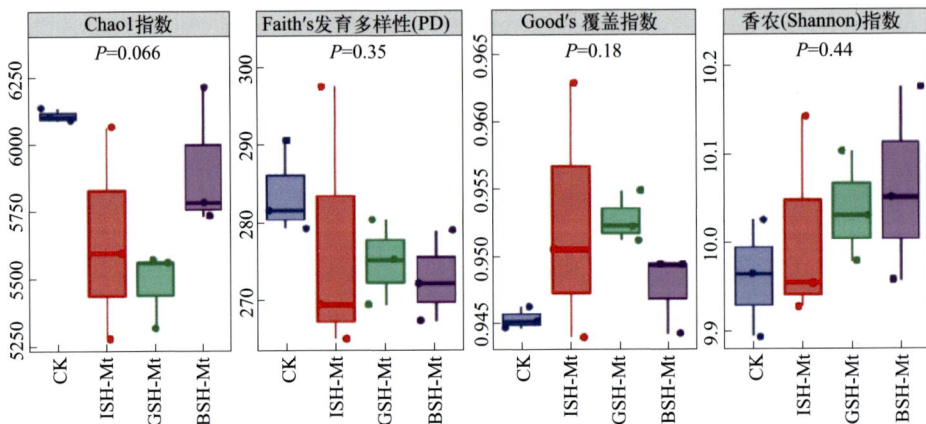

(a)

(b)

(c)

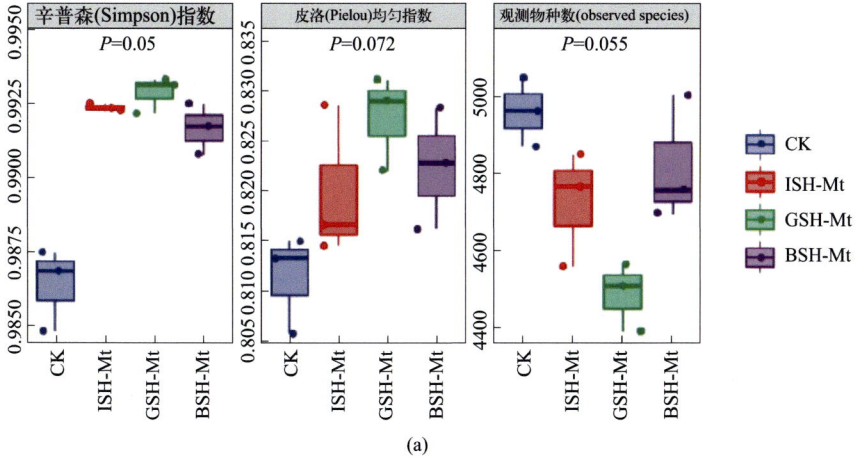

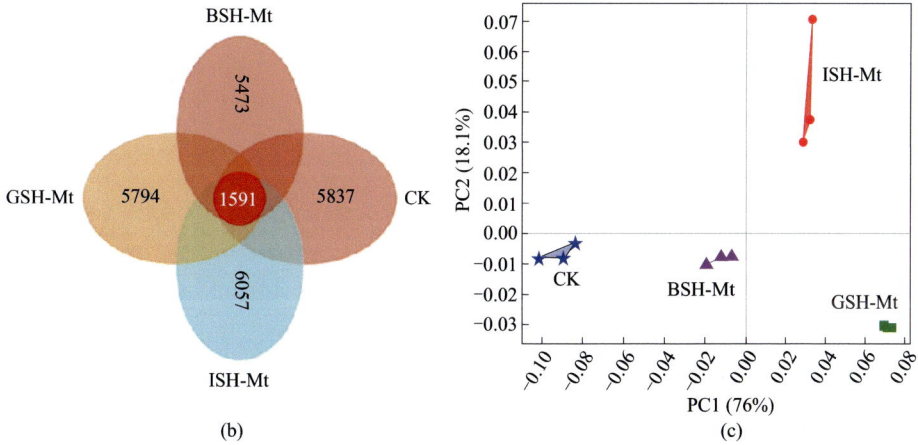

图 7-11　对照与钝化处理土壤细菌群落的 α 多样性指数 （a）、
维恩图 （b） 和主要成分分析 （c）

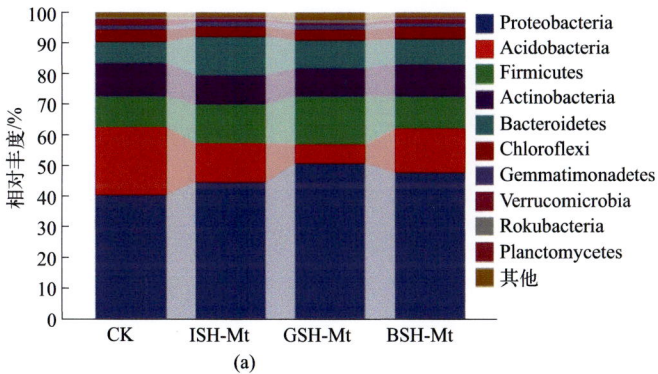

(a)

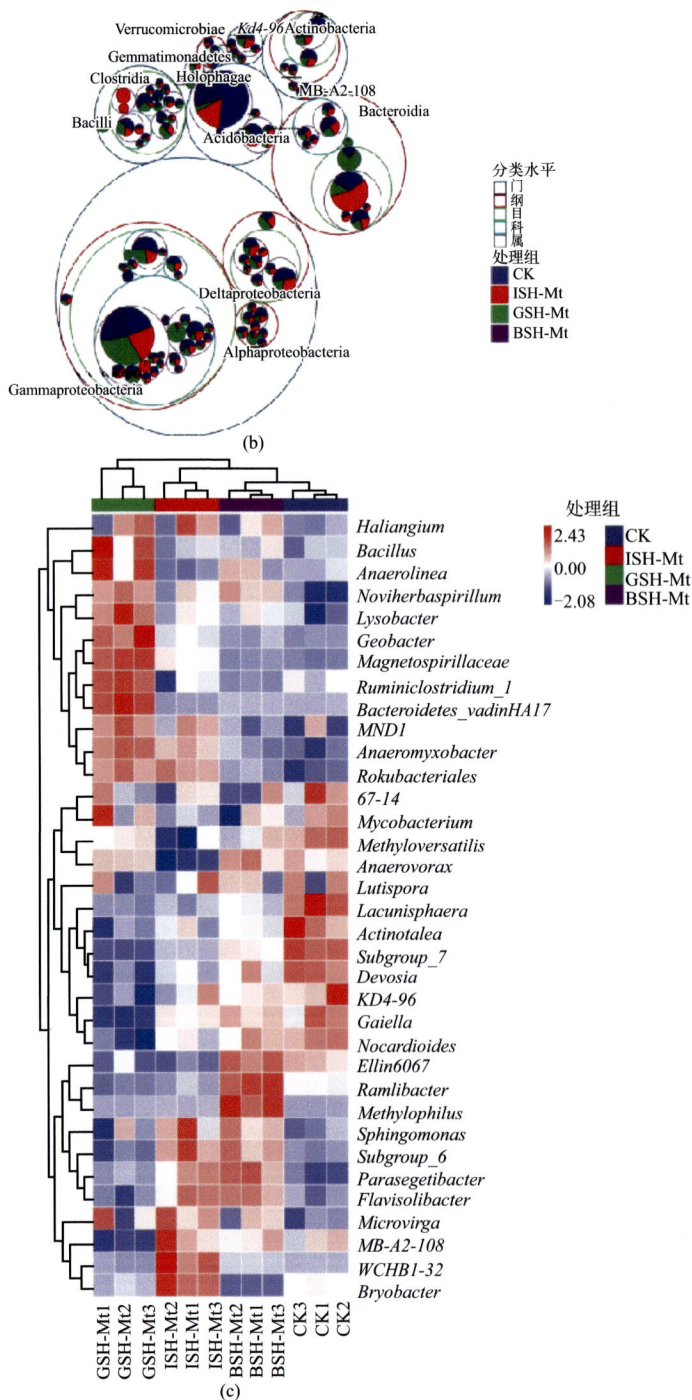

图 7-12　对照与钝化处理土壤的门水平（前 10）（a）和属水平（前 35）
细菌群落组成（b）以及相对丰度前 100 的 ASVs 分类等级树（c）

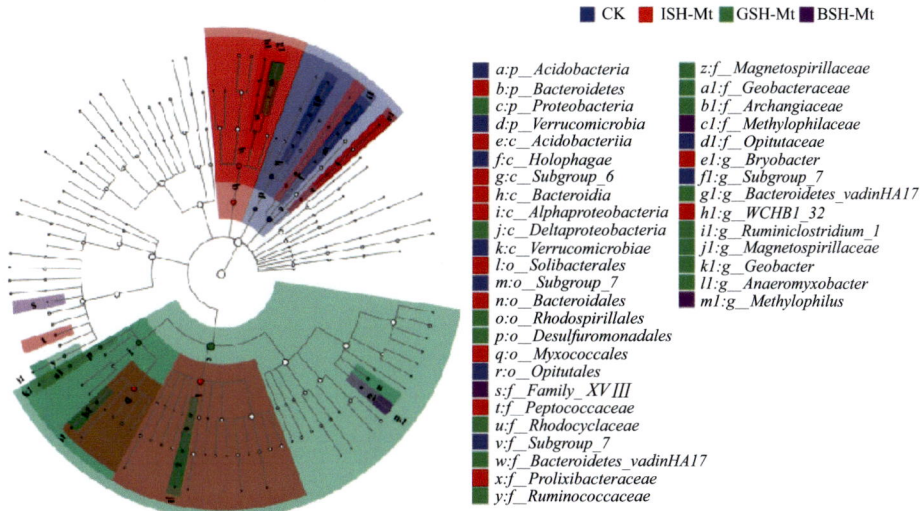

CK ■ ISH-Mt ■ GSH-Mt ■ BSH-Mt

a:p__Acidobacteria
b:p__Bacteroidetes
c:p__Proteobacteria
d:p__Verrucomicrobia
e:c__Acidobacteriia
f:c__Holophagae
g:c__Subgroup_6
h:c__Bacteroidia
i:c__Alphaproteobacteria
j:c__Deltaproteobacteria
k:c__Verrucomicrobiae
l:o__Solibacterales
m:o__Subgroup_7
n:o__Bacteroidales
o:o__Rhodospirillales
p:o__Desulfuromonadales
q:o__Myxococcales
r:o__Opitutales
s:f__Family_XVIII
t:f__Peptococcaceae
u:f__Rhodocyclaceae
v:f__Subgroup_7
w:f__Bacteroidetes_vadinHA17
x:f__Prolixibacteraceae
y:f__Ruminococcaceae

z:f__Magnetospirillaceae
a1:f__Geobacteraceae
b1:f__Archangiaceae
c1:f__Methylophilaceae
d1:f__Opitutaceae
e1:g__Bryobacter
f1:g__Subgroup_7
g1:g__Bacteroidetes_vadinHA17
h1:g__WCHB1_32
i1:g__Ruminiclostridium_1
j1:g__Magnetospirillaceae
k1:g__Geobacter
l1:g__Anaeromyxobacter
m1:g__Methylophilus

(a) 标志物种分类学

当前的LDA阈值为3.6

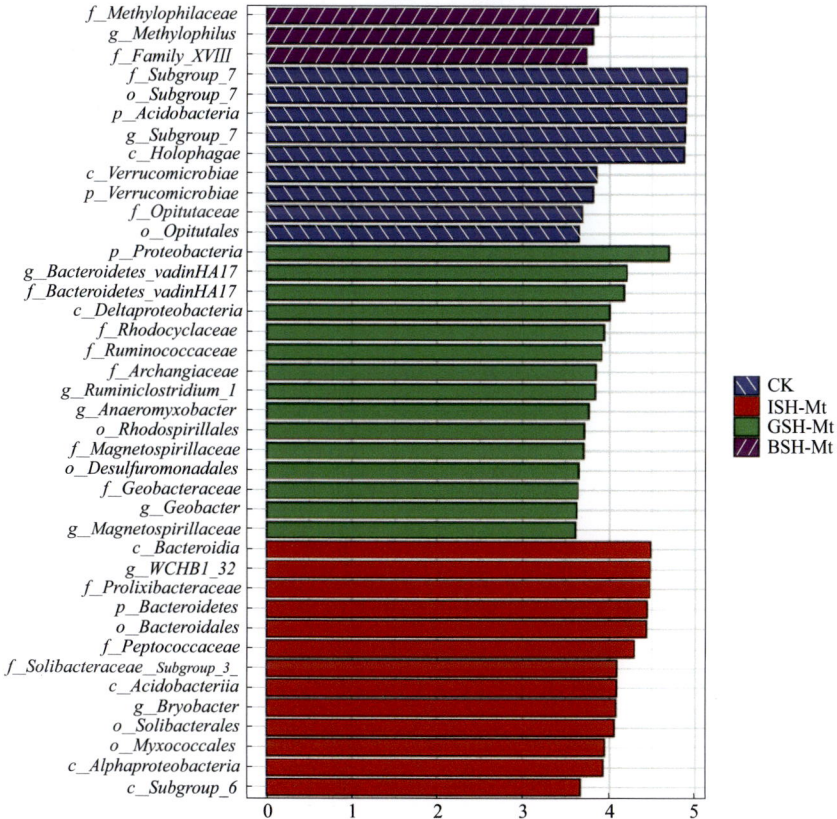

(b) LDA柱状图

图 7-13 对照与钝化处理土壤细菌群落的 LEfSe 分析

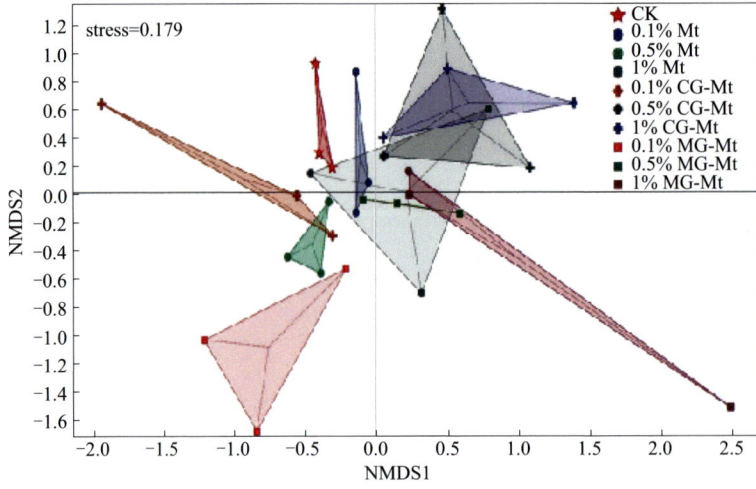

(a)

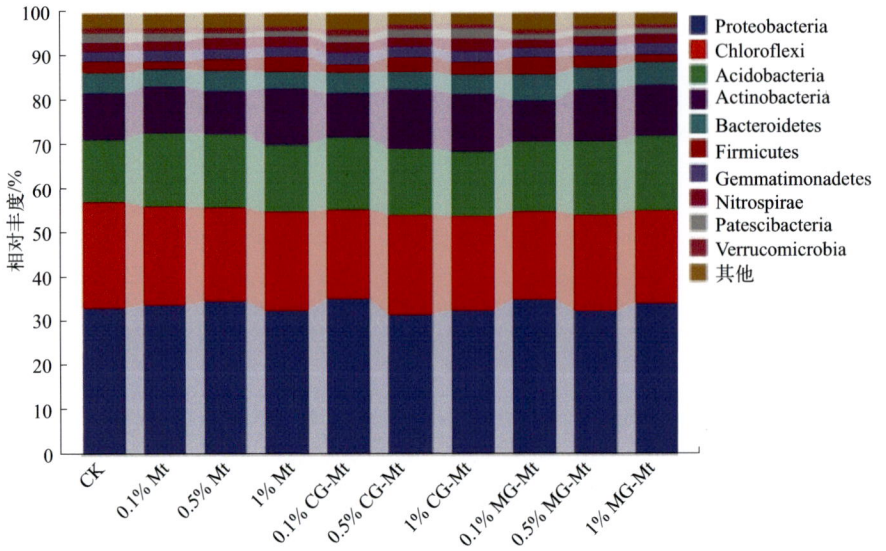

(b)

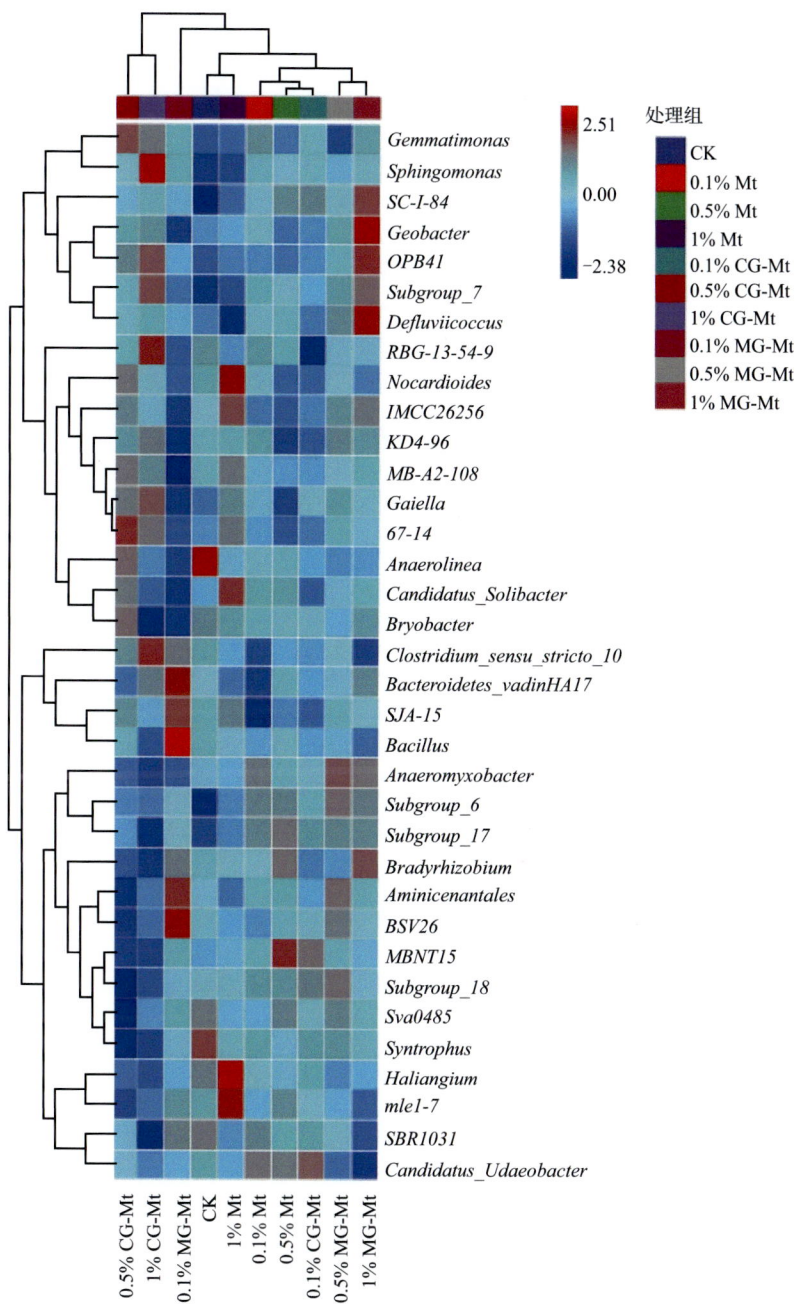

图 8-10　对照和改良土壤样品的 NMDS 分析（a）、前 10 个门的
相对丰度（b）和前 35 个属的聚类热图（c）

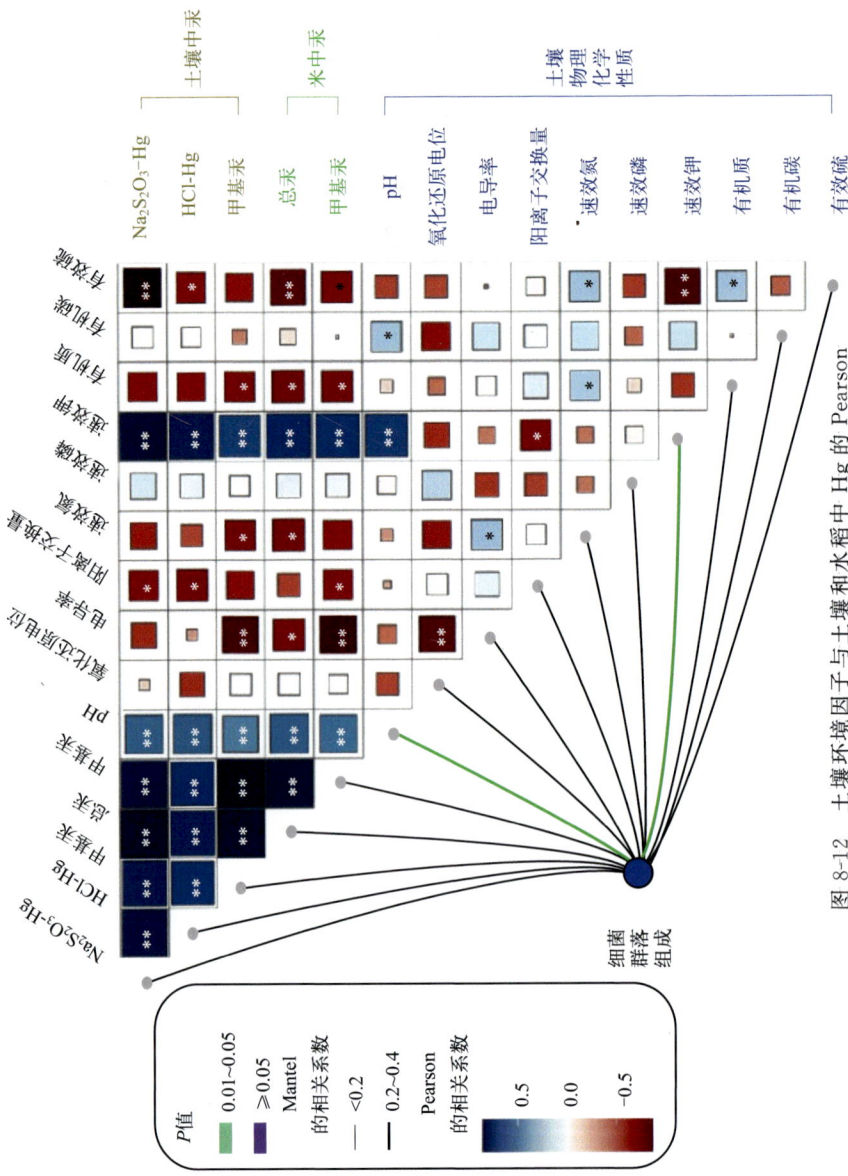

图 8-12　土壤环境因子与土壤和水稻中 Hg 的 Pearson
相关性分析及其与土壤细菌群落组成的关系

* 为显著差异（$P<0.05$）；** 为极显著差异（$P<0.01$）